现代养鸡
疫病防治手册

主　编　张志新　杨洪民
副主编　陈宗刚　张　杰
编　委　白亚民　王守保　杨海民
　　　　王　祥　王凤芝　袁志有
　　　　陈亚芹　袁继保　何　英
　　　　张秀娟　郑　伟

科学技术文献出版社
SCIENTIFIC AND TECHNICAL DOCUMENTATION PRESS

(京)新登字 130 号

内容简介

本书详细介绍了规模化鸡养殖场疫病的预防和控制技术,鸡常见病的识别、诊断、治疗和防治方法等。本书的特色是实用性强,可作为养鸡场专业技术人员、鸡场管理者和养鸡专业户查阅参考,也可供科研人员和农业院校师生阅读参考。

科学技术文献出版社是国家科学技术部系统惟一一家中央级综合性科技出版机构,我们所有的努力都是为了使您增长知识和才干。

前　言

随着我国规模化养禽业的不断发展,大、中型鸡场星罗棋布,但生产水平落后、鸡群生产性能低、产品质量差的现象仍然存在,造成这种状况的一个重要原因是鸡病频发,其制约养鸡业生产效益提高的同时,也导致了人、财、物的浪费。养殖者必须认识到,随着饲养环境不断地恶化,家禽疫病单靠药物预防的方式已经不能适应现代化养鸡的需要,必须树立并落实防重于治、养防并重的疾病防治观念,采取切实有效的综合防治措施。

为了有效地控制疫病的发生,笔者根据多年从事教学、科研和实践的体会,并组织了相关技术人员,从我国养鸡业疫病频发的原因、疫病发生的特点、疫病的诊断、治疗及综合预防等多个方面进行了阐述,突出实用性是本书的特色,使读者购买本书后能真正应用到实际生产过程中,做到有源可查、有据可依。但必须指出的是,兽医科学是不断发展的科学,在使用每一种药物之前,必须要阅读产品说明书以确认药物的用量、用药方法、所需用药的时间及禁忌等。

由于时间紧迫,加之作者水平所限,书中错误和不足之处恳请广大读者批评指正。也在此对参阅的相关文献的原作者表示感谢。

编　者

目 录

第一章 鸡疫病发生的特点、原因和传播途径 …………… (1)
 第一节 鸡疫病发生的特点 …………………………… (1)
 第二节 鸡疫病发生的原因 …………………………… (4)
 第三节 鸡疫病传播的途径 …………………………… (5)

第二章 鸡场疫病的综合防控 ………………………… (8)
 第一节 鸡场环境的综合控制 ………………………… (8)
  一、场址的选择和布局控制 ………………………… (8)
  二、有害气体的控制 ………………………………… (9)
  三、粉尘的控制 ……………………………………… (11)
  四、粪便的控制处理 ………………………………… (12)
  五、污水的控制处理 ………………………………… (15)
  六、鼠虫的控制 ……………………………………… (18)
  七、鸡尸体的处理 …………………………………… (20)
  八、垫料处理 ………………………………………… (21)
  九、消毒控制 ………………………………………… (22)
 第二节 做好基础免疫与药物预防 …………………… (37)
  一、基础免疫 ………………………………………… (38)
  二、鸡疫病的药物预防 ……………………………… (46)
 第三节 发生烈性传染病时的扑灭措施 ……………… (54)
  一、严格隔离封锁 …………………………………… (55)
  二、加强消毒扑灭病原 ……………………………… (55)

三、紧急接种…………………………………………（55）
四、扑杀、无害化处理病死鸡……………………（55）
第三章 鸡疫病的诊断…………………………………（60）
第一节 鸡疫病的鉴别……………………………（60）
一、群体检查………………………………………（61）
二、个体检查………………………………………（68）
三、初步处理………………………………………（79）
第二节 病理诊断…………………………………（79）
一、鸡体剖检要求…………………………………（79）
二、病理剖检的准备………………………………（80）
三、病理剖检的程序………………………………（81）
四、病理剖检诊断…………………………………（84）
五、剖检结果的描述、记录………………………（93）
六、病理剖检的注意事项…………………………（94）
第三节 病料的采取、保存………………………（95）
第四节 实验室诊断………………………………（98）
一、微生物学诊断…………………………………（98）
二、寄生虫病诊断…………………………………（125）
三、饲料营养成分的分析…………………………（131）
四、毒物检验………………………………………（131）
五、预防和治疗试验………………………………（131）
六、其他检验………………………………………（131）
第四章 鸡疫病的用药方法……………………………（132）
第一节 禽药的剂型与剂量………………………（132）
一、禽药的剂型……………………………………（132）
二、禽用药物的剂量………………………………（135）
第二节 禽药的用药方法…………………………（138）
一、禽的用药特点…………………………………（138）

二、禽场常用药物 …………………………………… (139)
　　三、禽给药的方法 …………………………………… (141)
　　四、保健饲料添加剂的应用 ………………………… (144)
　　五、药品保管方法 …………………………………… (146)
第五章　鸡场常见疫病的防治 …………………………… (148)
　第一节　常见病毒性疾病的防治 ………………………… (148)
　　一、鸡新城疫 ………………………………………… (148)
　　二、禽流感 …………………………………………… (153)
　　三、传染性法氏囊病 ………………………………… (157)
　　四、马立克病 ………………………………………… (160)
　　五、传染性支气管炎 ………………………………… (164)
　　六、传染性喉气管炎 ………………………………… (167)
　　七、禽脑脊髓炎 ……………………………………… (171)
　　八、鸡痘 ……………………………………………… (173)
　　九、减蛋综合征 ……………………………………… (177)
　　十、病毒性关节炎 …………………………………… (179)
　　十一、传染性贫血病 ………………………………… (181)
　　十二、出血性肠炎 …………………………………… (183)
　　十三、鸡白血病 ……………………………………… (184)
　　十四、肿头综合征 …………………………………… (186)
　　十五、传染性发育障碍综合征 ……………………… (187)
　　十六、包涵体肝炎 …………………………………… (191)
　第二节　常见细菌性传染病的防治 ……………………… (193)
　　一、禽霍乱 …………………………………………… (193)
　　二、大肠杆菌病 ……………………………………… (196)
　　三、鸡白痢 …………………………………………… (203)
　　四、鸡伤寒和副伤寒病 ……………………………… (206)
　　五、葡萄球菌病 ……………………………………… (208)

六、传染性鼻炎 ……………………………………… (212)
七、曲霉菌病 ………………………………………… (214)
八、链球菌病 ………………………………………… (217)
九、绿脓杆菌病 ……………………………………… (219)
十、李氏杆菌病 ……………………………………… (221)
十一、念珠菌病 ……………………………………… (223)
十二、弧菌性肝炎 …………………………………… (225)
十三、慢性呼吸道病 ………………………………… (226)
十四、禽梭菌性疾病 ………………………………… (228)
十五、禽结核病 ……………………………………… (232)
十六、禽伪结核病 …………………………………… (233)
十七、鸡冠癣 ………………………………………… (234)
十八、螺旋体病 ……………………………………… (236)

第三节 常见寄生虫病的防治 ………………………… (237)
一、球虫病 …………………………………………… (238)
二、吸虫病 …………………………………………… (241)
三、线虫病 …………………………………………… (243)
四、绦虫病 …………………………………………… (251)
五、住白细胞原虫病 ………………………………… (253)
六、组织滴虫病 ……………………………………… (254)
七、鸡虱 ……………………………………………… (257)
八、鸡螨 ……………………………………………… (258)

第四节 常见中毒病的防治 …………………………… (260)
一、一氧化碳中毒 …………………………………… (260)
二、氨气中毒 ………………………………………… (261)
三、棉籽饼中毒 ……………………………………… (263)
四、菜籽饼中毒 ……………………………………… (264)
五、食盐中毒 ………………………………………… (265)

六、黄曲霉毒素中毒 …………………………………… (267)

七、赭曲霉毒素中毒 …………………………………… (269)

八、磺胺类药物中毒 ……………………………………… (270)

九、呋喃唑酮中毒 ………………………………………… (272)

十、喹乙醇中毒 …………………………………………… (273)

十一、高锰酸钾中毒 ……………………………………… (275)

十二、甲醛中毒 …………………………………………… (276)

十三、痢菌净中毒 ………………………………………… (277)

十四、有机磷农药中毒 …………………………………… (278)

十五、酸中毒 ……………………………………………… (280)

十六、尿素中毒 …………………………………………… (281)

十七、氟中毒 ……………………………………………… (282)

十八、聚醚类抗生素中毒 ………………………………… (283)

第五节 常见营养性代谢病的防治 …………………………… (284)

一、维生素 A 缺乏症 …………………………………… (284)

二、维生素 B 族缺乏症 ………………………………… (287)

三、维生素 D 缺乏症 …………………………………… (297)

四、维生素 E 缺乏症 …………………………………… (299)

五、维生素 K 缺乏症 …………………………………… (301)

六、矿物质缺乏症 ………………………………………… (302)

第六节 鸡场其他疾病的防治 …………………………………… (308)

一、啄癖症 ………………………………………………… (308)

二、中暑 …………………………………………………… (311)

三、水泻 …………………………………………………… (313)

四、痛风 …………………………………………………… (315)

五、腹水综合征 …………………………………………… (317)

六、肉鸡猝死综合征 ……………………………………… (321)

七、蛋鸡产蛋疲劳症 ……………………………………… (323)

附录 鸡的手术……………………………………………（325）
　　一、公鸡去势术……………………………………（325）
　　二、嗉囊切开术……………………………………（329）
参考文献……………………………………………………（330）

第一章 鸡疫病发生的特点、原因和传播途径

规模化养鸡是农村中致富途径之一,鸡由农家散养发展到规模化饲养,带来极大经济效益的同时,也带动和促进了我国养鸡科学的进步,疾病防治和研究水平也不断提高。但在生产实践中,疫病问题仍是十分棘手的问题,是困扰养鸡业的重要因素之一。据有关资料不完全统计,对我国养鸡业构成威胁和造成危害的疾病已达80多种,涉及传染病、寄生虫病、营养代谢病、中毒性疾病和其他疾病等。

第一节 鸡疫病发生的特点

近年来,随着我国养鸡业的迅速发展,特别是集约化养殖业的发展,推动了我国对鸡病的研究。综观近年来我国鸡病的发生与流行有以下特点。

1. 疾病种类多,死亡率高,以传染病的危害最大

据不完全统计,目前危害我国养鸡业的疾病已达80余种,包括传染病、寄生虫病、营养代谢病、中毒病和其他疾病等,其中以传染病为多,约占禽类疫病总数的75%以上,我国每年由于禽病引

起死亡的直接和间接经济损失达数百亿元。

2. 新的鸡病不断出现

由于各地养禽业的迅速发展，多渠道从国外引进种禽，又缺乏有效的监测，导致新的疫情不断出现，如鸡传染性贫血、禽流感、肾型和腺胃型传染性支气管炎、鸡病毒性关节炎、包涵体肝炎、产蛋减少综合征等。

3. 发病非典型化，病原出现新变化

在疫病流行过程中，病原的毒力发生变化，有些病原的毒力减弱，加上鸡群中免疫水平不高或不一致，导致某些鸡病在流行、症状和病理等方面出现非典型变化，发生非典型感染和发病，使某些原有的旧病以新的面貌出现，如目前各地发生的非典型新城疫即是明显的例证；另一方面有些病原的毒力出现增强，也就是在临床上虽然进行过某些疾病的免疫接种，但仍出现免疫失败，如马立克病和法氏囊病，主要原因是超强毒株的出现。

4. 某些细菌性疾病和寄生虫病的危害加大

随着集约化养鸡场的增多和规模不断扩大，污染越来越严重，细菌性疾病和寄生虫病明显增多，如鸡的大肠杆菌病、沙门菌病、葡萄球菌病、绿脓杆菌病、支原体病、鸡球虫病和鸡住白细胞原虫病等。其中不少病的病原广泛存在于养鸡场环境中，通过多种途径传播，成为养鸡场的常在菌和常发病。

出现这种现象的原因，一是抗菌药物或抗球虫药物的不合理应用，表现在盲目滥用或随意加大剂量上，如喹诺酮类药物，开始用于鸡大肠杆菌病的治疗时效果显著，但现在治疗效果比较差，主要与细菌产生耐药性有关，而耐药性的产生与其滥用或大剂量应用有关，很多养鸡场（户）无论鸡发生何种疾病，首选药物都是喹诺酮类，这些药物的不合理应用，不仅增加了治疗的成本，而且也加

大了疾病的危害。二是养殖环境中的各种因素也决定了某些疾病不可避免地发生,如大规模集约化饲养的密度过大、通风换气条件差、垫料清除不及时、各种应激因素增多等,使得鸡体抵抗力低,直接导致鸡只对致病菌的易感性增强。三是某些对免疫系统有损害的疾病,如传染性法氏囊病、鸡传染性贫血、网状内皮增殖症、马立克病、淋巴白血病等免疫抑制病的存在,使鸡只的免疫功能及抵抗力下降,也很容易造成细菌性疾病的发生。

5. 多病原混合感染和复合感染使疾病更为复杂

在养鸡的过程中常见很多病例是由两种或两种以上病原对同一鸡体协同致病引起的,并发病和继发感染、混合感染的病例上升,特别是一些条件性、环境性病原微生物所致的疾病。常见的混合感染有新城疫和传染性法氏囊病、新城疫和传染性支气管炎、新城疫和禽流感、新城疫和大肠杆菌病、新城疫和慢性呼吸道病、大肠杆菌病和沙门菌病、大肠杆菌病和慢性呼吸道病等。有时两种病毒病同时发生,有时病毒病与细菌病同时发生,或两种细菌病、细菌病与寄生虫病、病毒病与寄生虫病同时发生。

6. 营养代谢疾病和中毒性疾病增多

集约化养鸡条件下,有时由于饲料的配制或储存过久,饲料中某些成分被氧化,导致营养损失,常易引起某些维生素和微量元素缺乏症。饲料及饮水受霉菌毒素或农药的污染以及长期大量应用某些药物等易引起中毒性疾病。

第二节　鸡疫病发生的原因

1. 病毒性病原体不断增多和变异

很明显,新病的产生就是由于出现了新的病原体或者某些病原体发生变异,如法氏囊病、传染性支气管炎等就出现了不少变异毒株。这样,原来有效的疫苗,现在变得无效或效果不佳。

2. 细菌性病原体其耐药体不断产生

近年来,这种现象确实相当普遍,而且十分严重,其原因是多方面的,但其中与不少养鸡户滥用抗菌药物关系极大。此外,不少饲料厂长期使用抗菌药物作饲料添加剂,也加重了细菌抗药性的产生,并且还给人、畜(禽)健康带来不良影响,甚至产生毒害作用。再有长期使用抗生素,使畜禽的免疫力大为削弱,并且使动物体内成为一个有高浓度药物成分的环境,病原体在那里生存,因受药物化学成分的影响繁衍成新的病原体。

由于鸡体内免疫能力的削弱、细菌抗药性的产生及新的病原体的出现,故对某些疾病的治疗,过去用之有效的药物,现在用之无效或效果不理想,也是造成疫病防治困难的重要原因之一。

3. 缺乏综合性的防疫措施

不少养鸡户有一种片面思想,认为只要对鸡群进行预防接种,就万事大吉,对其防疫措施则很不注意,特别是对于鸡场、鸡舍、鸡体等消毒工作更不重视。

其实消毒工作,在某种场合下,比接种疫苗更加重要,众所周知,经过饲养多年的鸡场,病原微生物的污染是非常普遍的,有的甚至很严重。加上饲养管理条件差,环境恶劣,如果有应激频频发生,就会严重扰乱鸡的生理机能,大大降低鸡抵抗力,这样一群衰弱的缺乏强抵抗力的鸡群,在病原微生物的包围下,发病率明显上升。

4. 家禽生理解剖结构特殊

在生产实践中,家禽的疫病远比家畜多,有时甚至防不胜防,这与家禽生理解剖结构特殊有很大关系。

(1)家禽的胸腔与腹腔之间没有横膈膜隔开,故胸腔感染容易传到腹腔,腹腔感染也易传到胸腔。

(2)家禽的淋巴系统发育不完善,只有散在淋巴组织,没有哺乳动物那样完善的淋巴结,故家禽的淋巴屏障功能较差,病原体容易进入体内,并易在体内扩散。

(3)家禽的生殖孔与排泄孔都开口于泄殖腔,产生的蛋容易被粪便(含有病原体)污染。

(4)由于家禽没有胎盘的屏障作用,禽蛋形成过程中,体内的病原体容易进入蛋中。

第三节 鸡疫病传播的途径

1. 卵源传播

由蛋传播的疾病有鸡白痢、禽伤寒、禽大肠杆菌病、鸡毒支原体病、禽白血病、病毒性肝炎、减蛋综合征等。

2. 孵化室传播

主要发生在雏鸡开始啄壳至出壳期间,这时雏鸡开始呼吸,接触周围环境,就会加速附着在蛋壳碎屑和绒毛中病原体的传播。通过这一途径传播的疾病有禽曲霉菌病、沙门菌病等。

3. 经空气(飞沫、飞沫核、尘埃)传播

经空气传播的疾病有鸡败血支原体病、鸡传染性支气管炎、鸡传染性喉气管炎、鸡新城疫、禽流感、禽霍乱、鸡传染性鼻炎、鸡马立克病、禽大肠杆菌病等。

4. 饲料、饮水和设备、用具的传播

病鸡的分泌物、排泄物可直接进入饲料和饮水中,也可通过被污染的储存和运输工具、设备、场所及人员而间接进入饲料和饮水中,鸡摄入被污染的饲料和饮水而导致疾病传播。饲料箱、蛋箱、装禽箱、运输车等设备也往往由于消毒不严而成为传播疾病的重要媒介。

5. 垫料、粪便和羽毛的传播

病鸡粪便中含有大量病原体,病鸡使用过的垫料常被含有病原体的粪便、分泌物和排泄物污染,如不及时清除和更换这些垫料并严格消毒鸡舍,极易导致疾病传播。鸡马立克病病毒存在于病鸡羽毛中,如果对这种羽毛处理不当,可以成为该病的重要传播因素。

6. 混群传播

某些病原体往往不使成年鸡发病,但它们仍然是带菌、带毒和带虫者,具有很强的传染性。如果将后备鸡群或新购入的鸡群与成年鸡群混合饲养,会造成许多传染病暴发流行。由健康带菌、带毒和带虫的家禽而传播的疾病有鸡白痢沙门菌病、鸡支原体病、禽霍乱、鸡传染性鼻炎、禽结核、鸡传染性支气管炎、鸡传染性喉气管炎、鸡马立克病、球虫病、组织滴虫病等。

7. 其他动物和人的传播

自然界中的一些动物和昆虫如狗、猫、鼠、各种飞禽、蚊、蝇、蚂蚁、甲壳虫、蚯蚓等都是鸡传染病的活体媒介。人常常在鸡病的传播中起着很大的作用,当经常接触鸡群的人所穿的衣服、鞋袜以及他们的体表和手被病原体污染后,如不彻底消毒,就会把病原体带到健康鸡舍而引起发病。

第二章 鸡场疫病的综合防控

"预防为主、养防结合、防重于治"是鸡病防治的基本方针。综合性预防措施是控制鸡病的关键措施,其主要内容包括场址的选择、鸡舍的设计、建筑及合理的布局,引进健康无病的鸡群,科学的饲养管理,严格的卫生消毒制度,合理的免疫接种和预防用药程序等。只有坚持综合性防疫措施,才能使鸡群少发病或不发病,保证养鸡获得较好的经济效益。

第一节 鸡场环境的综合控制

一、场址的选择和布局控制

任何养禽场的选址都应远离公路主干道、居民区,但交通应便利。选址应建立在地势较高、干燥,便于排水,通风,水源充足,水质良好,供电有保障的地方。应与其他畜禽场、屠宰及加工厂、垃圾站距离 1000 米以上。鸡场周围应有围墙或隔离带,场内生活区与生产区应分开,生产区根据规模及需要划分成若干个小区,各小区的排布不能在同一风向上。各生产区应设置各自的净道和污道。各小区应设置独立的病死鸡处理池及鸡粪发酵池或储存池。

二、有害气体的控制

1. 鸡舍中有害气体的种类及危害

鸡舍中有害气体主要有氨气、硫化氢、二氧化碳、一氧化碳和甲烷等,这些有害气体给鸡的健康和生产性能造成了严重的危害。

(1)氨气:氨气本身无色,有刺激性辣味,它是各种有机物(粪、尿、垫草、饲料等)的分解物,尤其当舍内潮湿、通风不良时,氨气含量会大大增加。氨气常常吸附于家禽黏膜、结膜上,即使是低浓度的氨气,也对黏膜有刺激作用,从而引起结膜和上呼吸道黏膜充血、水肿、分泌物增多,甚至发生喉头水肿、坏死性支气管炎、肺出血等。鸡对氨气特别敏感,鸡舍中氨气的最高浓度不能高于 20×10^{-6}。

(2)硫化氢:硫化氢是一种无色、易挥发、带有臭鸡蛋味、易溶于水的气体,禽舍空气中的硫化氢主要来源于粪便、饲料残渣、破蛋等含硫有机物的厌氧分解。当家禽采食蛋白质饲料且发生消化障碍时,可由肠道排出大量硫化氢。硫化氢比重大,因此越接近地面浓度越高。禽舍中硫化氢的含量不宜超过 6.6×10^{-6},其强烈的刺激作用可引起眼炎、鼻炎、呼吸道炎症。

(3)二氧化碳:二氧化碳无色、无味、略带酸味,禽舍中的二氧化碳主要是由家禽呼吸而来。二氧化碳本身无毒,它的主要危害是造成缺氧,引起家禽体质下降、增重迟缓、生产力下降。禽舍中二氧化碳的浓度不宜超过 1500×10^{-6}(0.15%)。

(4)一氧化碳:一氧化碳是一种无色、无味、无臭的气体,难溶于水。冬季在密闭式禽舍,主要是由于育雏舍内生火取暖,出现堵塞、漏烟,而此时门窗紧闭,通风不良,一氧化碳含量会急剧上升,它会造成肌体组织缺氧。中毒家禽轻者呼吸困难,全身无力,步态不稳;重者肢体瘫痪,呼吸急促甚至死亡。

2. 有害气体的消除措施

(1)合理设计:日粮按照鸡的营养需要配制全价日粮,避免日粮中营养物质的缺乏或过剩,特别要注意日粮中粗蛋白质水平不应过高,否则会造成供给富余而排出过多的氮。在饲料中添加酶制剂等可提高饲料蛋白质的利用率,使粪便中氮的排泄量减少,从而改善鸡舍内的空气质量,并节约饲料。据试验,在鸡日粮中添加1%～2%的木炭粉,可使粪便干燥,臭味降低;添加2%～5%的沸石粉,可减少粪便含水量及臭味,并有利于提高饲料利用率。

(2)搞好通风换气:冬季既要注意防寒保温,又要适当通风换气。用燃煤进行保温育雏时,切忌长时间紧闭门窗,以防止通风不良。加温炉必须有通向室外的排烟管,使用时检查排烟管是否连接紧密和畅通。用甲醛熏蒸消毒鸡舍时,要严格掌握剂量和时间,熏蒸结束后及时换气,待刺激性气味减轻后再转入鸡群。

(3)控制鸡舍的湿度:舍内湿度过大时,可定时开窗使空气流通,或在地面放些大块的生石灰吸收空气中水分,待石灰潮湿后立即清除,也可用煤渣作垫料,吸附舍内有毒有害气体。

(4)净化鸡舍环境

①吸附法:利用木炭、活性炭、煤渣和生石灰等具有吸附作用的物质吸附空气中的臭气。方法是将木炭装入网袋悬挂在鸡舍内或在地面上适当撒一些活性炭、煤渣、生石灰等。

②垫料除臭法:每平方米地面用0.5千克硫磺拌入垫料铺垫地面,可抑制粪便中氨气的产生和散发,降低鸡舍空气中氨气含量,减少臭味。

③生物除臭法:研究发现,很多有益菌(如EM菌)可以提高饲料蛋白质利用率,减少粪便中氨的排量,可以抑制细菌产生有害气体,降低空气中有害气体含量。

④化学除臭法:在鸡舍内地面上撒一层过磷酸钙,可减少粪便中氨气散发,降低鸡舍臭味。具体方法是按每50只鸡活动地面均匀撒上过磷酸钙350克。另外,将4%的硫酸铜和适量熟石灰混在垫料中,也降低鸡舍空气臭味。

⑤中草药除臭法:将艾叶、苍术、大青叶、大蒜等按等份适量放在鸡舍内燃烧,既可抑制细菌,又能除臭,在空舍时使用效果最好。

三、粉尘的控制

鸡舍内粉尘主要来源于鸡的皮肤、羽毛以及咳嗽、鸣叫时产生的飞沫。但平养和笼养鸡舍的粉尘来源又有所不同,平养鸡舍的垫草也可以产生大量的粉尘。一般禽舍空气中总粉尘浓度约为4.20毫克/立方米,粉尘会对呼吸道产生刺激并引起发炎,而附着在粉尘上的大量病原微生物又是传播扩散疫病的载体。因此,不断呼入呼吸道的粉尘就能够持续不断地将病原微生物载入发炎区域,这是引起免疫和药物预防失败的环境主因之一。

粉尘控制措施,除合理调节舍内气流速度外,还包括以下方面:

(1)搞好场区绿化:包括道路两侧、禽舍周围,应将种草、植树等结合起来,减少裸地。

(2)清扫地面之前应适量洒水。

(3)使用粉状料时,原料粉碎不宜太细,加料速度也不宜太快。

(4)保持适宜的饲养密度。

(5)搞好垫料管理,如保持垫料适宜的湿度,减少垫料中的粉尘。

四、粪便的控制处理

鸡粪是饲养鸡的副产品。如果以放养方式饲养少量鸡时,鸡粪的数量少,鸡粪的利用和处理未必引起饲养者的足够注意。但如果饲养量达到成千上万只,产生的鸡粪数量是巨大的,因此鸡粪的处理成为养鸡饲养场的一项重要生产内容。

1. 用作肥料

鸡的肠道较短,饲料只有1/3被消化利用,因此,鸡粪中含有丰富的营养成分。据测定,鸡粪干物质中含氮5%~7%,其中60%~70%为尿酸氮,10%为铵态氮,10%~15%为蛋白氮。鲜鸡粪含水40%、氮1.3%、碘1.2%、钾1.1%,还有钙、镁、铜、锰、锌、氯、硫和硼等元素。干鸡粪含粗蛋白质23%~24%,粗纤维10%~14%,粗脂肪2%~4%,粗灰分23%~26%,水分5%~10%。

鸡粪作肥料也是世界各国传统上最常用的办法,在当今人们对绿色食品及有机食品的需求日益高涨的情况下,畜禽粪便再度受到重视,成为宝贵的资源。畜禽粪便在作肥料时,有未加任何处理就直接施用的,也有先经某种处理再施用的。前者节省设备、能源、劳力和成本,但易污染环境、传播病虫害,可能危害农作物且肥效差;后者反之。鸡粪用作肥料的处理方法主要是堆制、发酵处理。

(1)在水泥地或铺有塑料膜的地上将鸡粪堆成长条状,高不超过1.5~2米,宽度控制在1.5~3米,长度视场地大小和粪便多少而定。

(2)先较为疏松地堆一层,待堆温达60~70℃,保持3~5天,或待堆温自然降低后,将粪堆压实,在上面再疏松地堆加新鲜鸡粪一层,如此层层堆积至1.5~2米为止,用泥浆或塑料薄膜密封。

(3)为保持堆肥质量,若含水率超过75%最好中途翻堆;若含水率低于65%最好加点水。

(4)为了使肥堆中有足够的氧,可在肥堆中竖插或横插若干通气管。

(5)密封后经2~3个月(热季)或2~6个月(冷季)才能启用。

2. 鸡粪作为饲料的处理

鸡粪中含少量粗纤维和非蛋白氮,猪、鸡不能利用非蛋白氮和粗纤维,而牛、羊等反刍家畜却能利用。所以鸡粪不仅适合喂猪,也适合喂牛、羊。

鸡粪在饲喂之前必须经过加工处理,以杀死病原菌,提高适口性。用来作饲料的鸡粪不得发霉,不得含有碎玻璃、石块和铁钉、铁丝等杂质。最好用磁铁除去铁钉、铁丝和其他金属,以免造成反刍动物创伤性心包炎。

(1)鸡粪的加工处理:鸡粪加工处理的方法很多,主要有晒干、发酵、窖贮等。

①晒干:自然晒干。

②发酵:把鸡粪掺入5%的粮食面粉(高粱面或玉米面均可)。1千克干鸡粪加入1.5千克水(湿鸡粪加500克)拌匀,装入水泥池或堆放墙角用塑料布覆盖发酵。夏天经24小时左右即可发酵好,冬季气温低,发酵时间要长些,以手摸发烫,闻到酒香味便可饲喂,每次发酵好的鸡粪要少留一些,掺入下次要发酵的鸡粪中,可以提高发酵效果。

③窖贮:在地势高燥、土质坚实的地方挖一个深3米、直径2米的圆形窖,把全株青玉米切碎,加入30%干燥鸡粪,一层一层踩实,装满后,用土封顶,使其成馒头形,也可将鸡的粪和垫草单独地堆贮或窖贮。为了发酵良好,鸡粪和垫草混合物中的含水量须调

至40%。鸡粪和垫草一起堆贮,经4~8天温度达到高峰,保持若干天后逐渐降至常温。在进行堆贮时,须加以覆盖,并保持通风良好,防止自燃。

(2)鸡粪喂猪:一是将干燥后的鸡粪经粉碎喂猪;二是将鲜鸡粪混入猪的其他饲料一起喂,喂量由少到多,逐渐增加。仔猪喂量可占精料的10%~15%,随着体重增加,鸡粪(干)的喂量可增加到占精料的20%~30%,育肥阶段,鸡粪和精料各占50%。有人将精料占50%,青饲料占20%,鸡粪液(加水装缸发酵的产物)30%喂猪,效果很好;也有人将干鸡粪的用量增加到猪日粮的20%,效果也很好。为预防微生物感染,当有下痢症状时,每千克料中加入1~2片呋喃唑酮(每片0.1克)。

(3)鸡粪喂牛:鸡的粪加垫草、玉米秸青贮或鸡的粪加垫草窖贮后,每千克干物质中含可消化能相当于优质干草。妊娠泌乳母牛喂含有鸡粪的日粮与喂含豆饼的日粮相比,效果相近。

耕牛和肉用母牛过冬时,可以尽量用鸡粪加垫草青贮饲料喂,80%鸡粪加垫草青贮与20%日粮的混合物喂牛,效果较好。

妊娠母牛每天每头应喂7~7.5千克鸡粪加垫草青贮,外加1~1.5千克干草或其他青贮饲料;哺乳母牛可增加到9~10千克,同时喂少量干草;生长期的犊牛,用50%鸡粪垫草青贮加50%玉米面,外加干草自由采食,可以安全越冬;生长的肉牛越冬,每天喂11.5千克青贮玉米加2.5千克青贮鸡粪垫草,不需补充精料,次春就可达到屠宰体重;如果第二年还要放牧一个夏季,秋季屠宰,则越冬时每天喂10千克青贮玉米和1.75千克青贮鸡粪垫草,日增重可达0.2~0.25千克;终期肥育肉牛的日粮干物质中,鸡粪垫草青贮可占日粮的20%~25%,若与玉米青贮和占体重1%的精料一同饲喂,鸡粪垫草青贮占全部日粮的20%时,可满足其蛋白质的需要。

3. 用作生产沼气的原料

鸡粪作为能源最常用的方法就是制作沼气。沼气是在厌氧环境中,有机物质在特殊的微生物作用下生成的混合气体,其主要成分是甲烷,占60%~70%。沼气可用于鸡舍采暖和照明、做饭、供暖等,是一种优质生物能源。

4. 用作培养料

这是一种间接作饲料的方法。与畜禽粪便直接用作饲料相比,其饲用安全性较强,营养价值较高,但过程和设备复杂一些。作培养料有多种形式,如培养单细胞、培养蝇蛆、培养藻类、食用菌培养料、养蚯蚓和养虫等。鸡粪用作培养料为畜禽饲养业和水产养殖业提供了优质蛋白质饲料。

五、污水的控制处理

养鸡场所排放的污水,主要来自清粪和冲洗鸡舍后的排放粪水,及屠宰加工厂和孵化厂等冲洗排放的污水。屠宰加工厂也是个用水和排放污水的大户,屠宰加工厂的污水主要来自血液、羽毛和内脏的处理用水,冲洗地面和设备所排放的污水。污水中含有大量的血液、羽毛、油脂、碎肉、未消化过的饲料和粪便等。

1. 污水的物理处理法

主要利用物理作用,将污水中的有机物、悬浮物、油类及其他固体物质分离出来。

(1)过滤法:过滤主要是污水通过具有孔隙的过滤装置以达到使污水变得澄清的过程。这是鸡场污水处理工艺流程中必不可少的部分。常用的简单设备有格栅或网筛。鸡场过滤污水采用的格栅由一组平行钢条组成,略斜放于污水通过的渠道中,用以清除粗大漂浮和悬浮物质,如饲料袋、塑料袋、羽毛、垫草等,以免堵塞后续设备的孔洞、闸门和管道。

(2)沉淀法:主要利用污水中部分悬浮固体密度大于水的原理使其在重力作用下自然下沉并与污水分离的方法,这是污水处理中应用最广的方法之一。沉淀法可用于在沉沙池中去除杂粒;在一次沉淀池中去除有机悬浮物和其他固体物;在二次沉淀池中去除生物处理产生的生物污泥;在化学絮凝法后去除絮凝体;在污泥浓缩池中分离污泥中的水分,使污泥得到浓缩。

(3)固液分离法:这是将污水中的固性物与液体分离的方法。可以使用固液分离机。目前常见的分离机有旋转筛压榨分离机和带压轮刷筛式分离机,其他的还有离心机、挤压式分离机等。

2. 污水的化学处理法

利用化学反应的作用使污水中的污染物质发生化学变化而改变其性质,最后将其除去。

(1)絮凝沉淀法:这是污水处理的一种重要方法。污水中含有的胶体物质、细微悬浮物质和乳化油等,可以采用该法进行处理。常用的絮凝剂有无机的明矾、硫酸铝、三氯化铁、硫酸亚铁等,有机高分子絮凝剂有十二烷基苯磺酸钠、羧甲基纤维素钠、聚丙烯酰胺、水溶性脲醛树脂等。在使用这些絮凝剂时还常用一些助凝剂,如无机酸或碱、漂白粉、膨润土、酸性白土、活性硅酸和高岭土等。

(2)化学消毒法:鸡场的污水中含有多种微生物和寄生虫卵,若鸡群暴发传染病时,所排放的污水中就可能含有病原微生物。因此,采用化学消毒的方式来处理污水就十分必要。经过物理、生物法处理后的污水再进行加药消毒,可以回收用作冲洗圈栏及一些用具,节约了鸡场的用水量。目前用于污水消毒的消毒剂有液氯、次氯酸、臭氧和紫外线等,以氯化消毒法最为方便有效,经济实用。

3. 鸡场污水的生物处理法

生物处理法原理是利用微生物的代谢作用分解污水中的有机物而达到净化的目的。

(1)氧化塘：氧化塘是将自然净化与人工措施结合起来的污水生物处理技术。主要是利用塘内细菌和藻类共生的作用处理污水中的有机污染物。污水中的有机物由细菌进行分解，而由细菌赖以生长、繁殖所需的氧，则由藻类通过光合作用来提供。根据氧化塘内溶解氧的主要来源和在净化作用中起主要作用的微生物种类，可分为好氧塘、厌氧塘、兼性塘和曝气塘四种。氧化塘可利用旧河道、河滩、无农用价值的荒地、鸡场防疫沟等，基建投资少。氧化塘运行管理简单、费用低、耗能少，可以进行综合利用，如养殖水生动、植物，形成多级食物网的复合生态系统。但氧化塘占地面积较大处理效果受气候的影响，如越冬问题和春、秋翻塘问题等。如果设计、运行或管理不当，可能形成二次污染，如污染地下水或产生臭气。因此氧化塘的面积与污水的水质、流量和塘的表面负荷等有关，须经计算确定。

(2)活性污泥法：由无数细菌、真菌、原生动物和其他微生物与吸附的有机及无机物组成的絮凝体称为活性污泥，其表面有一层多糖类的黏质层。活性污泥有巨大的表面能，对污水中悬浮态和胶态的有机颗粒有强烈的吸附和絮凝能力，在有氧气存在的情况下，其中的微生物可对有机物发生强烈的氧化分解作用。利用活性污泥来处理污水中的有机污染物的方法称为活性污泥法，该法的基本构筑物有生物反应池（曝气池）、二次沉淀池、污泥回流系统及空气扩散系统。

(3)厌氧生物处理法：厌氧生物处理法相当于沼气发酵。根据消化池运行方式的不同，可分为传统消化池和高速消化池。传统消化池投资少、设备简单，但消化速率较低，消化时间长，易受气温的影响,污水须在池内停留30~90天,多为小规模畜禽场和养殖专业户采用。高速消化池设有加热和搅拌装置,运行较为稳定,在中温(30~35℃)条件下,一般消化期约15天左右,常被大型畜禽场广泛采用。近年来根据沼气发酵的基本原理,发展出一种填充介质沼气池,如上流式厌氧污泥床、厌氧过滤器等。其特点是加入了介质,有利于池中微生物附着其上,形成菌膜或菌胶团,从而使池内保留有较多的微生物量,并能与污水充分接触,可提高有机物的消化分解效率。

六、鼠虫的控制

1. 灭鼠

鼠是人、畜多种传染病的传播媒介,鼠还盗食饲料和鸡蛋,咬死雏鸡,咬坏物品,污染饲料和饮水,危害极大,因此鸡场必须做好灭鼠工作。

(1)防止鼠类进入建筑物:鼠类多从墙基、天棚、瓦顶等处窜入室内,在设计施工时注意墙基最好用水泥制成,碎石和砖砌的墙基,应用灰浆抹缝。墙面应平直光滑,防鼠沿粗糙墙面攀登。砌缝不严的空心墙体,易使鼠隐匿营巢,要填补抹平。为防止鼠类爬上屋顶,可将墙角处做成圆弧形。墙体上部与大棚衔接处应砌实,不留空隙。用砖、石铺设的地面,应衔接紧密并用水泥灰浆填缝。各种管道周围要用水泥填平。通气孔、地脚窗、排水沟(粪尿沟)出口均应安装孔径小于1厘米的铁丝网,以防鼠类窜入。

(2)器械灭鼠:器械灭鼠方法简单易行,效果可靠,对人、畜无害。灭鼠器械种类繁多,主要有夹、关、压、卡、翻、扣、淹、黏等。近年来还采用电灭鼠和超声波灭鼠等方法。

(3)化学灭鼠:化学灭鼠效率高、使用方便、成本低、见效快,缺点是能引起人、畜中毒,有些鼠对药剂有选择性、拒食性和耐药性。所以,使用时需选好药剂和注意使用方法,以保证安全有效。灭鼠药剂种类很多,主要有灭鼠剂、熏蒸剂、烟剂、化学绝育剂等。鸡场的鼠类以孵化室、饲料库、鸡舍最多,是灭鼠的重点场所。饲料库可用熏蒸剂毒杀。养殖场所投放毒饵时,机械化养鸡场,因实行笼养,只要防止毒饵混入饲料中即可。在采用全进全出制的生产程序时,可结合舍内消毒时一并进行。鼠尸应及时清理,以防被畜误食而发生二次中毒。选用鼠长期吃惯了的食物作饵料,突然投放,饵料充足,分布广泛,以保证灭鼠的效果。

2. 灭昆虫

鸡场易孳生蚊、蝇等有害昆虫,骚扰人、畜和传播疾病,给人、畜健康带来危害,应采取综合措施杀灭。

(1)环境卫生:搞好鸡场环境卫生,保持环境清洁、干燥,是杀灭蚊蝇的基本措施。蚊虫需在水中产卵、孵化和发育,蝇蛆也需在潮湿的环境及粪便等废弃物中生长。因此,填平无用的污水池、土坑、水沟和洼地。保持排水系统畅通,对阴沟、沟渠等定期疏通,勿使污水储积。对贮水池等容器加盖,以防蚊蝇飞入产卵。对不能清除或加盖的防火贮水器,在蚊蝇孳生季节,应定期换水。永久性水体(如鱼塘、池塘等),蚊虫多孳生在水浅而有植被的边缘区域,修整边岸,加大坡度和填充浅塘,能有效地防止蚊虫孳生。鸡舍内的粪便应定时清除,并及时处理,贮粪池应加盖并保持四周环境的清洁。

(2)化学杀灭:化学杀灭是使用天然或合成的毒物,以不同的剂型(粉剂、乳剂、油剂、水悬剂、颗粒剂、缓释剂等),通过不同途径(胃毒、触杀、熏杀、内吸等),毒杀或驱逐蚊蝇。化学杀虫法具有使用方便、见效快等优点,是当前杀灭蚊蝇的较好方法。

①马拉硫磷:为有机磷杀虫剂,它是世界卫生组织推荐用的室

内滞留喷洒杀虫剂,其杀虫作用强而快,具有胃毒、触毒作用,也可作熏杀,杀虫范围广,可杀灭蚊、蝇、蛆、虱等,对人、畜的毒害小,故适于畜禽舍内使用。

②敌敌畏:为有机磷杀虫剂,具有胃毒、触毒和熏杀作用,杀虫范围广,可杀灭蚊、蝇等多种害虫,杀虫效果好。但对人、畜有较大毒害,易被皮肤吸收而中毒,故在畜舍内使用时,应特别注意安全。

③合成拟菊酯:是一种神经毒药剂,可使蚊蝇等迅速呈现神经麻痹而死亡。杀虫力强,特别是对蚊的毒效比敌敌畏、马拉硫磷等高10倍以上,对蝇类,因不产生抗药性,故可长期使用。

七、鸡尸体的处理

在鸡生长过程中,由于各种原因使鸡死亡的情况时有发生。在正常情况下,鸡的死亡率每月为1‰~2‰。这些死鸡若不加处理或处理不当,尸体能很快分解腐败,散发臭气。特别应该注意的是患传染病死亡的鸡,其病原微生物会污染大气、水源和土壤,造成疾病的传播与蔓延。因此,必须正确而及时地处理死鸡。

1. 高温处理法

将鸡尸放入特设的高温锅(5个大气压、150℃)内熬煮,达到彻底消毒的目的。鸡场也可用普通大锅,经100℃的高温熬煮处理。此法可保留一部分有价值的产品,使死鸡饲料化,但要注意熬煮的温度和时间必须达到消毒的要求。

2. 土埋法

这是利用土壤的自净作用使死鸡无害化。此法虽简单但并不理想,因其无害化过程很缓慢,某些病原微生物能长期生存,条件掌握不好就会污染土壤和地下水,造成二次污染,因此对土质的要求是决不能选用沙质土。采用土埋法必须遵守卫生防疫要求,即尸坑应远离畜禽场、畜禽舍、居民点和水源,地势要高燥;掩埋深度不小于2米;必要时尸坑内四周应用水泥板等不透水材料砌严;鸡尸四周应洒上消毒药剂;尸坑四周最好设栅栏并作上标记。较大的尸坑盖板上还可预留几个孔道,套上PVC管,以便不断向坑内投放鸡尸。

3. 堆肥法

鸡尸因体积较小,可以与粪便的堆肥处理同时进行,这是一种需氧性堆肥法。死鸡与鸡粪进行混合堆肥处理时,一般按1份(重量)死鸡配2份鸡粪和0.1份秸秆的比例较为合适,这些成分要按一定规律分层码放。在发酵室的水泥地面上,先铺上30厘米厚的鸡粪,然后加上一层厚约20厘米厚的秸秆,然后再按死鸡、鸡粪、秸秆的规律逐层堆放,死鸡层还要加适量的水,最后要在顶部加上双层鸡粪。堆肥前,有时还要把鸡尸再分成小块,以便在堆制过程中更加彻底地得到分解。需要注意的是,因患传染病死亡的鸡尸一般不用此法处理,以保证防疫上的安全。

八、垫料处理

在鸡生产过程中,采用平养方式需使用垫料,所用垫料多为锯木屑、稻草或其他秸秆。一般使用的规律是冬季多垫,夏季少垫或不垫。一个生产周期结束后,清除的垫料实际上是鸡粪与垫料的混合物。

1. 窖贮或堆贮

雏鸡粪和垫料的混合物可以单独窖贮。为了使发酵作用良好,混合物的含水量应调至40%。混合物在堆贮的第4~8天,堆温达到最高峰(可杀死多种致病菌),保持若干天后,堆温逐渐下降与气温平衡。经过窖贮或堆贮后的鸡粪与垫料混合物可以饲喂牛、羊等反刍动物。

2. 生产沼气

使用粪便垫料混合物作沼气原料,由于其中已含有较多的垫草(主要是一些植物组织),碳氮比较为合适,作为沼气原料使用起来十分方便。

3. 直接还田用作肥料

锯木屑、稻草或其他秸秆在使用前是碎料者可直接还田。

九、消毒控制

应用化学消毒剂进行消毒是鸡场使用最广泛的一种方法。化学消毒剂的种类很多,如氢氧化钠(钾)、石灰、高锰酸钾、漂白粉、次氯酸钠、乳酸、酒精、碘酊、紫药水、煤酚皂溶液、新洁尔灭、福尔马林、苯酚、过氧乙酸、百毒杀、威力碘等多种化学药品都可以作为化学消毒剂,而消毒的效果如何,则取决于消毒剂的种类、药液的浓度、作用的时间和病原体的抵抗力以及所处的环境和性质。因此在选择时,可根据消毒剂的作用特点,选用对该病原体杀灭力强、又不损害消毒的物体、毒性小、易溶于水,在消毒的环境中比较稳定以及价廉易得和使用方便的化学消毒剂,有计划地对鸡生活的环境和用具等进行消毒。

1. 消毒剂的种类

(1)含氯消毒剂:含氯消毒剂在水中形成次氯酸,有很强的氧化作用和氯化作用,使细菌蛋白质及某些关键的酶系统被损坏而死亡。所产生的次氯酸浓度愈高,则杀菌作用愈强。pH值偏酸性时,杀菌作用加强;杀菌力与有效氯的浓度和温度成正比,与有机物浓度成反比;氯溶液中含有少量的碘或溴,能加强其杀菌力。

本类消毒剂对细菌和病毒具备强大的杀灭作用,高浓度时可杀死芽孢。本类消毒剂对金属设施及用具有一定的腐蚀性,低浓度时可用于饮水消毒和带禽消毒。

①漂白粉:本品为次氯酸钙与氯化钙的混杂物,含有效氯25%~30%。用于环境和用品的消毒以及病死禽尸体的无害化解决。环境消毒用5%~20%混悬液,亦可用干粉撒布;食槽、玻璃器皿、非金属用具消毒用1%~5%的澄清液;饮水消毒,每50升水加1克。宜现配现用,以免失效。不宜用于金属笼具及有色棉织物的消毒。

②氯亚明:本品为有机氯消毒剂,其水溶液逐步离解为次氯酸而起杀菌作用,含有效氯24%~26%。本品刺激性和腐蚀性较小,除用于环境和用具的消毒外,还能用于皮肤和黏膜的消毒。食槽、器皿消毒用0.5%~1%溶液;排泄物与分泌物消毒用3%溶液;饮水消毒,1升水用2~4毫克;黏膜消毒用0.1%~0.5%溶液。配制消毒溶液时,如加入等量的氯化铵,可使消毒溶液活化,大大提高消毒能力;活性溶液应于使用前1~2小时配制,时间过长,效果下降。

③优氯净:本品为有机氯消毒剂,含有效氯60%左右,是一种安全、广谱、长效的消毒剂,杀菌力强,可用于饮水、环境、用具及粪便消毒,也可用于水、加工厂、车辆、餐具等的消毒。0.01%~0.02%溶液用于环境、用具消毒;饮水消毒,每升水4毫克。本品水溶液不稳定,宜现配现用。不宜用于金属笼具及有色棉织物的消毒。

④二氧化氯(超氯、消毒王,二元复配型高效消毒剂):主要成分为二氧化氯及活化剂,有液体和粉状两种剂型,制剂有效氯含量多为5%。具备高效、低毒、除臭能力强、无残留等特点,可用于禽舍、场地、用具、种蛋、饮水消毒及带禽消毒。使用前,先将二氧化氯粉或溶液,用适量的干净水稀释,加入活化剂,搅匀后再稀释到

使用浓度用于消毒。有效氯含量为5%时,环境消毒,1升水加药5～10毫升喷雾;饮水消毒,100升水加药5～10毫升;用具、食槽消毒,1升水加药5毫克搅匀后,浸泡5～10分钟。二氧化氯使用时须用酸活化,现配现用,不得过期使用;为加强稳定性,二氧化氯溶液在保留时加入碳酸钠、硼酸钠等。

(2)含碘消毒剂:碘是活性很强的元素,有较强的浸透性能,可直接卤化菌体蛋白质,产生积淀,使微生物死亡。消毒溶液pH值偏酸性时,游离的碘更多,杀菌作用加强;过多有机物存在可导致消毒效能下降。本类消毒剂对细菌、霉菌、病毒和芽孢均具备强大的杀灭作用。本类消毒剂对金属设施及用具的腐蚀性较低,低浓度时可用于饮水消毒和带鸡消毒。因为成本较高,在使用上有一定的局限。

①碘酊:本品含有碘化钾,为红棕色澄清液体,杀菌力强,主要用于手术部位及注射部位的消毒,也可用于饮水消毒。手术部位及注射部位用碘酊棉球擦拭消毒;饮水消毒,每升水加2%碘酊0.4毫升。碘对皮肤和黏膜有一定的刺激性,使用后要用酒精脱碘。碘酊中的碘容易挥发,应置阴凉处密闭保留。

②复合碘溶液:本品是由碘、碘化钾与酸及适量的佐剂配制成的水溶液,为红棕色黏稠液体,含活性碘通常在1%～3%,对病毒、细菌、芽孢有较强的杀灭作用,可用于禽舍、场地、用具、车辆、污染物的消毒。禽舍、器械的消毒,用水将消毒剂稀释100～300倍的浓度使用;饮水消毒,用2%浓度的碘溶液,每升水加入0.4毫升。宜现配现用,对金属用品有一定的腐蚀性。

③碘伏(聚维酮碘):本品为碘与聚乙烯吡咯烷酮的络合物,深棕色粉末,含碘量约为10%。常用制剂通常含聚维酮碘5%～10%(即相当含碘量为0.5%～1%),腐蚀性、刺激性较小,水溶液相对较稳定。对病毒、细菌、芽孢有较强的杀灭作用,可用于禽舍、场地、用具、车辆、污染物的消毒。以0.015%的水溶液(以有效碘

计)用于环境、用具消毒。

(3)酚类消毒剂:高浓度的酚能穿透和损坏细菌细胞壁,进而凝聚积淀菌体蛋白,低浓度的酚主要是使细菌的主要酶系统灭活而死亡。不同类型的酚类消毒剂,其杀菌能力差别较大;温度和浓度愈高,杀菌效果愈好,加入适量的乙醇、氯化物或阴离子外表活性剂能加强杀菌能力。本类消毒药对皮肤、黏膜有一定的毒性,通常仅作为环境消毒,不可直接喷于动物身上。主要用于杀灭细菌滋生体,对病毒和芽孢的杀灭作用不够可靠。

①苯酚(石炭酸):由煤焦油分馏产生,低温时为固态,40℃以上时可消融为液态,加入8%~10%的水可在常温下维持液化苯酚。本品杀菌作用不强,毒性较大,主要在实验室使用。用5%溶液浸泡外科器械、解决污物,2%~5%溶液喷雾或湿抹用具,在生物制品中加入0.5%作为防腐剂。忌与碘、溴、高锰酸钾、过氧化氢等配伍使用。不能用于创伤、皮肤消毒。

②复合酚(农福、消毒净、消毒灵):本品由冰醋酸、混杂酚、十二烷基苯磺酸、煤焦油酸按一定的比例混杂而成,为棕色黏稠液体,有煤焦油臭味,对多种细菌和病毒均有杀灭作用,可用于环境、禽舍、笼具的消毒。以水稀释100~300倍后用于环境、禽舍、用具的喷雾消毒。稀释用水温度不宜低于8℃,制止与碱性药物或其余消毒药液混用。

③来苏儿(甲酚皂溶液):由煤酚与植物油、氢氧化钠按一定比例配制而成。本品杀菌作用比苯酚强,毒性较低,主要用于禽舍、用具、污染物的消毒。用3%~5%溶液浸泡外科器械、解决污物,2%溶液用于术前、术后洗手和皮肤消毒。留意事项同复合酚。

④氯甲酚溶液(菌球杀):本品为甲酚的氯代衍生物,一般为5%的溶液,杀菌作用较强,毒性较小,主要用于禽舍、用具、污染物的消毒。以水稀释30~100倍后用于环境、畜禽舍的喷雾消毒。留意事项同复合酚。

(4)季铵盐类消毒剂:其杀菌机理主要是经过其所具备的外表活性作用,使菌体细胞膜的浸透性发生改变甚至破裂,抑制某些酶系统,影响新陈代谢,使蛋白质变性。肥皂水及血清、粪便、牛奶等有机物的存在可影响此类消毒剂的杀菌效能;消毒溶液呈碱性,杀菌效果好,消毒溶液呈酸性,杀菌效果差。杀菌浓度较低,毒性与刺激性小,无腐蚀性和漂白作用,水溶性好、水溶液稳定,使用便捷并具备去污功能。对新城疫、流感病毒等效果好。通常只用于杀灭微生物滋生体,对芽孢菌效果不佳。

①新洁尔灭(苯扎溴铵):本品为苯扎溴铵的水溶液,市售商品的浓度通常为5%,为五色或淡黄色液体,震摇产生大量泡沫。属阳离子外表活性剂,对革兰阳性菌和阴性菌有杀灭作用,对芽孢菌的作用较弱,主要用于皮肤、黏膜、器械及创口的消毒。皮肤、器械的消毒用0.1%的溶液(以苯扎溴铵计),黏膜、创口的消毒用0.02%以下的溶液消毒。忌与碘、碘化钾、过氧化物等合用,亦不可与普通肥皂配伍。不适用于粪便、污水消毒及芽孢菌的消毒。

②度米芬(杜米芬):本品为白色或微黄色片状结晶,能溶于水和乙醇。为阳离子外表活性剂,主要用于杀灭细菌病原,消毒能力强,毒性小,可用于环境、皮肤、黏膜、器械和创口的消毒,以及带禽消毒。皮肤、器械的消毒用0.05%~0.1%的溶液,带禽消毒用0.05%的溶液喷雾。留意事项同新洁尔灭。

③百毒杀(癸甲溴铵溶液):本品为癸甲溴铵的溶液,市售浓度通常为10%,为双链季铵盐外表活性剂,主要用于杀灭细菌病原,消毒能力强,刺激性小,毒性小,可用于环境、种蛋、饮水、器械及创口的消毒和带禽消毒。鸡舍带鸡消毒,以水稀释1000~2000倍后喷雾;饮水消毒,每吨水加10%的溶液100~200毫升。留意事项同新洁尔灭。

④菌毒清(辛氨乙甘酸溶液):本品为阳离子外表活性剂,主要用于杀灭细菌病原,消毒能力强,无刺激性,毒性小,可用于环境、

种蛋、器械及饮水的消毒和带禽消毒。环境消毒,以水稀释100~200倍喷雾;种蛋消毒,0.2%溶液浸泡。留意事项同新洁尔灭。

(5)过氧化物消毒剂:因为其具备强大的氧化能力使细菌、病毒的蛋白质变性而起消毒作用。有机物、血液、牛奶及复原剂(如硫代硫酸钠、亚硫酸钠)的存在可降低杀菌效能。本类消毒剂的缺陷是对被消毒物品有一定的腐蚀和漂白作用,高浓度的消毒剂溶液有一定的刺激性和毒性,消毒剂溶液不稳定,宜现配现用。

①过氧乙酸(过醋酸):本品为高浓度的过氧化氢与冰醋酸按一定比例反应而成,市售通常为20%的溶液。属强氧化剂,是广谱、高效、速效的消毒剂,能杀灭细菌、真菌、病毒及芽孢,可用于环境、车辆、用具、饮水的消毒及带禽消毒。环境、用具、车辆消毒用0.5%的溶液;饮水消毒,每升水4毫克。本品水溶液不稳定,宜现配现用;不宜用于金属笼具及有色棉织物的消毒。

②双氧水(过氧化氢溶液):本品为过氧化氢的水溶液,市售浓度通常为25%~30%的溶液。有强的氧化性,在组织或血清中的过氧化酶的作用下,迅速分解产生出初生态氧而起杀菌作用。主要用于创口的消毒和冲刷,使用时配成3%的溶液。浓度高于3%时,对组织有刺激性。

(6)酸、碱类消毒剂:酸类消毒剂在水中游离出氢离子,呈一定强度的酸性,使细菌、病毒蛋白质变性;碱类消毒剂在水中游离出氢氧根离子,呈一定的碱性,使细菌、病毒的蛋白质及核酸变性,并可损坏菌体的酶系统而发挥杀菌消毒作用。酸和碱类消毒剂不能混在一起使用。具备广谱的杀菌、抑菌的效果,有些能杀灭病毒和芽孢。酸性及碱性愈强,其腐蚀性和刺激性愈强。

①乳酸:为乳酸的水溶液,有酸臭味,具备抑菌作用。主要用于空气消毒,50~100毫升乳酸以水稀释为20%浓度熏蒸或喷雾消毒100立方米空间。不可与碱性物质一起使用,进行熏蒸消毒时,相对湿度宜大于60%。

②醋酸(乙酸)：为乙酸或乙酸的水溶液，无色透明液体，有强烈的酸味，有杀菌、抑菌作用，主要用于空气消毒。20~40毫升醋酸(36%~37%)熏蒸或喷雾消毒100立方米空间。留意事项同乳酸。

③氢氧化钠(烧碱)：为白色或类白色片状、粒状结晶，易吸潮。强碱类消毒剂，对病毒、细菌、芽孢有较强的杀灭作用，也可杀灭球虫，可用于禽舍、场地、用具、车辆、排泄物的消毒。用水配成2%溶液用于环境、用具消毒。不可与酸性物质一起使用，密闭保留，以避免吸潮和吸收二氧化碳。

④石灰粉、生石灰(氧化钙)：为白色块状或粉状，主要成分为氧化钙。强碱类消毒剂，对病毒、细菌有杀灭作用，对芽孢效果较差，可用于场地、排泄物、粪池的消毒。加水配成10%~20%石灰乳刷厩舍墙壁、禽笼、地面等，也可直接将1千克石灰加350毫升水制成粉末后撒于湿润地面、粪池周围和污水沟等处。留意事项同氢氧化钠。

(7)醛类消毒剂：醛类消毒剂是一类强的蛋白质变性剂，能使细菌、病毒蛋白质变性而发挥杀菌消毒作用。温度和浓度增长，可提高消毒剂的杀菌效能；消毒溶液中含有一定浓度的乙醇或异丙醇能提高杀菌效能。具备广谱、高效、速效的杀菌、杀芽孢、杀病毒作用。一定浓度的甲醛在杀灭细菌、病毒时对其抗原性的影响很小，被广泛运用于灭活疫苗的制备。对皮肤和黏膜有一定的刺激性，在进行熏蒸消毒时，家禽和人员必须远离消毒环境。

①福尔马林(甲醛溶液)：为含37%~40%甲醛的水溶液，并含有甲醇8%~15%作为稳定剂，以避免甲醛聚合。对细菌、病毒、霉菌、芽孢有强大的杀灭作用，可用于禽舍、器械、种蛋的消毒以及室内空气的熏蒸消毒，也可用作标本、疫苗的防腐剂。10%福尔马林溶液(含甲醛4%)用于通常消毒和器械消毒。禽舍熏蒸消毒，每立方米空间用甲醛溶液15毫升、高锰酸钾7.5克，加7.5毫

升水,密闭熏蒸4~10小时。熏蒸消毒应杜绝明火;熏蒸的环境湿度不能低于70%,温度宜高于20℃;熏蒸的物体应在密闭的条件下,且作用足够的时间;不得在带动物情况下采取喷雾消毒。

②戊二醛:无色油状液体,有微弱的甲醛味道,挥发度较低。对细菌、病毒、霉菌、芽孢均有杀灭作用,毒性比甲醛低,对皮肤和黏膜的刺激性较弱。酸性溶液稳定,弱碱性溶液(pH7.5~8.5)杀菌作用最强。因为本品相对较为昂贵,主要用于诊断用品及器械的消毒。常用2%碱性溶液(加0.3%碳酸氢钠)用于诊断用品及器械的消毒。溶液宜现配现用,不可长时间保留,放置2周后即失效。

(8)其余消毒剂

①高锰酸钾(灰锰氧):本品为黑紫色结晶或颗粒,有蓝色的金属光泽,是强氧化剂,遇有机物易发生强烈燃烧或爆炸。高锰酸钾经过氧化菌体内活性基团而发挥杀菌作用,能杀灭细菌、病毒,在高浓度时能杀灭芽孢。独自使用作为消毒剂或者和福尔马林一起用作熏蒸消毒,可用于禽舍、器械、种蛋的消毒以及室内空气的熏蒸消毒。熏蒸消毒,每立方米空间15毫升福尔马林加7.5克高锰酸钾;通常消毒用0.1%的溶液。宜现配现用,忌与复原剂配伍。

②酒精:即乙醇,为无色透明的液体,易挥发和燃烧。一般微生物接触酒精后即脱水,导致菌体蛋白质凝结而死亡。杀菌力最强的浓度为75%。酒精对芽孢无作用,常用于注射部位、术部、手、皮肤等涂擦消毒和外科器械的浸泡消毒。

③紫药水:紫药水对组织无刺激性,毒性很小,市售有1%~2%的溶液,常用于鸡群的啄伤,除治疗创伤外,还可防止创面再被鸡啄伤。

2. 消毒的先后顺序

鸡场消毒要先净道(运送饲料等的道路)、后污道(清粪车行驶的道路),先后备鸡场区、后蛋鸡场区,先种鸡场区、后育肥鸡场区,各鸡舍内的消毒桶严禁混用。

3. 消毒方法

(1)孵化场的卫生控制

①孵化厅卫生标准:孵化室、更衣室、淋浴间、办公室、走廊地面清洁无垃圾,墙壁及天花板无蜘蛛网、无灰尘绒毛,地面保持火碱溶液或其他消毒剂的新鲜度。顶棚无凝集水滴,地面清洁,无蛋壳等垃圾,无积水存在,值班组人员每次交班之前10分钟用消毒剂拖地一遍,接班人员监督检查。

出雏室地面无绒毛、蛋壳等垃圾存在,无积水存在,墙壁干净整洁,无蜘蛛网灰尘。

孵化室、出雏室地沟、下水道内清洁,无蛋壳及绒毛存留,每周2次用2‰火碱溶液消毒。

捡雏室内地面无蛋壳、绒毛存在,冲刷间干净整洁,浸泡池内无垃圾。发雏厅及接雏厅每次发放完雏鸡后,无蛋壳、鸡毛等垃圾存在,并用2‰火碱溶液彻底消毒。

孵化间、出雏间、缓冲间内物品摆放整齐有序,地面无垃圾,每周至少消毒2次。纸箱库内物品分类摆放,整齐有序,地面干净整洁。

夏季使用湿帘或水冷空调降温时,及时更换循环用水,保持水的清洁卫生,必要时加入消毒剂。

室内环境细菌检测达合格标准。

②孵化器、出雏器卫生标准:孵化器内外、机顶干净整洁,无灰尘,无绒毛。壁板及器件光洁无污染。底板无蛋壳、蛋黄、绒毛及灰尘。加湿盘内无铁锈、蛋壳等垃圾,加湿滚筒清洁无污物。风筒内无灰尘,风扇叶无灰尘、无绒毛,温湿度探头上无灰尘、无绒毛。

控制柜内清洁卫生,无绒毛、灰尘、杂物。电机(风扇电机、翻蛋电机、风门电机、冷却电机、加湿电机)上无灰尘、无绒毛、无油污。入孵前细菌检测为合格标准。

③孵化场区隔离生产管理办法：未经允许，任何外人严禁进入孵化室。允许进入孵化室的人员，必须经过洗澡、更衣、换鞋，有专人引导，并且按照一定的行走路线入内。

孵化室人员，除平时休班外，严禁外出，休班回场必须洗澡、消毒、更衣、换鞋。维修人员进入孵化室，须洗澡、更衣、换鞋后方可进入。严禁携带其他动物、禽鸟及其产品进入孵化室。

接雏车辆需经喷雾消毒、过火碱油后才能进入孵化场。接雏人员只能在接雏厅停留，严禁进入其他区域，由雏鸡发放员监督。

运送种蛋的车辆需经彻底的消毒后再进入孵化场。每次雏鸡发放结束后，全面打扫存放间，发雏室、接雏厅、客户接雏道路用2%的火碱溶液全面喷洒消毒。

及时处理照蛋、毛蛋及蛋壳，不得在孵化厅室存放过夜。

进入孵化厅的物品须经有效的消毒处理后方可带进。孵化室备用工作服在每次使用后立即消毒清洗。

外来人员离开孵化室后，其所经过的区域，用2%的火碱溶液喷雾消毒。定期清理孵化场周围的垃圾等杂物，每月消毒1次。定期投放鼠药，减少鼠类对孵化场设备、种蛋的损害。

(2)人员消毒：鸡场尤其是种鸡场或具有适度规模的鸡场，在饲养区出入口处应设紫外线消毒间或消毒池。鸡场的工作人员和饲养人员在进入饲养区前，必须在消毒间更换工作衣、鞋、帽，穿戴整齐后进行紫外线消毒10分钟，再经消毒池进入鸡场饲养区内。育雏舍和育成舍门前出入口也应设消毒槽，门内放置消毒缸(盆)。饲养员在饲喂前，先将洗干净的双手放在盛有消毒液的消毒缸(盆)内浸泡消毒几分钟。

消毒池和消毒槽内的消毒液，常用2%火碱水或20%石灰乳以及其他消毒剂配成的消毒液。浸泡双手的消毒液通常用0.1%

新洁尔灭或0.05%百毒杀溶液。鸡场通往各鸡舍的道路也要每天用消毒药剂进行喷洒。各鸡舍应结合具体情况采用定期消毒和临时性消毒措施。鸡舍的用具必须固定在饲养人员各自管理的鸡舍内，不准相互通用，同时饲养人员也不能相互串舍。

除此以外，鸡场应谢绝参观。外来人员和非生产人员不得随意进入饲养区，场外车辆及用具等也不允许随意进入鸡场，凡进入饲养区内的车辆和人员及其用具等必须进行严格地消毒，以杜绝外来的病原体带入场内。

（3）鸡舍和环境的消毒：由于鸡舍和环境消毒达不到要求致使鸡传染病时有报道，造成重大损失的现象已屡见不鲜。一些饲养户只重视治疗和疫苗接种而忽视消毒作用的情况更为普遍。实际上，做好鸡舍和环境的消毒，可以极大地减少传染病发生的机会，提高成活率，减少治疗药物的费用，从而提高经济效益。

鸡舍和环境消毒应按下列程序进行：

①清扫：将鸡舍顶部和棚上的尘埃扫落。

②清粪：把舍内外的鸡粪全部清除。

③洒水：将四周、地面等全部洒上水，让剩余鸡粪等吸水膨胀，以便冲洗。

④冲洗：最好用高压水龙头从鸡舍顶部往下逐一冲洗，尤其是死角、裂缝的鸡粪、尘埃要彻底冲洗干净，冲洗越干净，消毒效果越好。

⑤首次消毒：可用2%的烧碱喷洒地面、墙壁四周、鸡棚及耐腐蚀的工具等，或者用农福等消毒剂喷洒整幢鸡舍及附属物、工具。作用时间6～12小时。

⑥二次冲洗：用干净水将消毒液和残存的鸡粪、尘埃冲洗干净。

⑦二次消毒：如鸡舍可关闭，可采用福尔马林熏蒸，每立方米空间用福尔马林28毫升、高锰酸钾14克，熏蒸4～8小时。如开

放式鸡舍,可喷洒其他消毒药。

⑧空闲:鸡舍消毒后应空闲10天以上,舍内用具可经阳光直射,舍外环境可施生石灰粉,将泥地翻晒。

如果在鸡舍曾发生过鸡新城疫、传染性喉气管炎、禽出败、传染性法氏囊病等,应做到三次冲洗,间隔三次采用不同消毒剂消毒。最后一次消毒最好采用福尔马林熏蒸,才能保证消毒效果。

(4)用具消毒:蛋箱、蛋盘、孵化器、运雏箱可先用0.1%新洁尔灭或0.2%～0.5%过氧乙酸消毒,然后在密闭的室内于15～18℃温度下,用甲醛熏蒸消毒5～10小时。鸡笼先用消毒液喷洒,再用水冲洗,待干燥后再喷洒消毒液,最后在密闭室内用甲醛熏蒸消毒。工作人员的手可用0.2%新洁尔灭水清洗消毒,忌与肥皂共用。

(5)饮水消毒:水对鸡生产具有重要作用,但同时水又是鸡疫病发生的重要媒介,而且这一点往往被忽视。一些鸡场的疫病反复发生,得不到有效的控制,往往与水源受到病原微生物的不断污染有重大关系,特别是那些通过肠道感染的细菌性疾病,鸡群投服抗菌药物,疫病得到基本的控制,停止使用药物后,疫病又重新发生,虽然不一定是大群体发病,但可能每天都有一些病例出现,高于正常死亡率。出现这种情况时,要十分注意鸡群的饮水卫生条件,有无病原菌的存在和含量多少。

饮水消毒常用以下方法:

①漂白粉:每1000毫升凉开水加0.3～1.5克或每立方米水加粉剂6～10支,拌匀后30分钟即可饮用。

②抗毒威:以1:5000的比例稀释,搅匀后放置2小时,让鸡饮用。

③高锰酸钾:配成0.01%的浓度,随配随饮,每周2～3次。

④百毒杀:用50%的百毒杀以1:(1000～2000)的比例稀释,让鸡饮用。

⑤过氧乙酸:每千克水中加入20%的过氧乙酸1毫升,消毒30分钟。

注意事项:使用疫(菌)苗前后3天禁用消毒水,以免影响免疫效果;高锰酸钾宜现配现饮,久置会失效;消毒药应按规定的浓度配入水中,浓度过高或过低,会影响消毒效果;饮水中只能放一种消毒药。

(6)带鸡消毒:由于现阶段规模化鸡生产只能是一幢鸡舍的全进全出,而不是一个鸡场的全进全出,因此,几乎所有鸡场内都不可避免地存在大量的病原微生物,并且在不同鸡舍之间、不同鸡群之间反复交替传播,特别是种鸡的饲养周期长,虽然采取了许多有效的综合防疫措施,但鸡的一些传染病仍时有发生或小范围流行,每天的死亡率虽不高,但累积饲养全期的死亡率却不低,造成生产的较大损失和疫病的难于控制。

有的时候,鸡群感染和发生了某种传染病,从生产和经济角度考虑,除了采取疫苗接种等措施以外,就必须减少鸡群周围环境中病原微生物的含量,例如在种鸡群感染巴氏杆菌病时。

通过多年的养鸡生产实践,人们找到了在鸡舍饲养鸡群条件下,采用气雾方法喷洒某些种类消毒液,将鸡群机体外表与鸡舍环境同时消毒,达到杀灭或减少病原微生物的方法,被称为鸡体消毒法。鸡体消毒法可采用新洁尔灭、过氧乙酸,使用浓度为0.05%~0.2%,喷雾,每天1~2次。也可用百毒杀0.05%~0.1%,或其他腐蚀性低的消毒药,直接喷雾洒在鸡身上和鸡舍空间等,连续使用。也可作为预防措施,间歇使用。

消毒时应注意以下事项:

①鸡舍勤打扫,及时清除粪便、污物及灰尘,以免降低消毒质量。

②喷雾消毒时,喷口不可直射鸡,药液浓度和剂量要掌握准确,喷雾程度以地面、墙壁、屋顶均匀湿润和鸡体表稍湿为宜。

③水温要适当,防止鸡受冻感冒。

④消毒前应关闭所有门窗,喷雾15分钟后要开窗通气,使其尽快干燥。

⑤进行育雏室消毒时,事先把室温提高3~4℃,免得因喷雾降温而使幼雏挤压致死。

⑥各类消毒剂交替使用,每月轮换1次。

⑦鸡群接种弱毒苗前后3天内停止喷雾消毒,以免降低免疫效果。

(7)空鸡舍的清洁消毒:鸡场空舍期的工作主要是通过对鸡舍内外环境及设备的清洗、消毒和维护,以清除鸡舍及设备上的病原微生物,切断各种病原微生物的传播链,确保上一群鸡不对下一群鸡造成健康和生产性能上的影响,保证设备正常运行。

鸡舍的清理、冲刷及消毒工作是一项复杂的系统工程,在鸡出栏前,要制定一个科学合理的清理、冲刷及消毒程序。根据任务的期限、人员的数量、工具的特性等科学、合理地安排整个清理、冲刷及消毒过程,所以检查者应从不同的角度去考虑检查的切入点。

①设备的移出:所有可移动的设备和设施,如饮水器、料槽、料桶、可拆卸的料线、产蛋箱、隔栏门、隔栏网、供暖设备、各项工具等,应从鸡舍内移出,并放在舍外的混凝土地面上,绝对不允许鸡舍不宜移动的设备移到鸡舍外,同时将鸡舍剩余药品回收入库,并进行熏蒸消毒。

拆走或防护好温控器、温度计、电压调节器、风机、电机、刮粪机电机、电灯泡、加药器、喷雾管喷头、配电盘等不宜或不能冲洗消毒的物品,由专人进行除尘维护保养、冲刷防护以及熏蒸消毒等,并放入指定的库房隔离保管。

②鸡舍、设备灰尘、粪便的清理:所有的灰尘、碎屑和蜘蛛网必须从鸡舍内各处清扫掉,最好用扫帚扫掉或吹风机吹。

清除鸡舍内所有的粪便、垫料、碎屑、料槽内的剩料等,移出到粪场并要防护好，以免污染场区；每清完一栋鸡舍都要安排人员铲刮板条、鸡笼上、鸡舍边角以及其他表面所积累的粪便，并将该栋残留的鸡粪认真清扫干净。粪场里的粪便和垫料应在冲刷前全部处理掉。

③冲刷：必须首先断开鸡舍内所有电器设备的开关，使用高压水枪冲刷，浸泡残留在鸡舍和设备上的灰尘和碎屑，浸泡好后使用高压水枪冲刷，在冲刷过程中，应迅速把鸡舍内剩余的水排净。应特别注意鸡舍内屋梁的顶部、墙壁、粪池内外侧墙壁、粪池地面、板条、供暖设备、下水道及口、风机框、百叶窗、风机轴、风机扇叶、各种支架、水管、喷雾管的冲刷。

移到鸡舍外的部分设备也必须浸泡和冲刷，无法进行的可擦拭消毒，在设备冲刷干净后，设备尽可能在有遮盖物的条件下储存。

鸡舍外面也必须冲刷干净并注意进气口、暖风机房、工作间、饲料间、排水沟、水泥路面等部分的冲刷。

场区粪场的冲刷标准必须和鸡舍的一样。凡在场区的所有附属设施，如办公室、餐厅、伙房、宿舍、洗衣房、浴室、厕所、蛋库、料库、锅炉房、车棚、熏蒸间、熏蒸箱等，都要彻底冲刷干净，同时，还应将各个地方的地漏、沉淀池等清理干净。

鸡舍清理、冲刷的质量直接影响消毒质量，检查人员应仔细、全面的观察，不能放掉任一个细节、任何一个疑点（可使用手提灯入舍进行检查）。

④消毒：消毒液的种类与剂量的使用应根据药品说明进行选择，完成正确的消毒操作，并留有记录，整个消毒过程应根据消毒液的特性对设备进行一定的防护，避免对设备的损坏。

参考消毒过程：冲刷后的鸡舍首先用2%～3%的火碱液喷洒→自然干燥→清水冲洗→常用消毒剂交替喷雾消毒，每次间隔1～2天，待上次消毒液干燥后再喷下一次消毒液→封舍后10%的甲醛溶液喷雾消毒(温度控制在15℃以上,24～48小时)→烟熏剂熏蒸24～48小时,整个消毒程序大约需要10～12天。

注意:消毒应该在整栋鸡舍彻底冲刷干净和维修完成后才能进行,消毒剂对污垢和有机物无效。检查鸡舍密封情况是否良好,场区附属设施是否根据要求进行消毒。

⑤场区、鸡舍的维修:干净的场区、空鸡舍为场区的改造、建筑结构的维修提供了理想的时机,场区一旦空置,应及时根据上批鸡工作不当之处进行改造、维修。

应注意场区改造项目是否合理,是否符合场区操作的各项要求如生物安全制度要求,对鸡舍改造的同时一定进行密封的维修,如用混凝土或水泥修补地面上的裂缝,修补墙体的勾缝和粉刷的水泥层,修复或替换已损坏的墙体和屋顶,确保鸡舍所有的门都能关严。

⑥设备的安装和调试:安装并调试因冲洗需要而拆卸的设备和其他短时间使用设备,如温控器、电压调节器、风机、电机、电灯泡、加药器、育雏伞等。仔细观察各种设备是否已完成维护、保养并进行彻底消毒,安装是否正确,同时数目是否准确等。

第二节 做好基础免疫与药物预防

控制鸡疫病,着重于预防,目前除药物预防和加强饲养管理以外,主要手段是疫苗接种预防,特别是病毒性传染病,疫苗接种或抗体注射才能有效。药物只能减轻部分症状,所以,要养好鸡,就必须做好疫苗接种。

一、基础免疫

疫苗就是病原微生物经过杀灭或减弱对鸡的致病作用以后制成的生物制品,疫苗作为一种抗原物质,其抗原性与它所要预防的病原微生物的抗原性是相同或相近似的,当它进入鸡的机体后,就会刺激鸡体内的防御体系,产生抗体或 B 细胞,激活淋巴细胞的功能,在同类型病原微生物侵入鸡的机体时,就会受到抗体和免疫细胞的破坏,保持机体的健康正常,不受病原微生物的侵害。因此,疫苗能起预防作用。

应当十分明确的是疫苗不是药物,而是生物制品,疫苗不能起治疗作用,只能起预防作用。

1. 预防接种的方法

疫苗接种可分注射、饮水、滴鼻滴眼、气雾和穿刺法,根据疫苗的种类,鸡的日龄、健康情况等选择最适当的方法。

(1)注射法:此法需要对每只鸡进行保定,使用连续注射器可按照疫苗规定数量进行肌肉或皮下注射,此法虽然有免疫效果准确的一面,但也有捉鸡费力和产生应激等缺点。注射时,除应注意准确的注射剂量外,还应注意质量,如注射时应经常摇动疫苗液使其均匀。注射用具要做好预先消毒工作,尤其注射针头要准备充分,每群每舍都要更换针头,健康鸡群先注,弱鸡最后注射。注射法包括皮下注射和肌肉注射两种方法。

①皮下注射:用大拇指和食指捏住鸡颈中线的皮肤向上提拉,使形成一个囊。入针方向,应自头部插向体部,并确保针头插入皮下,即可按下注射器推管将药液注入皮下。

②肌肉注射:对鸡作肌肉注射,有三个方法可以选择:第一,翼根内侧肌肉注射,大鸡将一侧翅向外移动,露出翼根内侧肌肉即可

注射。幼雏可左手握鸡体,用食指、中指夹住一侧翅翼,用拇指将头部轻压,右手握注射器注入该部肌肉中。第二,胸肌注射,注射部位应选择在胸肌中部(即龙骨近旁),针头应沿胸肌方向并与胸肌平面成45°角向斜前端刺入,不可太深,防止刺入胸腔。第三,腿部肌肉注射,因大腿内侧神经、血管丰富,容易刺伤。以选大腿外侧为好,这样可避免伤及血管、神经引起跛行。

(2)饮水免疫法:将弱毒苗加入饮水中进行免疫接种。饮水免疫往往不能产生足够的免疫力,不能抵御毒力较强的毒株引起的疾病流行。为获得较好的免疫效果,应注意以下事项:

①饮水免疫前2天、后5天不能饮用任何消毒药。

②饮疫苗前停止饮水4~6小时,夏季最好夜间停水,清晨饮水免疫。

③稀释疫苗的水最好用蒸馏水,应不含有任何使疫苗灭活的物质。

④疫苗饮水中可加入0.1%脱脂乳粉或2%牛奶(煮后晾凉去皮)。

⑤疫苗用量要增加,通常为注射量的2~3倍。

⑥饮水器具要干净,并不残留洗涤剂或消毒药等。

⑦疫苗饮水应避免日光直射,并要求在疫苗稀释后2~3小时内饮完。

⑧饮水器的数量要充足,保证3/4以上的鸡能同时饮水。

⑨饮水器不宜用金属制品,可采用陶瓷、玻璃或塑料容器。

(3)滴鼻滴眼法:通过结膜或呼吸道黏膜而使药物进入鸡体内的方法,常用于幼雏免疫。按规定稀释好的疫苗充分摇匀后,再把加倍稀释的同一疫苗,用滴管或专用疫苗滴注器在每只幼雏的一侧眼膜或鼻孔内滴1~2滴。滴鼻可用固定幼雏手的食指堵着非滴注的鼻孔,加速疫苗吸入。滴眼时,要待疫苗扩散后才能放开幼雏。

(4)气雾免疫法:对呼吸道疾病的免疫效果很理想,简便有效,可进行大群免疫。对呼吸道有亲嗜性的疫苗Ⅱ、Ⅲ、Ⅳ系弱毒疫苗和传染性气管炎强毒疫苗等效果特好。

①选择专用喷雾器,并根据需要调整雾滴。

②配疫苗用量,一般1000羽所需水量200~300毫升,也可根据经验调整用量。

③平养鸡可集中一角喷雾,可把鸡舍分成两半,中间放一栅栏,幼雏通过时喷雾,也可接种人员在鸡群中间来回走动,至少来回2次。

④喷雾时操作者可距离鸡2~3米,喷头和鸡保持1米左右的距离,成45°角,距离鸡头上方50厘米,使雾粒刚好落在鸡的头部。

⑤气雾免疫应注意的问题:所用疫苗必须是高效价的,并且为倍量;稀释液要用蒸馏水或去离子水,最好加0.1%脱脂乳粉或明胶;喷雾时应关闭鸡舍门窗,减少空气流通,避开直射阳光,待全舍喷完后20分钟方可打开门窗;降低鸡舍亮度,操作时力求轻巧,减少对鸡群的干扰,最好在夜间进行;为防止继发呼吸道病,可于免疫前后在饮水、饲料中加抗菌药物。

(5)刺种法:刺种的部位在鸡翅膀内侧皮下。在鸡翅膀内侧皮下,选羽毛稀少、血管少的部位,按规定剂量将疫苗稀释后,用洁净的疫苗接种针蘸取疫苗,在翅下刺种。

(6)滴肛或擦肛法:适用于传染性喉气管炎强毒性疫苗接种。接种时,使鸡的肛门向上,翻出肛门黏膜,将按规定稀释好的疫苗滴1滴,或用棉签或接种刷蘸取疫苗刷3~5下,接种后应出现特殊的炎症反应。9天后即产生免疫力。

2. 疫苗的选购

疫苗的质量、效果如何需使用后才明确,选购疫苗时一般遵循以下几点:

(1)明确了解疫苗的种类、毒力、安全量、有效量。

(2)瓶签应标明生产厂家、生产日期、有效期,凡非国家指定的厂商生产的疫苗不要购买。

(3)每瓶疫苗均具有生产批号,凡批号不清、标签脱落的疫苗不能使用。

(4)不购买超出有效期的疫苗。

(5)检查每瓶疫苗的封口是否紧密完整,一般是密封瓶内处于真空状态。凡封口松散或脱落的疫苗不能购买。

(6)检查疫苗的外观性状是否符合说明。

(7)检查有无腐败,变质或异味。

(8)疫苗是否保存在适度的环境条件下。

(9)了解疫苗的使用方法,购买时索取一份详细的疫苗使用说明书。

(10)购买疫苗时一定要用保温容器冷藏。

3. 参考免疫程序

(1)蛋鸡的免疫程序

1日龄:预防马立克病,用马立克病双价苗。使用方法为颈部皮下注射0.2毫升。用单价苗或发病严重鸡场,可用2次免疫方法,即在10日龄重复免疫1次,可明显降低发病率。

7日龄:预防新城疫,用Ⅳ系苗。使用方法为滴鼻。

11日龄:预防传染性支气管炎,用传染性支气管炎H120。使用方法为滴口、滴鼻。

14日龄:预防法氏囊炎,用中毒株疫苗(法倍灵)。使用方法为滴口。

18日龄:预防传染性支气管炎,用呼吸型、肾型、腺胃型传染性支气管炎油乳剂灭活苗0.3毫升。使用方法为肌肉注射。

22日龄:预防法氏囊炎,用中毒株法氏囊炎疫苗(法倍灵)。

使用方法为饮水给予。

27日龄：预防新城疫、鸡痘，同时用活疫苗与灭活苗。使用方法是新城疫活苗2头份饮水，新城疫油乳剂苗0.2毫升肌肉注射。在接种新城疫苗同时用鸡痘苗于翅膀下穿刺接种。

50日龄：预防传染性喉气管炎（没有发生的鸡场不用）用鸡传染性喉气管炎活疫苗。使用方法为滴鼻、滴口、滴眼。

60日龄：预防新城疫、传染性支气管炎，用新城疫-传染性支气管炎油乳剂灭活苗（小二联）0.5毫升。使用方法为肌肉注射。

90日龄：预防大肠杆菌病，用鸡大肠杆菌灭活苗1毫升。使用方法为肌肉注射。

120日龄：预防新城疫、鸡传染性支气管炎、减蛋综合征，用新城疫-传支-减蛋综合征油乳剂灭活苗（大三联）0.5毫升。使用方法为肌肉注射。

(2) 种鸡的免疫程序

1日龄：用火鸡疱疹病毒冻干疫苗，按瓶签头份加大20%的剂量，用马立克疫苗稀释液稀释，每羽刚出壳的雏鸡颈部皮下注射0.2毫升。

3日龄：鸡新城疫和传染性支气管炎二联疫苗，按头份稀释后每只鸡滴眼或滴鼻1～2滴。

8日龄：用小鸡新城疫灭活油佐剂苗，按头份进行颈部皮下注射。

13日龄：鸡传染性法氏囊病疫苗G-603（美国产）按头份以生理盐水稀释，颈部皮下注射。

17日龄：鸡痘化弱毒冻干疫苗，用生理盐水200倍稀释，钢笔尖（经消毒）蘸取疫苗，于鸡翅内侧无血管处皮下刺种一针。

20日龄：鸡新城疫Ⅱ系（Lasota毒株），按头份的3倍量于干净饮水稀释后，1小时内饮完疫苗。

25日龄：鸡传染性喉气管炎弱毒疫苗，按头份稀释后，每只鸡单侧滴眼或滴鼻1滴(切勿双侧滴,否则易造成鸡双眼失明)。

29日龄:鸡新城疫Ⅰ系,生理盐水按头份稀释,每只肌肉注射0.5~1.0毫升。

45日龄:禽出败细菌荚膜疫苗,按生产厂商说明使用。

50日龄:鸡传染性支气管炎疫苗H52,生理盐水10倍稀释,每只鸡滴眼或滴鼻1滴。

65日龄:鸡新城疫Ⅰ系,生理盐水按头份稀释,每只鸡注射1毫升。

105日龄:禽脑脊髓炎、鸡新城疫联苗翼膜刺种。

150日龄:新城疫+传染性支气管炎+传染性法氏囊病三联油佐剂苗,按使用说明肌肉注射。

155日龄:减蛋综合征油佐剂疫苗,按使用说明肌肉注射。

200日龄以后,根据抗体监测结果,适时再次用鸡新城疫Ⅱ系疫苗口服。

(3)肉鸡的免疫程序

1日龄:用鸡马立克病毒冻干苗(火鸡疱疹病毒苗),按瓶签头份,用马立克疫苗稀释液稀释,出壳24小时内的雏鸡每羽颈部皮下注射0.2毫升。

5日龄:鸡新城疫Ⅱ系疫苗,用生理盐水10倍稀释,每只雏鸡滴鼻和滴眼0.03~0.04毫升,约1小滴。

7日龄:用鸡传染性支气管炎H120疫苗,生理盐水10倍稀释,每只鸡滴眼或滴鼻1滴(0.03~0.04毫升)。也可以按瓶签头份,每只鸡饮水量以3~5毫升计算,用干净饮水稀释后,在1小时内饮完。

10日龄:用鸡传染性法氏囊病疫苗G-603(美国产),按头份用生理盐水稀释,每只鸡颈部皮下或肌肉注射0.5毫升。

20日龄:用生理盐水500倍稀释(1000头份),每只鸡肌肉注射鸡新城疫Ⅰ系弱毒疫苗0.5毫升。

25～30日龄：用鸡传染性喉气管炎弱毒疫苗，生理盐水10倍稀释，每只鸡单侧滴鼻1滴，0.03～0.04毫升（切忌双侧滴鼻或眼）。

35～40日龄：接种鸡传染性支气管炎H50疫苗，用生理盐水10倍稀释，每只眼1滴。

45日龄：用鸡新城疫Ⅱ系，以3倍量饮水免疫。

4. 疫苗在使用过程中应注意的事项

疫苗作为生物制品，稳定性很差，各种理化因素等影响都易造成疫苗效价的下降，因此，在疫苗的贮存和使用过程中需要严格的保护条件和适当的方法。否则，疫苗就可能失效，造成重大损失。因疫苗效价下降或失效使免疫失败，鸡群暴发严重的疫病而造成重大经济损失的情况已屡见不鲜。

疫苗在贮藏和使用过程中应注意以下事项：

（1）使用时要详细了解该种疫苗的免疫对象、免疫力、安全性、免疫期、接种方法、本疫苗制品的特性等。

（2）使用时要详细了解疫苗的运输和保存时的条件，凡接触过高温、长时间的阳光照射，均不能使用。

（3）在疫苗的保存期间应按生产厂商的说明保存在适当的温度，特别要注意因停电造成保存温度的短时、反复间歇性上升。

（4）应在规定的有效期内使用，过期的疫苗不能使用。

（5）疫苗运输时必须放在装有冰块的保温容器内，尽量缩短运输的时间，运输时应避免阳光直射和剧烈震荡。

（6）疫苗在使用前要仔细检查，发现疫苗瓶破裂，瓶盖松开、没有或瓶签不清，内容物混有杂质、变色等异常性状时不能使用。

（7）应按生产厂商指定的稀释液进行稀释，并充分摇匀，稀释液用量要准确，保证稀释后的疫苗浓度。否则，接种给鸡只的疫苗量就会太多或不足，造成免疫效果低下。

(8)免疫用具须经煮沸消毒15~20分钟,注射针头最好每百只鸡换一支。

(9)接种时应尽量保证进入每只鸡体内的疫苗均达到最小免疫量,克服因操作失误而出现的接种疫苗量不足或无接种现象。

(10)疫苗稀释后应在规定的时间内接种完,尽可能缩短从稀释到进入鸡体的时间。稀释后的疫苗要放置在适宜的条件下,稀释后超期限或用不完的疫苗要废弃。

(11)如果疫苗采用饮服或气雾免疫接种方法时,应使用清洁干净的饮用水,水中不含任何消毒剂或其他化学药品,盛水的容器应清洁干净,无消毒剂或杂物残留。水的pH值最好为中性。饮服疫苗前,鸡群应限制饮水1~2小时,然后同时投放含疫苗的饮水,且饮水器充足,在1小时内保证每只鸡都有充足的饮水机会,并将含疫苗的饮水食完。

5. 影响疫苗接种效果的因素

疫苗接种的成败直接关系到鸡生产的结果,深入了解影响疫苗免疫效果的因素是十分必要的。因为免疫学是一门十分复杂的现代科学,影响免疫的因素很多,这里仅将鸡生产中被认为是主要的因素作一些探讨。

(1)遗传:如实施合理的免疫程序,一般都可产生良好的免疫效果,鸡疫病的发生和死亡率均很低。

(2)日龄:鸡形成抗体的能力随1日龄到成熟期的日龄而增强,一般在6周龄以前只能产生短期免疫力。这就是为什么鸡生长前期要反复接种新城疫等疫苗的重要原因,通常在鸡达到较大日龄时,进行疫苗的重复接种,特别是种鸡。

(3)母源抗体:母源抗体是雏鸡通过蛋从母鸡那里获取的抗体,它使雏鸡获取被动免疫力,母源抗体随雏鸡日龄的增长而逐渐消失,当母源抗体在雏鸡体内含量比较高时接种疫苗,会中和部分疫苗而产生较低的免疫力。

(4)营养：营养状况良好是鸡体产生良好免疫力的基本条件，因为免疫反应时产生抗体需要从营养中获取大量的蛋白质。

(5)疾病：各种疾病，包括寄生虫病等都会严重影响免疫效果，在鸡群发生疾病时接种疫苗，可能达不到有效的免疫反应，反使鸡体的负担更重，死亡率更高，正常的疫苗接种都选择在鸡群健康正常时进行。

(6)应激：卫生条件不良、饲养管理不善、维生素缺乏、寒冷或高温等应激都可能造成免疫效果的降低。

(7)疫苗：不同毒株的疫苗，毒力强弱不同，活毒和灭活疫苗的免疫反应都各不相同，甚至同一毒株由不同厂商生产的疫苗其免疫效果也可能导致明显的差异。

(8)疫苗的接种方法：疫苗进入鸡体须遵循一定的感染途径，不同的接种方法，也会造成免疫效果的差异，例如鸡传染性支气管疫苗口服就会比滴鼻或滴眼的接种效果差。

(9)各种疫苗的相互影响：虽然不同疫苗引起鸡体产生不同的抗体，但各种疫苗接种间隔时间、疫苗的同时或混合使用，都可能相互间产生干扰的作用，使效力降低。

二、鸡疫病的药物预防

应用药物预防也是增强机体抵抗力和防治疾病的有效措施，尤其是对尚无有效疫苗可用，或免疫效果不理想的细菌病，如鸡白痢、鸡大肠杆菌病、鸡败血霉形体病和鸡球虫病等，在一定条件下采用药物预防，可收到显著的效果。

目前常见多发鸡病，以环境条件性鸡病的发生越来越多，如大肠杆菌病、鸡败血霉形体病等，在某些地区、某些鸡场，已成为威胁养鸡业发展的主要疫病。防治这些疫病的发生一方面需要加强饲养管理,另一方面药物防治也是必不可少的。

(一)蛋鸡的药物预防参考程序

1. 1～30日龄小鸡

(1)预防对象:主要预防脐炎、鸡白痢、大肠杆菌病、呼吸道病、肠毒综合征、球虫病。

(2)预防方法

1～3日龄:预防脐炎、鸡白痢、大肠杆菌病、非典病毒类病超前感染。用头孢沙星饮水。

4～10日龄:预防脐炎、鸡白痢、大肠杆菌病。用禽用立竿见影饮水。

11～30日龄:预防球虫病。用百球清饮水,如果出现较严重黄便,则用强效球毙妥饮水。

2. 30～70日龄小、中鸡

(1)预防对象:30～70日龄小、中鸡阶段不采用连续用药,而是环境因素、应激因素、个别患病情况适当用药。主要预防大肠杆菌病、肠毒综合征、小肠球虫病、呼吸道病。

(2)预防方法

①下雨天:预防大肠杆菌病、小肠球虫病。上午用禽用立竿见影饮水,下午用强效球毙妥饮水。

②气温骤然下降:预防呼吸道病。用美支原饮水。

③暑天:预防中暑。每天中午最热时,用藿香正气水或十滴水饮水2小时。

④应激因素:更换饲料,预防大肠杆菌病。用禽用立竿见影饮水。

3. 70～120日龄中、大鸡

(1)预防对象:主要预防大肠杆菌病、呼吸道病、体内寄生虫、体表寄生虫。

(2)预防方法:70~120日龄中大鸡阶段不采用连续用药,而是环境因素、应激因素、个别患病情况适当用药。其方案参照30~70日龄小、中鸡方案,但不再预防球虫病,增加预防体表(内)寄生虫,在预防肠道病和呼吸道时可以采用土霉素。

①90日龄左右:预防体内寄生虫,在早晨用丙硫咪唑或左旋咪唑拌料少量一次喂服,1000克鸡用量1片丙硫咪唑,7天后再体内驱虫一次。

②100日龄左右:预防体表寄生虫,在中午气温较高(阳光充足)时,用灭虱精或除癞灵对鸡深部喷雾。方法是将药水按比例稀释装入小喷雾器,一人戴长胶手套抓鸡,一只手从鸡肛门处到鸡头部逆毛刮起,一人拿喷雾器顺着逆毛从后向前喷雾,要求药水必须达到毛根处,喷雾完成后,将所有鸡应赶出外面晒干羽毛。7天以后再进行一次体表驱虫。

4. 120日龄以后产蛋种鸡

(1)预防对象:120日龄以后产蛋种鸡主要预防大肠杆菌病、鸡白痢、输卵管炎肠道寄生虫病、营养性缺乏症。

(2)预防方法:120日龄以后产蛋种鸡阶段不采用连续用药,而是环境因素、应激因素、个别患病情况适当用药。其方案与70~120日龄中、大鸡方案在用药方面略有不同。

①每隔15天预防一次输卵管炎。用卵管康泰饮水。

②防止营养性缺乏:补维生素是每3天补充用电解多维饮水,每天投喂一次青绿饲草;补钙、磷是多加入一些黄豆大的沙砾,或加入煤炭,让鸡自由采食;补氨基酸是增加炒黄豆或豆粕、鱼粉等蛋白质饲料的比例。

③下雨天:预防大肠杆菌病、鸡白痢,用硫酸黏杆菌素饮水。

④气温下降:预防呼吸道病,用强力霉素饮水。

⑤暑天：预防中暑，用冰雪维生素 C 饮水，严重的鸡用仁丹灌服。

⑥驱体内寄生虫：鸡懒抱时，对懒抱的鸡进行个别驱虫，用丙硫咪唑 2 片一次灌服。

(二)肉鸡的药物预防参考程序

1. 0～10 天

重点防控沙门菌(雏鸡白痢、伤寒、副伤寒)、大肠杆菌、球虫病等。

主要措施是提高雏鸡免疫力，调节肠道菌群平衡，增强食欲，抗应激，防脱水，促生长。

(1)沙门菌：可用"雏健"或"肠杆泰"饮水，同时配合使用"速补精华素"。有利于减少前期病的发生。

(2)球虫病：症状较轻者可用维生素 K_3 止血，拌料连用 3～5 天，重症者可用"球克"饮水。

(3)大肠杆菌：前中期使用大肠杆菌药需先用低效药(如喹诺酮类药)，切忌用"氟苯尼考"、"头孢"之类的高效药，以免机体产生耐药性。

2. 10～30 天

重点防控球虫病、支原体病、大肠杆菌病、肠毒综合征、传染性法氏囊病等。

(1)球虫病：预防球虫病应选择多种不同药物交替使用，可用"球克"或"全球统"饮水，严重时可用"世纪球星"饮水，连用 3～5 天。

(2)支原体病：多由接种疫苗、断喙及应激而发，特别是每次防疫前后，最后用"黄芪多糖"饮水以减少应激，同时可用"呼顺"或"慢呼康"、"呼毒清"等饮水 3～5 天有明显疗效。

(3)大肠杆菌病:可用"杆菌灭"、"肠舒"、"头孢杆康"等饮水3天,"畜禽康宝"拌料5天。

(4)肠毒综合征:严重的肠道病,可用"肠毒威"、"肠毒快壳"、"肠毒立停"饮水3天,"畜禽康宝"拌料5天。

(5)传染性法氏囊病:发生传染性法氏囊病时,可紧急注射"高免卵黄"和"黄芪多糖"饮水。

3. 30天~出栏

重点防控大肠杆菌、呼吸道病、新城疫及混合感染。

(1)大肠杆菌:后期尽量用高效复方制剂或原粉,可用"肠舒"、"头孢杆康"、"氟苯尼考"、"头孢噻呋钠"饮水3天,"畜禽康宝"拌料5天。

(2)呼吸道病:后期呼吸道病一般是大肠杆菌和病毒性呼吸病混合感染,可用"强力霉素"、"新感康泰"饮水3天,"喘奇"拌料5天。

(3)新城疫:肉鸡后期主要以病毒病为主,因此这段时间应以预防病毒病为首要,可用"新感康泰"或"感康"饮水3~5天,"冰蟾解毒散"拌料5天。

(4)后期增肥:肉鸡28~30日龄以后在饲料中加入"加肥宝"或"复合金维",帮助其调节胃肠道菌群平衡,增强食欲,提高机体免疫力,使其迅速增加体重。根据使用过的养殖户反映,平均每只鸡到出栏可增加150克左右。

(三)药物预防应注意的问题

疫苗免疫主要预防烈性传染病,药物预防仅是疫苗免疫预防的补充和配合,药物预防必须防止对疫苗免疫的干扰。因此,在药物预防过程中,必须与疫苗免疫时间间隔3天以上,至少疫苗免疫的前一天、当天、后一天不能用药物(切记),在这三天过程中,可以用电解多维饮水,从而减少应激,补充维生素。

1. 不能有"药物万能"的思想

鸡病主要有病毒病、细菌病、寄生虫病和营养代谢性疾病。其中病毒性疾病种类多,危害大,且至今仍未有特效治疗药,主要靠做好免疫接种和消毒加以预防,所以在鸡病防治上不能有"药物万能"的思想,鸡病的防治应当以预防为主。消毒和隔离是控制传染源和切断传播途径的有效措施,搞好免疫接种和加强饲养管理,可以减少易感鸡群。因此,应根据本地区或本场疫情发生和流行的具体情况,制定相应的免疫程序;制定行之有效的防疫制度和措施,搞好环境卫生。只有在管理上下功夫,在防疫上做文章,鸡场方可减少疫病发生。

2. 准确诊断是合理用药的关键

鸡场一旦发生疫病,一定要在第一时间内尽可能采取各种诊断手段进行确诊,包括详细了解本地区的疫病流行动态和本场的鸡群健康状况、饲料和饮水消耗量等。对病死鸡应尽量多解剖,不要剖检一两只就下结论,以免误诊;解剖死鸡或送检死鸡一定要注意消毒,防止病源扩散。另外有条件的鸡场还应进行免疫监测、病原分离和药敏试验。疾病诊断力求快速准确,这样才能有的放矢,合理用药,收到理想效果。

3. 选用药物应遵循安全高效、方便经济的原则

不管是预防还是治疗,安全高效、方便经济都是选药时必须遵循的原则。因此,选购药物时务必选用正规药厂生产的各类文字标记齐全并相符的产品,如批号、有效成分及含量、生产日期、有效期、性状、适应证、用法、用量、安全性、副作用及处理办法、生产厂家、商标等。药物不分贵贱,疗效好的就是好药,有些病不一定要用最新的药,尤其是不一定要用价格昂贵的进口药。也就是说应选用高效、价廉、副作用小、购买方便且来源稳定的药物。

4. 注意药物预防的阶段性

某些疾病具有特定的易感日龄、发病季节或环境条件,根据这种规律应有针对性地用药,从而收到事半功倍的理想效果。例如,防雏鸡白痢应于1周龄内开始;防鸡球虫病应于3周龄以前投药;气候变化大的季节应注意预防霉形体病和大肠杆菌感染;转群或接种疫苗前2~3天应喂服维生素类及抗应激药物等。

5. 注意药物预防的时效性

用药时机至关重要,疾病在萌芽状态感染初期用药通常效果较好,若出现明显临床症状或形成流行后再用药则往往效果欠佳。为此,要求饲养者随时掌握鸡群健康动态,在发现异常显示感染迹象时及时用药。专家提倡对某些常见病、多发病的预防,应早期用药。

6. 注意药物的配伍

当病情危急病因不清时(如严重败血症或单一药物不能控制的混合感染或已产生耐药菌),必须选用联合用药,即两种或两种以上药物同时使用。有协同作用的药物联合应用,既能提高抗菌能力和药物治疗效果,又能降低药物使用剂量,减少副作用。但必须注意到,如果有拮抗作用的药物配伍使用时,药物之间会因发生反应而使各自的药理性质或理化性质发生变化,这必然造成药效降低或丢失,甚至发生毒副作用。

7. 注意掌握药物的剂量和疗程

使用药品必须严格按照说明书要求,包括用法、用量、疗程等。有人认为,多数药品的治疗量与致死量、中毒量之间有一定差距,有时增加用量也不至于产生明显的副作用,这种认识应予纠正。如果不是兽医根据病情有目的加量的话,最好不要盲目超量用药和长期用药。不少药物药品名虽异,但有效成分相同,使用时务必查清,以防止隐性超量。规模养鸡常采用拌料或饮水方式投药,用于拌料的药物必须是细粉末状并分级预混;饮水中掺药应充分混匀,以防止沉淀或漂浮。因拌料或饮水中掺药不匀、浓度不一而引发的中毒病例屡见不鲜。

另外,疗程亦不是越长越好,一般以3～5天为一疗程,连用1～2个疗程为宜。

8. 采取正确的用药途径

药物的使用一般可用饮水、拌料和注射等方法。饮水给药是最好的途径,但在用药前2～4小时应停止给水,并适当增加饮水器。药物的稀释水量应以保证所有鸡只均能在短时间内饮到并饮完为好,饮完药液后再补给清水。不溶或难溶于水或苦味的药物可用拌料给药,但必须混合均匀,以免造成吃不到药而无效或药物过量中毒。拌料的方法可采用逐步稀释法,即先用少量的粉料将药物稀释扩大,然后逐步加入一定量的颗粒料混合均匀,最后再全部混合到颗粒饲料中充分拌匀。如有必要,可洒少量的水使药物黏附到饲料颗粒上。注射给药时,应注意用具和注射部位的消毒,注射部位要准,不能将针头刺进胸膜腔,以免伤及心脏和肝脏造成内出血死亡。

9. 注意轮换用药

长期使用同一种抗菌药,常常会导致病原菌对该药产生耐药性。为了防止出现此种情况,应采用协同用药或改用其他药物。某些慢性病或寄生虫病如鸡球虫病,需要较长时间给药时,应有计划地定期交替轮换用药,但轮换用药也不能太频繁,起码要有1～2个疗程后方可考虑换药。

10. 应根据鸡体本身特点慎重用药

(1)鸡对磺胺类药物较敏感,易中毒。如果一次剂量过大会出现食欲减少和神经症状,鸡冠颜色发生不规则变化,严重时引起死亡。

(2)对呋喃类药物敏感,易中毒。用于雏鸡会出现神经症状,若用于母鸡则影响产蛋率,并且蛋壳有褐色覆盖物。

(3)鸡对链霉素敏感,易中毒。

(4)由于鸡没有汗腺,雏鸡对氯化钠也敏感,应谨慎使用。

(5)鸡对有机磷脂类药物敏感(如敌百虫),无论是体内或体外给药均易引起中毒。

(6)蛋鸡应避免使用喹乙醇,因治疗量与中毒量很接近,稍超量服用就产生蓄积中毒,并且能在蛋中残留产生药害。

(7)不能应用于产蛋鸡的药物有磺胺类、呋喃类、氨茶碱、丙酸睾丸素等,金霉素也能降低产蛋量。

11. 注意药物残留问题

多数药物在体内停留6～10小时,然后排泄体外。少数药物会发生蓄积中毒。因此,用此类药物治疗鸡病时,先用完一个疗程后,如需继续用药,应停药数天后方可进行第二疗程。

在人们崇尚环保食物的今天,药物在鸡肉或鸡蛋中的残留越来越受到关注,其残留量是否超标不仅关系到人们的身体健康,也直接影响其市场销售价格。因此,用药必须选用无残留或应尽量选用残留时间短的药物,肉鸡上市前7天应停用一切药物。

第三节 发生烈性传染病时的扑灭措施

一旦发生一类动物疫病或暴发流行二类、三类动物疫病时,立即报兽医防疫员或相关部门进行诊断,并迅速将病鸡、可疑病鸡隔离观察,将症状明显或死亡鸡送兽医部门检验,及早做出诊断,一旦确诊为传染病,应根据"早、快、严、小"的原则,迅速采取以下措施。

一、严格隔离封锁

当鸡场发生重大疫情时应立即采取隔离封锁措施,停止场内鸡群流动或转群,实行封闭式饲养,禁止饲养员及工作人员串栏、串栋活动,非场内工作人员禁止进入生产区,停止售苗、售蛋。将病鸡和可疑病鸡隔离在较为偏僻安全的地方单独饲养,专人看护,禁止出售和引进活鸡。

二、加强消毒扑灭病原

鸡场发生疫情后在隔离封锁时,应立即对鸡舍、地面、饲槽、水槽及其他用具清洗后进行彻底消毒,扑灭鸡舍周围环境中存在的病原体。

三、紧急接种

鸡场除平时按免疫程序做好免疫接种外,当发生疫情时,应对已确诊的疫病迅速采用该病的疫苗或高免血清,对受威胁的健康鸡进行紧急接种,使其尽快得到免疫力。尽早采取紧急接种,能明显有效地控制疫情,减少损失。

四、扑杀、无害化处理病死鸡

鸡场发生一些烈性传染病或人畜共患病的患病鸡要立即扑

杀。对于无治疗意义和经济价值不大的病鸡、死鸡尽快淘汰处理，并将这些病鸡及病死鸡集中深埋或焚烧等无害化处理，将病鸡舍内的垫草焚烧或与粪便一起发酵后作肥料，禁止随意丢弃病死鸡。如果对有利用价值的病鸡进行加工处理时，需经动物防疫监督检验部门检疫认可后，在不扩散病原的情况下才能进行加工处理，减少损失。

1. 动物尸体的运送

(1)运送前的准备

①设置警戒线、防虫：动物尸体和其他须被无害化处理的物品应被警戒，以防止其他人员接近、防止家养动物、野生动物及鸟类接触和携带染疫物品。如果存在昆虫传播疫病给周围易感动物的危险，就应考虑实施昆虫控制措施。如果对染疫动物及产品的处理被延迟，应用有效消毒药品彻底消毒。

②工具准备：运送车辆、包装材料、消毒用品。

③人员准备：工作人员应穿工作服、胶鞋、戴口罩、护目镜及手套，做好个人防护。

(2)装运

①堵孔：装车前应将尸体各天然孔用蘸有消毒液的湿纱布、棉花严密填塞。

②包装：使用密闭、不泄漏、不透水的包装容器或包装材料包装动物尸体，小动物和禽类可用塑料袋盛装，运送的车厢和车底不透水，以免流出粪便、分泌物、血液等污染周围环境。

③注意事项：箱体内的物品不能装的太满，应留下半米或更多的空间，以防肉尸的膨胀(取决于运输距离和气温)；肉尸在装运前不能被切割，运载工具应缓慢行驶，以防止溢溅；工作人员应携带有效消毒药品和必要消毒工具以及处理路途中可能发生的溅溢；所有运载工具在装前卸后必须彻底消毒。

(3)运送后消毒:在尸体停放过的地方,应用消毒液喷洒消毒。土壤地面,应铲去表层土,连同动物尸体一起运走。运送过动物尸体的用具、车辆应严格消毒。工作人员用过的手套、衣物及胶鞋等也应进行消毒。

2. 尸体无害化处理方法

(1)深埋法:掩埋法是处理畜禽病害肉尸的一种常用、可靠、简便易行的方法。

①选择地点:应远离居民区、水源、泄洪区、草原及交通要道,避开岩石地区,位于主导风向的下方,不影响农业生产,避开公共视野。

②挖坑:坑应尽可能的深(2~7米)、坑壁应垂直。

③尸体处理:在坑底撒漂白粉或生石灰,可根据掩埋尸体的量确定(0.5~2.0千克/平方米)掩埋尸体量大的应多加;反之,可少加或不加。动物尸体先用10%漂白粉上清液喷雾(200毫升/平方米),作用2小时。将处理过的动物尸体投入坑内,使之侧卧,并将污染的土层和运尸体时的有关污染物如垫草、绳索、饲料、少量的奶和其他物品等一并入坑。

④掩埋:先用40厘米厚的土层覆盖尸体,然后再放入未分层的熟石灰或干漂白粉20~40克/平方米(2~5厘米厚),然后覆土掩埋,平整地面,覆盖土层厚度不应少于1.5米。

⑤设置标识:掩埋场应标志清楚,并得到合理保护。

⑥场地检查:应对掩埋场地进行必要的检查,以便在发现渗漏或其他问题时及时采取相应措施,在场地可被重新开放载畜之前,应对无害化处理场地再次复查,以确保对牲畜的生物和生理安全。复查应在掩埋坑封闭后3个月进行。

⑦注意事项:石灰或干漂白粉切忌直接覆盖在尸体上,因为在潮湿的条件下熟石灰会减缓或阻止尸体的分解。

(2)焚烧法:焚烧法既费钱又费力,只有在不适合用掩埋法处理动物尸体时用。焚化可采用的方法有柴堆火化、焚化炉和焚烧窑/坑等,此处主要讲解柴堆火化法。

①选择地点:应远离居民区、建筑物、易燃物品,上面不能有电线、电话线,地下不能有自来水、燃气管道,周围有足够的防火带,位于主导风向的下方,避开公共视野。

②准备火床

十字坑法:按十字形挖两条坑,其长、宽、深分别为2.6米、0.6米、0.5米,在两坑交叉处的坑底堆放干草或木柴,坑沿横放数条粗湿木棍,将尸体放在架上,在尸体的周围及上面再放些木柴,然后在木柴上倒些柴油,并压以砖瓦或铁皮。

单坑法:挖一条长、宽、深分别为2.5米、1.5米、0.7米的坑,将取出的土堆堵在坑沿的两侧。坑内用木柴架满,坑沿横架数条粗湿木棍,将尸体放在架上,以后处理同上法。

双层坑法:先挖一条长、宽各2米、深0.75米的大沟,在沟的底部再挖一长2米、宽1米、深0.75米的小沟,在小沟沟底铺以干草和木柴,两端各留出18～20厘米的空隙,以便吸入空气,在小沟沟沿横架数条粗湿木棍,将尸体放在架上,以后处理同上法。

③焚烧

摆放动物尸体:把尸体横放在火床上,最好把尸体的背部向下,而且头尾交叉,尸体放置在火床上后,可切断动物四肢的伸肌腱,以防止在燃烧过程中,肢体的伸展。

浇燃料:燃料的种类和数量应根据当地资源而定。当动物尸体堆放完毕且气候条件适宜时,用柴油浇透木柴和尸体(不能使用汽油),然后在距火床10米处设置点火点。

焚烧:用煤油浸泡的破布作引火物点火,保持火焰的持续燃烧,在必要时要及时添加燃料。

焚烧后处理:焚烧结束后,掩埋燃烧后的灰烬,表面撒布消毒剂。填土高于地面,场地及周围消毒,设立警示牌。

④注意事项:应注意焚烧产生的烟气对环境的污染;点火前所有车辆、人员和其他设备都必须远离火床,点火时应顺着风向进入点火点;进行自然焚烧时应注意安全,须远离易燃易爆物品,以免引起火灾和人员伤害;运输器具应当消毒;焚烧人员应做好个人防护;焚烧工作应在现场督察人员的指挥控制下,严格按程序进行,所有工作人员在工作开始前必须接受培训。

(3)发酵法:这种方法是将尸体抛入专门的动物尸体发酵池内,利用生物热的方法将尸体发酵分解,以达到无害化处理的目的。

①选择地点:选择远离住宅、动物饲养场、草原、水源及交通要道的地方。

②建发酵池:池为圆井形,深9~10米,直径3米,池壁及池底用不透水材料制作(可用砖砌成后涂层水泥)。池口高出地面约30厘米,池口做一个盖,盖平时落锁,池内有通气管。如有条件,可在池上修一小屋。尸体堆积于池内,当堆至距池口1.5米处时,再用另一个池。此池封闭发酵,夏季不少于2个月,冬季不少于3个月,待尸体完全腐败分解后,可以挖出作肥料,两池轮换使用。

第三章 鸡疫病的诊断

及时而准确的疾病诊断是预防、控制和治疗家禽疾病的重要前提和环节,要达到快速而准确的诊断,需要具备全面而丰富的疾病防治和饲养管理知识,善于运用各种诊断方法,进行综合分析。家禽疾病的诊断方法有多种,而实际生产中最常用的是临床检查技术、病理学诊断技术和实验室诊断技术。各种家禽疾病的发生都有其自身的特点,只要抓住这些疾病的特点,运用恰当的诊断方法,就可以对疾病做出正确的诊断。

第一节 鸡疫病的鉴别

从症状推断某种可能的疫病,不能作为确诊的惟一依据,应该通过症状、发病经过、流行情况等做出初步诊断和处理。

有些症状是共通的,几乎鸡群发病都会出现,对于诊断没有多大意义,如精神不振、食欲下降等。同一疾病会出现多方面的症状,而同一症状可由多种疾病引起,这是从症状推断疾病时的难处,所以需要从多方面综合考虑,不能仅从症状判断某种疾病,才能做出比较接近实际的推断,症状仅仅是判断的重要依据之一。

一、群体检查

群体性是鸡的生物学特性之一,鸡的饲养管理必须联系这个特性进行。在集约化饲养的情况下,难于每天观察了解每只鸡的生长发育和健康状况,只能通过仔细观察鸡群的状况,判断其生长和健康是否正常,饲养与管理条件是否相适应,发现问题及时纠正,特别是日常的仔细观察,有利于在鸡群疫病刚出现或未出现之前发现,采取适当的措施,控制疫病的发展,使鸡群尽早恢复健康。

观察鸡群一般选择在每天早上天亮后不久和傍晚或晚间进行。鸡群经一晚休息后,早上是采食、饮水、运动等最活跃的时候,较容易观察到鸡群的异常情况。晚上鸡群处于安静状态,除可以静听鸡群呼吸音外,还有利于捉鸡检查。

观察鸡群时饲养员或技术人员应缓慢接近鸡群,在鸡群无惊恐,正常活动时进行。

1. 精神状况是否正常鉴别

健康的家禽精神活泼,听觉灵敏,白天视力敏锐,周围稍有惊扰便伸颈四顾,甚至飞翔跳跃。公鸡鸣声响亮,站立有神,翅膀收缩有力,紧贴躯干,行走稳健,食欲良好,神志安详。病鸡的一般临床有以下表现:

(1)精神沉郁:表现为食欲减少或废绝,两眼半闭,缩颈垂翅,尾羽下垂,蹲伏在舍内一角或伏卧在产蛋箱内,体温显著升高。常见于某些急性传染病、寄生虫病、营养代谢病等,如新城疫、传染性法氏囊病、急性禽霍乱、雏鸡肝炎、球虫病、维生素E或硒缺乏症等。

(2)精神极度委顿:表现为食欲废绝,缩颈闭目,蹲卧伏地、不愿站立,见于濒死期鸡。

(3)精神尚可,但蹲伏于地:见于由传染病、营养代谢病或外伤等引起的腿部疾患,如葡萄球菌性关节炎、佝偻病、骨折等。

(4)精神尚可,但少数鸡出现旁视:见于眼型马立克病、禽脑脊髓炎;也可见于大肠杆菌性眼炎、葡萄球菌性眼炎等。

(5)炸群:临床上多见于有鼠害、噪音等引起的惊扰。

(6)病鸡兴奋、不安、尖叫、两翅剧烈拍打向前奔跑:见于肉鸡猝死综合征、一氧化碳中毒、氟乙酰胺中毒等。

2. 营养程度

健康的鸡群整体生长发育基本均匀一致,表现肌肉丰满、皮下脂肪充盈、被毛光泽、躯体圆满而骨骼棱角不突出。病鸡则表现为营养不良。

(1)整群鸡表现为营养不良、生长发育缓慢:见于饲料营养配合不全或因饲养管理不善引起的营养缺乏症。

(2)整群鸡表现为大小不等,部分鸡营养不良、消瘦:表明有慢性消耗性疾病存在,如马立克病、淋巴白血病、结核病、慢性新城疫、慢性禽霍乱、体内外寄生虫病等。

3. 运动、行为、姿势

健康鸡活动自如,姿势自然、优美。病鸡则出现运动障碍,姿势异常。

(1)"劈叉"姿势:见于马立克病。

(2)"观星"姿势:见于维生素 B_1 缺乏症。

(3)"趾蜷曲"姿势:见于维生素 B_2 缺乏症。

(4)"企鹅式"站立或行走姿势:见于严重的肉鸡(鸭)腹水综合征、蛋鸡输卵管积水(囊肿)、蛋鸡卵巢腺癌;偶见于家禽卵黄性腹膜炎。

(5)"鸭式"步态:见于前殖吸虫病、球虫病、严重的绦虫病和蛔虫病。

(6) 两腿呈"交叉"站立或行走姿势,运动时则跗关节着地:见于维生素 E 缺乏症、维生素 D 缺乏症;也可见于禽脑脊髓炎、弯曲杆菌性肝炎等。

(7) 两腿行走无力,行走间常呈蹲伏姿势:见于佝偻病、成年鸡骨软病、笼养鸡产蛋疲劳综合征、细菌(如葡萄球菌、链球菌)性关节炎、传染性病毒性关节炎、肌营养不良、骨折、一些先天性遗传因素所致的小腿畸形等。

(8) "角弓反张"姿势:见于雏鸡肝炎、禽流感、曲霉菌病。

(9) 趾骨发生弯曲或扭曲(滑腱症):见于锰缺乏症。

(10) 运步摇晃,呈不同程度的"O"形、"X"形外观或运动失调:见于雏鸡佝偻病、维生素 D 缺乏症、锰缺乏症、胆碱缺乏症、叶酸缺乏症、生物素缺乏症等。

(11) 头部震颤、抽搐:见于传染性脑脊髓炎。

(12) 扭头曲颈或伴有站立不稳及反转滚动的姿势:见于神经型新城疫、禽流感、严重的维生素 B_1 缺乏症、维生素 E 缺乏症等。

(13) 甩头(摇头)、伸颈:见于鸡的呼吸困难或饮水中有异味。

4. 呼吸异常

健康的鸡呼吸频率每分钟 20~35 次,如果呼吸出现困难,呼吸浅表,呼吸次数增加,则为某些病鸡的临诊表现,但也可为鸡活动加剧或气温升高时的正常生理变化。

(1) 气喘、呼吸困难、咳嗽:见于支原体病、曲霉菌病、大肠杆菌病、默氏杆菌病、肺型白痢病、滴虫病、嗜气管吸虫病、气管交合线虫病、隐孢子虫病、衣原体病、波氏杆菌病以及氨气过浓所致的疾病,也偶见白喉型鸡痘和维生素 A 缺乏症等。

(2) 咳嗽、气喘、有气管啰音:见于新城疫、支原体病、传染性支气管炎、传染性喉气管炎、传染性鼻炎,也可见于禽流感、慢性霍乱等。

(3)气喘、咳嗽、混合性呼吸困难:见于肺炎型白痢病、大肠杆菌病、败血霉形体病、曲霉菌病、隐孢子虫病、禽舍内氨气过浓;也可见于衣原体病、火鸡的气管交合线虫病;偶见于"白喉型"禽痘、维生素 A 缺乏症。

5. 神经机能紊乱

由于致病因素的影响,使病鸡的中枢神经和外周神经干发生病理变化和机能障碍,从而出现神经机能紊乱。

(1)头颈弯曲、共济失调:见于新城疫、脑炎型雏鸡白痢、副黏病毒病、霉菌性脑炎、默氏杆菌病、维生素 A 缺乏症等。也可见于禽流感、传染性鼻炎、慢性霍乱、李氏杆菌病、链球菌病、肿头综合征、弓形虫病。

(2)头颈向后弯曲、角弓反张:见于病毒性肝炎、维生素 B_1 缺乏症。

(3)头颈振颤、共济失调:见于脑脊髓炎、链球菌病和低血糖症等。

(4)头颈麻痹、昏迷瘫痪:毒梭菌毒素中毒。

(5)伸颈麻痹、共济失调:叶酸缺乏症等。

6. 叫声异常

健康鸡鸣声清脆,雄鸡则鸣声响亮,进入产蛋高峰期的母鸡则发出明快的"咯咯"声。病鸡则鸣声低哑,或间杂呼吸啰音、呼噜、怪叫声。

(1)叫声嘶哑或间杂呼吸啰音、呼噜、怪叫声:见于白痢、副伤寒、马立克病、新城疫、传染性支气管炎、传染性喉气管炎、败血霉形体病、传染性鼻炎、大肠杆菌病、结核病、盲肠肝炎、蛔虫病、气管比翼线虫病、火鸡波氏杆菌病、火鸡的气管交合线虫病。

(2)叫声停止,张口无音:临床上见于濒死期鸡。

7. 饮食状态的观察

食欲和饮欲是鸡对采食饲料及饮水的需求。在观察鸡的食欲和饮欲时,主要根据其采食的数量、采食持续时间的长短、嗉囊的大小等综合判定鸡的食欲和饮欲状态。同时应注意饲料的种类及质量、饲养制度及饲喂方式和环境条件等因素的影响。在病理状态下,食欲和饮欲可能发生减少、废绝、异嗜。

(1)食欲减少甚至废绝:是许多疾病的共同表现,在排除由于饲料品质不良(如发霉、腐败)、饲料或饲喂制度的突然改变、饲养环境的突然变换等条件而引起者外,一般即为病态。食欲减少或废绝,首先应考虑因消化器官本身的疾病而引起,如口腔、咽、食管的疾病,特别是胃肠的疾病。其次食欲减退还见于热性疾病,尤其是伴有高热的疾病。此外,矿物质和维生素缺乏、营养衰竭、代谢紊乱以及肝脏疾病时,也会引起鸡食欲减少或完全废绝。

(2)饮欲的改变:在排除由于气温和季节变化、饲料水分含量等环境、条件所引起者外,饮欲增强,可见于一切发热性疾病、热应激、球虫病的早期、腹泻、渗出性病理过程及鸡的食盐中毒等。饮水明显减少则预示水温度太低、药物有异味等。

(3)异嗜:其特征是病鸡喜食正常饲料成分以外的物质(如羽毛)。鸡的啄羽、啄肛、啄趾、啄蛋癖可视为一种特殊的异嗜或恶癖。其发生往往与饲料中某些营养物质(尤其是蛋白质及矿物质)缺乏、光照强度等有关。

8. 粪便异常

在正常的鸡的粪便中混有尿的成分,刚出壳尚未采食的幼雏,排出的胎粪为白色或深绿色稀薄液体。成年鸡正常的粪便呈圆柱状、条状,多为棕绿色,粪便表面附有少量的白色尿酸盐。一般在早晨单独排出来自盲肠的黄棕色糊状粪便,有时也混有少量的尿酸盐。粪便出现异常往往是疾病的征兆。

(1)粪便稀、呈青绿色或黄绿色:多见于新城疫、鸡住白细胞虫病、禽流感、副黏病毒病等,也见于慢性霍乱、伤寒、默氏杆菌病、肉毒梭菌毒素中毒和衣原体病等。

(2)粪便稀、呈灰白色,并混有白色米粒样物质:则为绦虫节片,常见于各种绦虫病。

(3)粪便稀、呈淡黄色:见于盲肠肝炎。

(4)粪便稀、呈水样白色:常见于传染性法氏囊病、初期的鸡肾型传染性支气管炎。也见于因鸡闷热突然饮水量增多所致。

(5)粪便稀,混有黏稠半透明的蛋白或蛋黄:常见于卵黄性腹膜炎、输卵管炎和前殖吸虫病,也可见于新城疫等。

(6)粪便稀并混有小气泡:可见于维生素 B_2 缺乏症,也见于感冒受凉而引起的肠内容物发酵等。

(7)粪便呈稀软并混有暗红或紫色血黏液:多见于球虫病、线虫病,也见于盲肠肝炎、霍乱、伤寒、副伤寒和出血性肠炎。

(8)粪便呈血水样:多见于盲肠球虫病和磺胺药中毒、呋喃丹中毒、敌鼠钠中毒等。

(9)粪便稍软,且排出量多,周围带水:见于消化不良,饲料中麸皮或豆饼量高,或长期缺乏沙砾和食盐等。

(10)粪便呈乳白色奶油状:常见于鸡内脏型痛风、鸡肾型传染性支气管炎、维生素 A 缺乏症、钙磷比例失调或使用磺胺药过量等。

(11)肉红色粪便:形状如同烂肉,这是由脱落的肠黏膜形成的。多见于患了球虫病、绦虫病、蛔虫病和肠炎恢复期的鸡。

(12)血液性粪便:粪便黑色或茶黑色,常见于上消化道出血;粪便红色或鲜红色,多见于下消化道出血。

(13)黄色硫磺粪便:粪便表面有层黄色或淡黄色的尿覆盖,是由于肝小叶受损从而影响胆汁排泄,导致胆红素进入血液,经尿排出而形成的。多见于盲肠炎、肝炎。

(14)绿色黏稠恶臭便:粪便呈现黑绿色,是由于胆汁和肠道脱落的组织细胞相混而成,多见于禽霍乱、新城疫、喉气管炎等。

(15)稀薄粪便:鸡消化正常,但粪便含水量多而不成形,多因天气炎热时饮水量骤然增加、饲料中含盐过多、轻度的大肠杆菌侵染、饲料中含轻微有毒物质所致。

(16)铁锈色水样便:呈铁锈色水样并混有尿酸盐,有时还掺有消化不彻底的饲料,是由于肠道严重出血造成的。多见于新城疫、早期中毒等引起消化道出血的疾病。

(17)牛奶样粪便:乳白色,稀水样,似牛奶倒于地面上,多见于黏膜充血、轻度肠炎。

(18)白色稀粪便:黏稠,常黏糊于鸡肛门,多见于鸡白痢。

(19)白色水样便:粪便呈水样,且混有白色的尿酸盐颗粒,多见于没有食欲、瘫痪及患有尿毒症的鸡。这是由于消化道内无食物、粪便是尿酸盐形成的。

(20)饲料便:即鸡排出的粪便和饲喂的饲料没有什么区别,见于肠毒症,也见于饲料中小麦的含量过高或饲料中的酶制剂部分或全部失效。偶见于鸡消化不良。

(21)黄绿色粪便,并有绿色干粪:见于败血型大肠杆菌病。

(22)黑色粪便:见于小肠球虫病、鸡肌胃糜烂症、上消化道的出血性肠炎。

(23)水样粪便:见于食盐中毒或肾型传染性支气管炎。也可见于由温度过高而引起家禽大量饮水后造成的水样粪便;蛋鸡进入产蛋高峰期时水样腹泻,可能是由于肠道对产蛋期饲料不适应(尤其是钙)或由于进入产蛋期机体内血流分布相对改变等因素所致。

二、个体检查

全群观察后,挑出有异常变化的典型病鸡,作个体检查。

1. 羽毛

羽毛是家禽皮肤特有的衍生物,刚出壳的雏鸡体表覆盖有均匀纤细的绒毛;成年健康鸡羽毛紧凑、平整、整洁、光滑且富有光泽。病鸡则羽毛逆立,蓬松,污秽,缺乏光泽,换羽提前或延迟。

(1)羽毛蓬松、污秽、无光泽:见于副伤寒、慢性禽霍乱、大肠杆菌病、绦虫病、蛔虫病、吸虫病、维生素 A 缺乏症、维生素 B_1 缺乏症等。

(2)羽毛蓬松、逆立:见于热性传染病引起的高热、寒战,如新城疫、传染性法氏囊病等。

(3)羽毛变脆、断裂、脱落:见于鸡啄癖、外寄生虫病(林刺膝螨,疥癣)、锌缺乏症、生物素缺乏症等。也可见于鸡自身啄羽,笼养鸡颈部羽毛脱落是与鸡笼摩擦的结果。

(4)羽毛稀少或脱色:见于叶酸缺乏症;也可见于泛酸缺乏症、维生素 D 缺乏症。

(5)羽轴的边缘卷曲,且有小结节形成:见于锌缺乏症、维生素 B_2 缺乏症或某些病毒的感染。

(6)羽虱:检查时用手逆翻头部、翅下及腹下的羽毛,可见到淡黄色或灰白色的针尖大小的羽虱在羽毛、绒毛或皮肤上爬动。

(7)羽毛囊炎:见于皮肤型马立克病。

(8)纯种鸡长出异色羽毛:见于鸡的遗传性变异、一些营养素(如铁、铜、叶酸、维生素 D 等)的缺乏等。

(9)羽毛生长延迟:见于叶酸、泛酸、生物素、锌、硒等的缺乏。

(10)翅羽毛管出血呈紫黑色:见于出血症。

2. 皮肤

家禽皮肤较薄,没有汗腺和皮脂腺,有尾脂腺。皮肤的颜色因品种而异。检查时用手逆翻躯体各部分的羽毛,观察皮肤的色泽及其体表的肿胀物及皮下组织状态。

(1)外伤:常见于母鸡的背部损伤,一般是在自然交配时被雄性抓伤。

(2)皮炎:传染性皮炎常引起皮肤坏死,如葡萄球菌感染、皮肤型禽痘;营养性皮炎(皮肤粗糙、有裂纹)见于生物素或泛酸缺乏症。

(3)皮肤肿瘤:见于皮肤型马立克病。

(4)皮下气肿:常发生在头、颈或身体的前部。由阉割、剧烈活动等引起的气囊破裂使气体逸出至皮下所致。

(5)皮下水肿:见于雏鸡渗出性素质,多由硒或维生素E缺乏引起。

(6)皮下黏液性水肿:见于食盐中毒、饲料中棉籽饼的含量过高;颈部皮下黏液性水肿,见于禽流感。

(7)皮下弥漫性出血:见于维生素K缺乏、住白细胞虫病等。

(8)蓝紫色斑块(尤其在腹部皮肤):见于硒/维生素E的缺乏症、葡萄球菌感染、坏疽型皮炎或尸绿。

(9)跖骨鳞片出血:见于禽流感。

3. 冠、肉髯、耳垂

鸡冠、肉髯及耳垂是由皮肤褶皱所形成的,鸡冠、肉髯、耳垂的异常变化有以下表现。

(1)鸡冠、肉髯色泽苍白:见于住白细胞虫病(白冠病)、马立克病、淋巴白血病、鸡传染性贫血、结核病、伤寒、副伤寒、慢性白痢、严重的绦虫病、蛔虫病、内出血(如肝破裂)、饲料中某些微量元素(如铁、钴)的缺乏。另外,也见于产蛋高峰期的健康鸡。

(2)鸡冠、肉髯发绀,触之高热:见于鸡新城疫、禽流感、鸡传染性喉气管炎、禽霍乱、传染性鼻炎、李氏杆菌病、肉鸡腹水综合征等;也可见于盲肠肝炎、有机磷农药中毒。

(3)鸡冠、肉髯呈紫黑色,温度降低:见于濒死的鸡。

(4)鸡冠、肉髯呈樱红色:见于一氧化碳中毒。

(5)鸡冠、肉髯呈蓝紫色:见于鸡亚硝酸盐中毒、喹乙醇中毒、亚硒酸钠中毒、有机磷农药中毒、禽霍乱、成年鸡的维生素 B_1 缺乏。

(6)鸡冠、肉髯、耳垂有棕色或黑褐色结痂:见于皮肤型禽痘;也可由鸡的相互争斗啄伤所致。

(7)鸡冠、肉髯有一层黄白色鳞片状结痂,呈白色斑点或斑块状:见于皮肤真菌病(冠癣)。

(8)肉髯肿大、肥厚:见于慢性禽霍乱、鸡黄脂瘤病、鸡类脂肪中毒、结核菌素阳性试验;也可见于肉鸡肿头综合征。

(9)鸡冠、肉髯发育不良或缩小:见于马立克病、淋巴白血病或其他肿瘤性疾病、严重的寄生虫病、蛋白质缺乏症等。

(10)鸡冠倾倒:见于去势的公鸡和停产母鸡。

4. 喙

喙是皮肤的衍生物。喙的异常变化有以下几种。

(1)橡皮喙:表现为喙柔软如橡皮一样富有弹性,可弯曲成相应的形状,见于佝偻病;也可见于腹泻或肠道寄生虫感染所致的钙磷吸收障碍。

(2)喙的灼伤:表现为喙上有一些结痂,见于喙被热(如烙铁)或化学物质灼伤。

(3)蛋鸡上喙过短或下颌过长:多因断喙时所切位置不当。

(4)喙尖色泽发紫:见于传染性喉气管炎、传染性支气管炎、细小病毒病、出血症、禽霍乱、卵黄性腹膜炎;也可见于禽流感、维生素 E 缺乏症。

(5)喙的色泽浅淡:见于慢性传染病和寄生虫病以及营养代谢病,如马立克病、蛔虫病、盲肠肝炎、裂口线虫病、球虫病、绦虫病、吸虫病以及维生素 E 或硒缺乏症等。

(6)变形上翘:见于白羽鸡感光过敏症。

(7)喙变软、易扭曲:这是由于缺钙、缺磷或缺乏维生素 D 所致的佝偻病、骨软症及笼养产蛋鸡的疲劳症的临床表现。也见于腹泻或肠道寄生虫感染所致的钙、磷及维生素 A、维生素 D 吸收障碍和氟中毒等。

5. 口腔及口角

健康鸡口腔湿润,黏膜呈灰红色,口腔内温度适宜,口腔及上腭裂无异物。病鸡则口腔温度、湿度、黏膜颜色、上腭等发生明显的变化。

(1)口腔内温度升高、干燥:见于急性热性传染病及口腔炎症,如鸡新城疫、禽流感、口炎等。

(2)口腔内温度过低:见于慢性传染病、寄生虫病以及慢性中毒所致的严重贫血;也可见于濒死期的鸡。

(3)口腔黏液、唾液分泌增加:见于鸡新城疫、传染性支气管炎、禽霍乱、有机磷农药中毒、口腔炎症。

(4)口腔流涎,并伴有大蒜味:见于散养鸡误食喷洒有机磷农药的蔬菜、谷物等引起的中毒。

(5)口腔或口角流血:见于敌鼠钠中毒、住白细胞虫病,偶见于鸡传染性喉气管炎。

(6)口腔或口角流出煤焦油样液体:见于鸡肌胃糜烂症。

(7)口腔黏膜有黄白色隆起的小结节:见于维生素 A 缺乏症、烟酸缺乏症。

(8)口腔黏膜形成黄白色干酪样假膜或溃疡:见于白色念珠菌

病,也可见于白喉型禽痘。

(9)口腔上腭内有淡黄色干酪样物质:见于维生素 A 缺乏症、波氏杆菌病,偶见于传染性鼻炎。

(10)口腔外部及口角形成黄白色假膜:见于霉菌性口炎。

6. 眼睛

鸡的眼睛包括上下眼睑和第三眼睑以及眼球等。检查时应首先观察眼睛的形状和清洁度,健康鸡的眼睛圆而有神。其异常变化有以下表现:

(1)眼睑肿胀、流泪:见于传染性鼻炎、传染性喉气管炎、鸡瘟、禽流感、慢性禽霍乱、败血霉形体病、大肠杆菌病眼炎;禽舍内福尔马林气体、煤油燃烧气体以及氨气的刺激。也可见于维生素 A 缺乏、嗜眼吸虫病、眼内线虫病。

(2)眼睑肿胀、瞬膜下形成球状干酪样物:见于霉菌性眼炎;眼结膜内有隆起的小溃疡灶及不易剥离的豆腐渣样渗出物,见于白喉型禽痘;眼结膜内有黄白色凝块,见于维生素 A 缺乏症。

(3)眼结膜充血、潮红:见于鸡的急性热传染病。

(4)眼结膜充血或眼内出血:见于住白细胞虫病;也可见于禽流感;偶见于眼睛外伤。

(5)眼结膜有黏性或脓性分泌物:大肠杆菌性眼炎、衣原性眼炎、副伤寒、生物素及泛酸缺乏症。

(6)眼结膜有出血斑点:见于禽流感。

(7)眼结膜苍白:见于慢性传染病及严重的寄生虫病,如马立克病、淋巴白血病、传染性贫血、结核病、伤寒、副伤寒、慢性鸡白痢、严重的绦虫病、蛔虫病、鸡的内出血(如肝破裂)。

(8)角膜混浊、流泪:见于氨气灼伤,也可见于维生素 A 缺乏。

(9)虹膜褪色、瞳孔缩小:见于马立克病,也可见于有机磷中毒。

(10)瞳孔散大:见于阿托品中毒,也可见于濒死期的鸡。

(11)瞳孔反射消失、晶状体浑浊:见于禽脑脊髓炎。

(12)眼的切迹综合征:表现为眼睑上出现一个小痂或糜烂,然后发展成裂纹,一侧还贴附着一小片肉,多见于笼养产蛋鸡,目前病因不清。

7. 鼻腔和鼻液

家禽有两个互相连通的狭窄而呈圆形的鼻孔,位于上喙基部背侧。检查时可用右手固定头部,先看两侧鼻孔周围是否清洁,然后用左手拇指和食指稍用力挤压两鼻孔,观察鼻孔内有无分泌物或异物。其异常变化有以下表现:

(1)鼻腔有多量黏液脓性或浆液性分泌物:见于传染性鼻炎、传染性支气管炎、传染性喉气管炎、败血霉形体病、大肠杆菌病、曲霉菌病、慢性禽霍乱、禽流感、慢性呼吸道病。

(2)鼻腔有牛奶样或豆腐渣样分泌物:见于维生素 A 缺乏症、传染性鼻炎。

8. 眶下窦

眶下窦又称上颌窦,为一略呈三角形的小腔,有口与鼻腔相通。眶下窦肿胀见于慢性呼吸道病、支原体病、传染性鼻炎。

9. 颈

家禽的颈部一般较长,由颈椎、肌肉、神经、皮肤和羽毛等组成,呈"S"形弯曲,运动灵活。颈部的异常变化有以下表现:

(1)扭颈:见于神经型鸡新城疫、禽流感、大肠杆菌性脑膜脑炎、沙门菌性脑膜脑炎、寄生虫性脑膜脑炎、维生素 E 缺乏症、颈椎侧突凸出压迫神经等。

(2)软颈:见于家禽采食了含肉毒梭菌毒素的饲料或蛆而引起的中毒。

(3)颈部皮下气肿:见于颈气囊或锁骨间气囊受外力作用破裂而使气体溢至皮下而引起。

(4)颈部肿胀物:见于颈部的纤维瘤。

(5)皮下或颈下出血:见于磺胺中毒。

10. 嗉囊

家禽的嗉囊位于颈基部的胸腔入口之前,略偏于右侧,是食管扩大形成的,食物充满后呈纺锤形。检查时,用手触摸嗉囊内容物的数量及其性质,如水分、黏液、饲料、气体及异物等。健康家禽喂食后不久,嗉囊饱满而坚实,随后逐渐排空。嗉囊的异常变化有:

(1)嗉囊积液、触之有波动感:见于鸡新城疫、传染性嗉囊炎、有机磷农药中毒,偶见于蛔虫引起的肠阻塞。

(2)嗉囊坚硬、缺乏弹性:见于嗉囊秘结、异物阻塞,也可能是隔日饲喂的家禽由于暴食过多干粉料所致。

(3)嗉囊触之有捏粉样感觉:见于禽霍乱、传染性法氏囊病、禽流感、嗉囊卡他、食入易发酵的饲料。

(4)嗉囊空虚或食物不多:见于某些慢性疾病或饲料的适口性差或家禽处于疾病的严重期,如马立克病、结核病、盲肠肝炎等。

(5)嗉囊过度膨大或下垂:见于马立克病导致的迷走神经的机能失调。此外,家禽在夏季过热天气,暴食或饮水过度时也可见到类似的情况。

11. 翅

家禽的翅又称前肢,平时褶皱呈"Z"字形紧贴于胸廓,活动时则运动自如。常见的异常变化有以下几种:

(1)翅下垂:表现为一侧或两侧翅下垂,甚至拖地,见于马立克病、翅关节炎;也可见于抓鸡方法不当或机械原因所致翅骨骨折或翅关节脱位。

(2)翅部皮下黑紫或皮下坏死:见于翅部受伤或由梭状芽胞杆

菌、葡萄球菌等引起的感染。

12. 胸部及龙骨

家禽的胸部由胸椎、肋骨、胸骨和喙骨及锁骨、肌肉、神经等组成。

(1)胸部龙骨呈"S"状弯曲:见于维生素 D 缺乏,钙、磷缺乏或比例不当所致的雏禽佝偻病。

(2)胸腹侧部囊肿:见于鸡滑膜霉形体感染,也可见于由饲养管理不善(如家禽运动的平面不平整或硬刺引起的损伤或料槽太低,禽长期卧地吃料等)等引起的损伤。

13. 腹部

正常家禽的腹部丰满,温暖,柔软而有弹性。检查时主要是用手指触诊,以检查其温度、软硬度、弹性和腹腔内脏器官有无异常变化等。其异常变化有以下几种。

(1)硬脐(脐带炎):见于大肠杆菌、沙门菌、葡萄球菌等的感染。

(2)腹部膨大,触之有波动感:见于肉鸡腹水综合征、卵黄性腹膜炎的中后期、肝腹水、蛋鸡的输卵管积水、蛋鸡的卵巢腺癌所致的腹水等;腹部膨大,触之肝的固定位置大大超出胸骨后缘,甚至可达耻骨前缘,多因肝肿大所致,见于大肝大脾病;蛋鸡触之有软硬不均的物体,温度高且有痛感,见于腹腔中卵子变性所致卵黄性腹膜炎初期;触不到肌胃,多因禽的腹部脂肪过多所致。此外,在白痢、伤寒、支原体感染的病例中也可见到腹部膨大。

(3)腹部蜷缩:见于禽结核病、白痢、马立克病、盲肠肝炎、蛔虫病、绦虫病、吸虫病等。

(4)腹壁疝:临床上较少见。

14. 泄殖腔

泄殖腔是粪道、尿道、生殖道的共同开口。泄殖腔的检查是检查者用左手抓住家禽的两腿,把家禽的两腿倒提起来,此时应注意观察肛门周围的羽毛是否清洁,如果被稀粪污染(瘫痪家禽除外)是病态的标志。然后用右手指翻开肛门进行检查,主要检查肛门黏膜的颜色、松紧程度、干湿程度和异物等,正处在产蛋期的高产母鸡,肛门呈白色,湿润而松弛;低产或休产鸡,肛门色泽淡黄,干燥而紧缩。泄殖腔的常见异常变化有以下几种。

(1)泄殖腔周围或局部发红肿胀,并形成一种有韧性,似白喉样的假膜,将假膜剥离后,留下粗糙的出血面:见于鸡新城疫、鸡瘟、慢性泄殖腔炎。

(2)泄殖腔肿胀,周围覆盖有多量黏液状分泌物,其中有少量石灰质:见于前殖吸虫病。

(3)泄殖腔明显突出,甚至外翻,并且充血、肿胀、发红或发紫:见于高产母鸡或难产母鸡不断强烈努责而引起的泄殖腔脱垂;也可见于啄肛。

(4)泄殖腔周围的羽毛有稀粪沾污:见于白痢、副伤寒、新城疫、大肠杆菌病、传染性法氏囊病、某些寄生虫病等。

15. 关节

(1)关节肿胀、触之有热痛感:见于关节周围皮肤擦伤而引起的葡萄球菌、链球菌或大肠杆菌感染,也可见于慢性禽霍乱。如关节肿胀并沿肌腱扩散,则见于滑膜霉形体感染。

(2)胫跗关节肿大、畸形、长骨短粗质地坚硬:见于锰缺乏症、生物素缺乏症。

(3)关节肿胀、触之坚硬、无热感:见于关节型痛风。

(4)骨关节肿大、骨质变软:见于佝偻病。

16. 跖骨

(1)跖骨上的鳞片隆起,有白色痂片:见于突变膝螨病。

(2)跖骨增厚和粗大,外观呈雨靴状:见于骨瘤。

(3)跖骨上的鳞片出血:见于禽流感。

17. 脚爪和肉垫

(1)脚爪皮肤干燥:见于 B 族维生素缺乏症或多种原因引起的腹泻,也可见于内脏型痛风。

(2)脚爪皮肤发紫或有出血点:见于鸡新城疫、禽流感、急性禽霍乱、雏鸡维生素 E 缺乏症。

(3)脚爪蜷曲、麻痹:见于维生素 B_2 缺乏症、马立克病,也可见于成年鸡维生素 A 缺乏症。

(4)脚爪皮肤结痂干裂或脱落:见于泛酸缺乏症。

(5)"红掌病":表现为脚垫皮层脱落,已露出真皮,呈红色,见于鸡生物素缺乏症或脚垫受强氧化剂(如高锰酸钾)等腐蚀所致。

(6)脚爪和肉垫肿胀化脓:多为脚爪受外伤后感染化脓菌(如葡萄球菌)、霉形体所致,禽舍内垫料过湿也可见到类似的情况。

18. 蛋的形态异常或畸形蛋

(1)砂壳蛋:表现为蛋壳上发生白垩色颗粒状物沉积,蛋壳表面或两端粗糙:见于锌缺乏症、饲料中钙过量而磷不足;也可见于传染性支气管炎、新城疫等;偶见于母鸡产蛋时受到急性应激,使蛋在子宫内滞留时间长,蛋壳表面额外沉积多余的"溅钙"。

(2)薄壳蛋:常由产蛋母鸡的饲料中钙含量不足或钙磷比例失调,或环境急性应激等因素,影响蛋壳腺碳酸钙沉积功能所致。见于笼养产蛋鸡疲劳综合征、骨软症、热应激综合征;也可见于某些传染病和其他营养代谢病,如副伤寒、大肠杆菌病、白痢、新城疫、锰缺乏或过量等。

(3)软壳蛋:上述薄壳蛋产生的因素几乎都可能导致软壳蛋的出现。此外,还可见于锌缺乏症。

(4)粉皮蛋:表现为蛋壳颜色变淡或呈苍白色,见于新城疫、禽流感等;也可因蛋禽受营养或环境因素应激后,影响蛋壳腺分泌色素卵嘌呤的功能所致。

(5)双壳蛋(即具有两层蛋壳的蛋):见于母鸡产蛋时受惊后输卵管发生逆蠕动,蛋又退回蛋壳分泌部,刺激蛋壳腺再次分泌出一层蛋壳,从而成为双壳蛋。

(6)无壳蛋:见于由大肠杆菌或沙门菌所致的蛋鸡卵黄性腹膜炎;在蛋鸡内服四环素类药物或在产蛋时发生急性应激时也可见到类似的情况。

(7)血壳蛋:常由于蛋体过大或产道狭窄引起蛋壳表面附有片带状血迹,见于刚开产的母鸡;也可由母鸡蛋壳腺黏膜弥漫性出血所致。

(8)裂纹蛋(蛋壳骨质层表面可见明显裂缝):见于锰缺乏症、磷缺乏症。

(9)皱纹蛋(即蛋壳有皱褶):见于铜缺乏症。

(10)血斑蛋:见于饲料中维生素K不足、苄丙酮豆素等维生素K类似物过量等。

(11)肉斑蛋:见于由大肠杆菌、沙门菌等引起的输卵管炎。

(12)小黄蛋(即蛋黄体较正常蛋黄小):见于饲料中黄曲霉毒素超标,从而影响肝脏对蛋黄前体物的转运,阻滞了卵泡的成熟。

(13)无黄蛋:见于异物(如寄生虫、脱落的黏膜组织)落入输卵管内,刺激输卵管的蛋白分泌部,使分泌的蛋白包住异物,然后再包上壳膜和蛋壳形成很小的无蛋黄畸形蛋。也可见于某些病毒严重感染输卵管上部所致,在产蛋鸡多见。

(14)双黄蛋:见于食欲旺盛的高产母鸡,这是由于两个蛋黄同时从卵巢下行,同时通过输卵管被蛋白壳膜和蛋壳包上,从而形成体积特别大的双黄蛋。

三、初步处理

在作出初步诊断后,更更要的是及时作出初步处理。使病情尽快得到控制,疫病的危害作用减低到最小程度。

首先按初步诊断意见投喂药物,如病情复杂,可采取对症投药的方法,也可以试探性地使用副作用小的广谱抗菌药。如病鸡症状似中毒性疾病,应立即撤去原来的饲料和饮水,更换不同的饲料和干净饮水,同时使用一般的解毒药,如糖水等。

其次是隔离鸡群,将出现病情和外表健康的鸡只隔离,对病鸡特别护理。死鸡及时清除。

第二节 病理诊断

鸡病的治疗重在早治、准治。生产中由于病初发病少,死鸡少,有些养鸡户往往就把病死鸡随意处理掉,结果耽误了早期治疗而造成损失。有的因离兽医站远或因事耽搁,送诊死鸡尸体腐烂,使诊断不准确而贻误治疗,造成损失。因此,养鸡户有必要掌握一定的鸡尸体剖检技术。一旦发现病、死鸡,又不能及时诊治时,可自行剖检,并做详细剖检记录,然后带着剖检记录确诊或找兽医诊治。

一、鸡体剖检要求

(1)正确掌握和运用鸡体剖检方法:若方法不熟练,操作不规范,不按顺序,乱剪乱割,影响观察,易造成误诊,贻误防治时机。

(2)防止疾病散播:剖检时如果剖检地点不合适、消毒不严格、尸体处理不当等,不仅引起病原在本场传播,而且能污染环境。所以,剖检地点必须远离鸡舍,注意严格消毒和病死鸡的无害化处理。

①选择合适的剖检地点:鸡场最好建立尸体剖检室,剖检室设置在生产区和生活区的下风方向和地势较低的地方,并与生产区和生活区保持一定距离,自成单元;若养鸡场无剖检室,剖检尸体时选择在比较偏僻的地方进行,要远离生产区、生活区、公路、水源等,以免剖检后,尸体的粪便、血污、内脏、杂物等污染水源、河流,或由于车来人往等传播病原,造成疫病扩散。

②严格消毒:剖检前对尸体进行喷洒消毒,避免病原随着羽毛、皮屑一起被风吹起传播。剖检后将死鸡放在密封的塑料袋内,对剖检场所和用具进行彻底、全面的消毒。剖检室的污水和废弃物必须经过消毒处理后方可排放。

③尸体无害化处理:有条件的鸡场应建造焚尸炉或发酵池,以便处理剖检后的尸体,其地址的选择既要使用方便,又要防止病原污染环境。无条件的鸡场对剖检后的尸体要进行焚烧或深埋。

二、病理剖检的准备

(1)剖检器械的准备:对于家禽剖检,一般有剪刀和镊子即可工作。另外,可根据需要准备骨剪、肠剪、手术刀、搪瓷盆、标本缸、广口瓶、消毒注射器、针头、培养皿等,以便收集各种组织标本。

(2)剖检防护用具的准备:工作服、胶靴、一次性医用手套或橡胶手套、脸盆或塑料小水桶、消毒剂、肥皂、毛巾等。

三、病理剖检的程序

剖检病鸡最好在死后或濒死期进行。对于已经死亡的鸡只,越早剖检越好,因时间长了尸体易腐败,尤其夏季,易使病理变化模糊不清,失去剖检意义。如暂时不剖检的,可装入塑料袋内暂存放在4℃冰箱内。解剖前先进行体表检查。

病理剖检一般遵循由外向内,先无菌后污染,先健部后患部的原则,按顺序、分器官逐步完成。活鸡应首先放血处死、死鸡能放出血的尽量放血,检查并记录患鸡外表情况,如皮肤、羽毛、口腔、眼睛、鼻孔、泄殖腔等有无异常。用消毒液将禽尸羽毛沾湿或浸湿,避免羽毛、尘屑飞扬,然后将鸡尸放在解剖盘中或塑料布上。

1. 体表检查

选择症状比较典型的病鸡作为剖检对象,解剖前先做体表检查,即测量体温,观察呼吸、姿态、精神状况、羽毛光泽、头部皮肤的颜色,特别是鸡冠和肉髯的颜色,仔细检查鸡体的外部变化并记录症状。如有必要,可采集血液(静脉或心脏采血),以备实验室检验。

(1)病鸡的体况:姿势,肥胖或消瘦,羽毛是否粗乱、污秽、有无光泽。

(2)面部、冠和肉髯:注意皮肤的颜色,是否苍白贫血或暗红,表面有无棕色的痘痂(鸡痘)或鳞片结痂,冠髯是否肿胀和有结节(传染性鼻炎、慢性鸡霍乱或禽痘)。

(3)口、鼻、眼:注意鼻孔和口腔有无分泌物(传染性鼻炎、传染性支气管炎),咽喉黏膜有无干酪样物质形成的假膜(白喉型禽痘)或白色针头状小结节(维生素A缺乏症)、注意虹膜的色泽和瞳孔的形状,眼部是否肿胀,眼睑内有无干酪样渗出物蓄积(黏膜型鸡瘟、维生素 A 缺乏症)。

(4)肛门:肛门周围羽毛有无稀粪沾污,泄殖孔附近是否有粪污或白色粪便所阻塞。

(5)肿瘤:身体各部分都可能发生肿瘤,必须仔细检查,马立克病有时在皮肤可以检查到肿瘤;鸡脚皮肤是否粗糙或裂缝,是否有石灰样物附着,脚底是否有趾瘤等。

(6)外寄生虫:鸡羽毛根部是否有虱卵缀着,如鸡有外寄生虫感染时,表现有羽毛粗乱。

2. 鸡体剖检方法

对濒死的鸡先用消毒药水将羽毛擦湿,防止羽毛及尘埃飞扬。然后放血致死(方法有两种:一种可在口腔内耳根旁的颈静脉处用剪刀横切断静脉,血沿口腔流出,此法外表无伤口;另一种为颈部放血,用刀切断颈动脉或颈静脉放血)。

将被检鸡仰放在搪瓷盘上,此时应注意腹部皮下是否有腐败而引起的尸绿。用力掰开两腿,直至同髋关节脱位,将两翅和两腿摊开,或将头、两翅固定在解剖板上。沿颈、胸、腹中线剪开皮肤,再从腹下部横向剪开腹部,并延至两腿皮肤。由剪处向两侧分离皮肤。剥开皮肤后,可看到颈部的气管、食道、嗉囊、胸腺、迷走神经以及胸肌、腹肌、腿部肌肉等。根据剖检需要,可剥离部分皮肤。此时可检查皮下是否有出血,胸部肌肉的黏稠度、颜色是否有出血点或灰白色坏死点等。

皮下检查完后,在泄殖腔腹侧将腹壁横向剪开,再沿肋软骨交接处向前剪,然后一只手压住鸡腿,另一只手握龙骨后缘向上拉,使整个胸骨向前翻转露出胸腔和腹腔,注意胸腔和腹腔器官的位置、大小、色泽是否正常,有无内容物(腹水、渗出物、血液等),器官表面是否有胶冻状或干酪样渗出物,胸腔内的液体是否增多等。

然后观察气囊,气囊膜正常为一透明的薄层,注意有无混浊、增厚或被覆渗出物等。如果要取病料进行细菌培养,可用灭菌消毒过的剪刀、镊子、注射器、针头及存放材料的器具采取所需要的组织器官。取完材料后可进行各个脏器检查。剪开心包囊,注意心包囊是否混浊或有纤维性渗出物黏附,心包液是否增多,心包囊与心外膜是否粘连等,然后顺次取出各脏器。

首先把肝脏与其他器官连接的韧带剪断,再将脾脏、胆囊随同肝脏一块摘出。接着,把食道与腺胃交界处剪断,将脾胃、肌胃和肠管一同取出体腔(直肠可以不剪断)。剪开卵巢系膜,将输卵管与泄殖腔连接处剪断,把卵巢和输卵管取出。雄鸡剪断睾丸系膜,取出睾丸。

用器械柄钝性剥离肾脏,从脊椎骨深凹中取出。

剪断心脏的动脉、静脉,取出心脏。

用刀柄钝性剥离肺脏,将肺脏从肋骨间摘出。

剪开喙角,打开口腔,把喉头与气管一同摘出;再将食道、嗉囊一同摘出。

把直肠拉出腹腔,露出位于泄殖腔背面的腔上囊(法氏囊),剪开与泄殖腔连接处。腔上囊便可摘出。

从两鼻孔上方横向剪断上喙部,断面露出鼻腔和鼻甲骨。轻压鼻部,可检查鼻腔有无内容物。

剪开眼下和嘴角上的皮肤,看到的空腔就是眶下窦。

将头部皮肤剥去,用骨剪剪开顶骨缘、颧骨上缘、枕骨后缘,揭开头盖骨,露出大脑和小脑。切断脑底部神经,大脑便可取出。

迷走神经在颈椎的两侧,沿食道两旁可以找到。坐骨神经位于大腿两侧,剪去内收肌即可露出。腰荐神经丛,将脊柱两侧的肾脏摘除便能显露出来。臂神经,将鸡背朝上,剪开肩胛和脊柱之间的皮肤,剥离肌肉,即可看到。

四、病理剖检诊断

1. 皮下组织

(1)皮下水肿:常发生在胸、腹部及两腿之间的皮下,患部呈蓝紫色或蓝绿色,见于鸡的渗出性素质(硒或维生素E缺乏)。

(2)皮下出血:见于某些传染病,如禽霍乱、禽流感、大肠杆菌性败血症、包涵体肝炎、传染性贫血等。

(3)皮下化脓或坏死:常发生在胸骨的前部,见于由金黄色葡萄球菌、链球菌或大肠杆菌引起的胸骨(龙骨)囊肿。

2. 肌肉

(1)肌肉苍白:常见于各种原因引起的内出血。如鸡住白细胞虫病、脂肪肝综合征、白痢、弯曲杆菌病、硒或维生素E缺乏、磺胺药中毒、肝脏破裂等。

(2)肌肉出血:大头针大小的出血点,见于鸡住白细胞虫病;胸肌、腿肌的条状出血,见于传染性法氏囊病、维生素K缺乏症;另外,在传染性贫血、禽霍乱、土霉素中毒、黄曲霉素中毒等也可见到。

(3)肌肉坏死:见于维生素E缺乏症;由金黄色葡萄球菌、链球菌等感染性炎症引起的坏死;由厌氧梭菌感染引起的腐败变质;由注射油乳剂疫苗不当所致的局部肌肉坏死。

(4)肌肉表面有尿酸盐结晶:见于内脏型痛风。

(5)肌肉出现肿瘤:见于马立克病。

(6)腓肠肌断裂:见于病毒性关节炎。

(7)肌肉表面出现霉菌斑块:见于曲霉菌病。

(8)肌肉干燥无黏性:见于各种原因引起的失水或缺水,如肾型传支、痛风等。

3. 腹腔

(1)腹腔内腹水过多:见于腹水综合征、大肠杆菌病、肝硬化、黄曲霉素中毒,也可见于副伤寒、卵巢腺癌等。

(2)蛋鸡输卵管积液(囊肿):见于传染性支气管炎病毒、沙眼衣原体感染、禽流感病毒、EDS-76病毒感染后的后遗症、大肠杆菌病、激素分泌紊乱等。

(3)腹腔内有血液或凝血块:见于各种原因引起的急性肝破裂,如脂肪肝综合征、副伤寒、成年鸡白痢、弯曲杆菌性肝炎、鸡住白细胞虫病等。

(4)腹腔有淡黄色或纤维素性或干酪样或胶冻样渗出物:见于由大肠杆菌或沙门杆菌引起的产蛋母鸡的卵黄性腹膜炎、败血霉形体、腹水综合征等。

(5)腹腔器官表面有石灰样物质沉着:见于内脏型痛风。

(6)腹腔器官表面有许多菜花样增生物或大小不等的结节:见于马立克病、淋巴白血病、卵巢腺癌;也可见于成年鸡结核病、大肠杆菌性肉芽肿等。

4. 肝脏

(1)肝脏肿大,表面有圆形或不规则形的粟粒大至黄豆大小的坏死灶:见于盲肠肝炎(组织滴虫病)。

(2)肝脏肿大,表面有呈放射状(星状)坏死灶:见于弯曲杆菌性肝炎。

(3)肝脏肿大,表面有广泛密集的点状灰白色坏死灶:见于急性禽霍乱、细小病毒病。

(4)肝脏肿大,表面有散在的灰白色或灰黄色坏死灶:见于急性白痢、伤寒、副伤寒、链球菌病、大肠杆菌病,也可见于衣原体病、李氏杆菌病。

(5)肝脏肿大,表面有大小不等的肿瘤结节:见于马立克病、淋巴白血病、禽网状内皮增殖症。

(6)肝脏肿大,表面有灰白色斑纹:见于青年、成年鸡急性白痢、伤寒等。

(7)肝脏肿大,有斑状出血:见于包涵体肝炎、磺胺类药物中毒、雏鸡肝炎、雏鸡应激综合征等。

(8)肝脏肿大并出现肉芽肿:见于大肠杆菌性肉芽肿。

(9)肝脏肿大,表面有纤维素性物质覆盖(肝周炎):大肠杆菌病、霉形体病、肉鸡腹水综合征、传染性浆膜炎。

(10)肝脏肿大,呈青铜色或墨绿色:见于副伤寒、大肠杆菌病,也可见于葡萄球菌病、链球菌病。

(11)肝脏肿大,硬化,呈土黄色,表面粗糙不平:见于慢性黄曲霉毒素中毒。

(12)肝脏肿大,呈淡黄色或土黄色,质地柔软易碎:见于鸡脂肪肝综合征、维生素E缺乏症,也可见于传染性贫血、住白细胞虫病、传染性法氏囊病。

(13)肝脏肿大,可延伸至泄殖腔处且质地柔软易碎:见于大肝大脾病。

(14)肝脏肿大,肝被膜下形成血肿:常由肝破裂引起,见于脂肪肝综合征等;肝被膜下形成血肿,有时也由于胸部肌肉注射疫苗不当刺破肝脏引起。

(15)肝脏萎缩,硬化:见于腹水综合征的晚期、成年鸡慢性黄曲霉毒素中毒。

(16)肝脏有多量灰白色或淡黄色结节,切面呈干酪样:见于成年鸡结核病、伪结核病。

(17)肝脏表面树枝状出血:见于出血症。

5. 胆囊及胆管

(1)胆囊、胆管内有寄生虫:见于散养鸡的次睾吸虫病。

(2)胆囊充盈、肿大:见于急性传染病,如禽霍乱、白痢、住白细胞虫病、某些药物中毒等。

(3)胆囊缩小、胆汁少、色淡或胆囊黏膜水肿:见于马立克病、严重的绦虫病、蛔虫病、吸虫病、蛋白质营养缺乏症等。

(4)胆汁浓、呈墨绿色:见于急性传染病死亡的病例,如急性禽霍乱、禽流感、大肠杆菌性败血症等。

(5)胆囊空虚、无胆汁:见于肉鸡猝死综合征。

6. 脾脏

(1)脾脏肿大、有原来的几倍甚至十几倍大:见于大肝大脾病。

(2)脾脏肿大、有散在的灰白色点状坏死灶:见于白痢、伤寒、副伤寒、禽霍乱、禽衣原体病、传染性浆膜炎,也可见于禽流感、鸡瘟、葡萄球菌病、住白细胞虫病等。

(3)脾脏肿大、表面有大小不等的肿瘤结节:见于马立克病、淋巴白血病、禽网状内皮增殖症。

(4)脾脏有灰白色或淡黄色结节,切面呈干酪样:见于成年鸡结核病。

(5)脾脏肿大、表面有灰白色斑驳:见于马立克病、淋巴白血病、禽网状内皮增殖症,也可见于白痢、伤寒、副伤寒、大肠杆菌性败血症、李氏杆菌病、螺旋体病、弯曲杆菌病等。

(6)脾脏表面有树枝状出血:见于禽出血症。

7. 腺胃

(1)球状肿大:表现为腺胃肿胀得较肌胃还大,如其乳头并不肿胀,则见于饲料中纤维素缺乏,也有报道认为喂给大量劣质鱼粉时也会发生;如腺胃乳头肿大,见于传染性腺胃炎。

(2)腺胃乳头或黏膜出血:见于新城疫、禽流感、喹乙醇中毒、急性禽霍乱,也可见于传染性贫血等。

(3)腺胃黏膜溃疡、坏死:见于禽流感。

(4)腺胃乳头水肿、出血：见于马立克病、旋形腺虫病、腺胃乳头水肿，还可见于维生素 E 缺乏症、禽脑脊髓炎。

(5)腺胃膨大、胃壁增厚、切面呈煮肉样：见于内脏型马立克病、胃肠型的鸡传染性支气管炎。

(6)腺胃上的寄生虫：见于散养家禽旋形华首腺虫病、钩状唇口线虫病。

(7)腺胃与肌胃交界处形成出血带或出血点：见于传染性法氏囊病，也可见于禽流感、禽螺旋体病。

8. 肌胃

(1)肌胃穿孔：多因肌胃内存在的铁钉或其他异物在肌胃收缩时，穿透肌胃壁所致，这种病常伴有腹膜炎。

(2)肌胃糜烂、角质膜变黑脱落：多见于饲喂变质鱼粉、蚕蛹、霉变饲料或胆汁反流引起胆酸或氧化胆酸的作用所致。也可见于硫酸铜中毒。

(3)肌胃角质膜易脱落、角质层下有出血斑点或溃疡：见于新城疫、住白细胞虫病，也可见于禽流感、李氏杆菌病及某些中毒病。

(4)肌胃肌肉变性并有白色结节：多见于白痢。

(5)肌胃肌肉的肿瘤样变：见于内脏型马立克病。

(6)肌胃内的寄生虫：见于木节状束首线虫，偶见于蛔虫。

(7)肌胃内空虚、角质膜呈绿色：见于家禽的慢性疾病，多由胆汁反流所致。

(8)肌胃、腺胃黏膜坏死：见于赤霉菌毒素中毒。

9. 肠道

(1)出血性肠炎：在小肠的上 1/3 肠壁肿胀，上有白斑或出血点，黏膜表面有血液，多见于由巨型艾美尔球虫引起的小肠球虫病；小肠后半部肿胀，肠腔内充满红色黏液，多见于由毒害艾美尔球虫引起的小肠球虫病；盲肠肿胀，充满鲜血液或血凝块，病鸡排出鲜血样粪便,多见于盲肠球虫病。此外,新城疫、禽流感、氟乙酰胺中毒、冠状病毒性肠炎也可见到类似的变化。

(2)坏死性肠炎:表现为肠道变色、肿胀、黏膜出血、有炎性渗出物(在回肠处变化最明显),小肠肠管增粗,肠道黏膜坏死或肠黏膜上覆盖一层灰白色伪膜,多见于魏氏梭菌(C型)感染。

(3)溃疡性肠炎:急性病例为十二指肠出血,肠壁上有小点出血。慢性时从肠壁的浆膜和黏膜面上都能看到一种边缘出血的黄色小溃疡灶,或呈圆形凸起的较大溃疡,此种溃疡边缘常无出血,或由于溃疡的相互融合而形成一种大的固膜性坏死性斑块,多见于棒状杆菌病。

(4)十二指肠前段有芝麻粒大的出血点:见于副伤寒。也有人报道,在新城疫强毒感染后也可见此种病变。

(5)寄生于十二指肠和空肠内的寄生虫:有蛔虫、节片戴文绦虫、赖利绦虫、有伞毛细线虫。

(6)寄生于盲肠内的寄生虫:有异刺线虫、组织滴虫、鸟类圆线虫。

(7)寄生于直肠内的寄生虫:有前殖吸虫。

(8)肠道黏膜坏死:见于慢性白痢、伤寒、副伤寒、大肠杆菌病、维生素E缺乏症等。

(9)小肠某节段肠管呈现出血发紫且肠腔内有出血黏液或暗红色血凝块:见于禽肠系膜疝、肠扭转。

(10)小肠肠管膨大、阻塞:见于禽的肠梗阻(常由饲料中的粗纤维和严重的蛔虫感染引起)。

(11)肠壁上有大小不等的肿瘤状结节:见于马立克病、淋巴白血病、禽网状内皮增殖症、棘沟赖利绦虫病。肠壁上有出血小结节,可见于住白细胞虫病。

(12)小肠内含有黄色干酪样凝固渗出物:见于鸡瘟、白痢等。

(13)盲肠肿大,内含有黄色干酪样凝固渗出物:见于盲肠肝炎。

(14) 盲肠不肿大,内含有干酪样凝性栓塞:见于慢性白痢、伤寒、副伤寒;也可见于恢复期的盲肠球虫病。

(15) 直肠的条纹状出血:多见于新城疫。

(16) 直肠背侧的肿瘤:见于淋巴肉瘤病。

(17) 肠浆膜上有珍珠样结节:见于禽结核病。

(18) 卵黄蒂出血:见于鸡瘟。

10. 心脏

心肌结节,这种病变主要见于大肠杆菌肉芽肿、马立克病、鸡白痢、伤寒、磺胺类药物中毒。心冠脂肪有出血点(斑),可见于鸡霍乱、禽流感、鸡新城疫、鸡伤寒等急性传染病,磺胺类药物中毒也可见此症状。心肌坏死灶,见于雏鸡和大小火鸡的白痢、鸡的李氏杆菌和弧菌性肝炎;心肌肿瘤,可见于鸡马立克病;心包有混浊渗出物,见于鸡的白痢、鸡大肠杆菌病、鸡毒支原体病。

11. 卵巢

产蛋鸡感染沙门菌后,卵巢发炎、变形或滤泡萎缩;卵巢水泡样肿大,见于急性马立克病和淋巴性白血病,卵巢的实质变性见于流感等热性疾病。

12. 输卵管

输卵管内充满腐败的渗出物,常见于鸡的沙门菌和大肠杆菌病;由于肌肉麻痹或局部扭转,可使输卵管充塞半干状蛋块;输卵管萎缩则见于鸡传染性支气管炎和减蛋综合征;输卵管有脓性分泌物多见于禽流感。

13. 肾脏

肾显著肿大,见于急性马立克病、淋巴细胞性白血病和肾型传染支气管炎;肾内出现囊胞,见于囊胞肾(先天性畸形)、水肾病(尿路闭塞),在鸡的中毒、传染病后遗症中也可出现;肾内白色微细结晶沉着,见于尿酸盐沉着症,输尿管膨大,出现白色结石,多由于中毒、维生素 A 缺乏症、痛风等疾病所致。导致肾脏功能障碍的疾病均可引起输尿管尿酸盐沉积,如痛风、传染性法氏囊病、维生素 A 缺乏症、传染性支气管炎、鸡白痢、螺旋体病和长期过量使用药物。

14. 睾丸

睾丸萎缩、有小脓肿,见于鸡白痢。

15. 腔上囊(法氏囊)

增大并带有出血和水肿,发生于传染性腔上囊病的初期,然后发生萎缩;全身性滑膜支原体感染、患马立克病时,可使腔上囊萎缩;淋巴细胞性白血病时,腺上囊常常有稀疏的直径 2~3 毫米的肿瘤。此外,马杜霉素中毒也可以导致法氏囊出血性变化。

16. 胰脏

雏鸡胰脏坏死,发生于硒或维生素 E 缺乏症;点状坏死常见于禽流感和传染性支气管炎。

17. 输尿管尿酸盐沉积

导致肾脏功能障碍的疾病均可引起输尿管尿酸盐沉积,如痛风、传染性法氏囊病、维生素 A 缺乏症、传染性支气管炎、鸡白痢、螺旋体病和长期过量使用药物。

18. 腹膜炎

主要见于鸡大肠杆菌病、卵黄性腹膜炎、鸡白痢、伤寒、禽霍乱、组织滴虫病、败血性霉形体病。

19. 盲肠病变

盲肠病变主要为盲肠内有干酪样物堵塞,这种病变所提示疾病有盲肠球虫病、组织滴虫病、副伤寒、鸡白痢。

20. 呼吸系统

(1)鼻腔(窦):渗出物增多见于鸡传染性鼻炎、鸡毒支原体病,也见于禽霍乱和禽流感。

(2)口腔:其内有酸液,并有气泡者怀疑为新城疫;其内有血丝或血块则为传喉;其黏膜溃疡且隆起则为鸡痘。

(3)咽喉:其黏膜出血且有黏性分泌物则怀疑为新城疫、传染性支气管炎、霍乱、传染性喉气管炎或支原体病;若咽喉部肿大则与传喉、鸡痘有关。喉头、气管黏膜弥漫性出血,内有带血黏液为传染性喉气管炎病变。

(4)气管:内有伪膜,为黏膜型鸡痘;有多量奶油样或干酪样渗出物,可见于鸡的传染性喉气管炎和新城疫。管壁肥厚,黏液增多,见于鸡的新城疫、传染性支气管炎、传染性鼻炎和鸡毒支原体病。气管、喉头病黏膜充血、出血,有黏液等渗出物,该病变主要见于呼吸系统疾病。如黏膜充血,气管有渗出物为传染性支气管炎病变;喉头、气管黏膜弥漫性出血,内有带血黏液为传染性喉气管炎病变;而气管轮环黏膜有出血点为新城疫病变。败血性霉形体、传染性鼻炎也可见到呼吸道有黏液渗出物等病变。

(5)气囊壁肥厚并有干酪样渗出物,见于鸡毒支原体病、传染性鼻炎、传染性喉气管炎、传染性支气管炎和新城疫;附有纤维素性渗出物,常见于鸡大肠杆菌病;腹气囊卵黄样渗出物,为传染性鼻炎的病变。

(6)雏鸡肺有黄色小结节,见于曲霉菌性肺炎;雏鸡白痢时,肺上有1~3毫米的白色病灶,其他器官(如心、肝)也有坏死结节;禽霍乱时,可见到两侧性肺炎;肺呈发红色,表面有纤维素,常见于鸡大肠杆菌病。

21. 脑髓检查

切开顶部皮肤,剥离皮肤,露颅骨,用剪刀在两侧眼眶后缘之间剪断额骨,再从两侧剪开顶骨至枕骨大孔,掀去脑盖,暴露大脑、丘脑及小脑。观察脑膜有无充血、出血,脑组织是否软化、液化和坏死等。若脑髓有出血点或软化则与传染性脑炎、维生素 B_1 缺乏症有关。

22. 周围神经检查

重点检查坐骨神经。在两大腿后部将该处肌肉剥离,分离出白色带状或线状坐骨神经。鸡在患马立克病时,常发生单侧性坐骨神经肿大。

上述只是临床中的一些常见病变。临床上由于疾病性质、疫苗或药物使用等条件的影响,同一疾病在不同条件下其症状也随之发生变化,而且有的鸡群可能存在并发或继发疾病的复杂情况。因此,在临床诊断时应辩证地分析病理剖检变化。患鸡病变不是孤立存在的,要抓住重点病变,综合整体剖检变化,同时结合鸡群饲养管理、流行病学和临床症状综合分析,才可能作出正确的临床诊断,从而为控制疾病提供科学依据。

五、剖检结果的描述、记录

对在剖检时看到的病理变化,要进行客观的描述并及时准确地记录下来,为兽医做出诊断提供可靠的材料。在描述病变时常采用如下的方法。

(1)用尺量病变器官的长度、宽度和厚度,以厘米为计量单位。

(2)用实物形容病变的大小和形状,但不要悬殊太大,并采用当地都熟悉的实物。如表示圆形体积时可用小米粒大、豌豆大、核桃大等;表示椭圆时,可用黄豆大、鸽蛋大等;表示面积时可用一分、五分硬币大等；表示形状时可用圆形、椭圆形、线状、条状、点状、斑状等。

(3)描述病变色泽时,若为混合色,应次色在前,主色在后,如鲜红色、紫红色、灰白色等；也可用实物形容色泽,如青石板色、红葡萄酒色及大理石状、斑驳状等。

(4)描述硬度时,常用坚硬、坚实、脆弱、柔软来形容,也可用疏松、致密来描述。

(5)描述弹性时,常用橡皮样、面团样、胶冻样来表示。

此外,在剖检记录中还应写明病鸡品种、日龄、饲喂何种饲料、疫苗使用情况及病鸡死前症状等。剖检工作完成后,要注意把尸体、羽毛、血液等物深埋或焚烧。剖检工具、剖检人员的外露皮肤用消毒液进行消毒,剖检人员的衣服、鞋子也要换洗,以防病原扩散。

六、病理剖检的注意事项

(1)在进行病理剖检时,如果怀疑待检的家禽已感染的疾病可能对人有接触传染时(如鸟疫、丹毒、禽流感等),必须采取严格的卫生预防措施。剖检人员在剖检前换上工作服、胶靴、配戴优质的橡胶手套、帽子、口罩等,在条件许可时最好戴上面具,以防吸入病禽的组织或粪便形成的尘埃等。

(2)在进行剖检时应注意所剖检的病(死)禽应在禽群中具有代表性。如果病禽已死亡则应立即剖检(须于患畜禽死后立即进行,最好不超过6小时,夏季不超过4小时),应尽可能对多只死禽进行剖检。

(3)剖检前应当用消毒药液将病禽的尸体和剖检的台面完全浸湿。

(4)剖检过程应遵循从无菌到有菌的程序,对未经仔细检查且粘连的组织,不可随意切断,更不可在腹腔内的管状器官(如肠道)切断,造成其他器官的污染,给病原分离带来困难。

(5)剖检人员应认真地检查病变,切忌草率行事。如需进一步检查病原和病理变化,应取病料送检。

(6)在剖检中,如剖检人员不慎割破自己的皮肤,应立即停止工作,先用清水洗净,挤出污血,涂上药物,用纱布包扎或贴上创口贴;如剖检的液体溅入眼中,应先用清水洗净,再用20%的硼酸冲洗。

(7)剖检后,所用的工作服、剖检的用具要清洗干净,消毒后保存。剖检人员应用肥皂或洗衣粉洗手、洗脸,并用75%的酒精消毒手部,再用清水洗净。

第三节 病料的采取、保存

1. 病料采集的注意事项

(1)采集病料的时间:内脏病料的采取,须于患畜禽死后立即进行,最好不超过6小时,夏季不超过4小时,否则时间过长,由肠内侵入其他细菌,致使尸体腐败,有碍于病原菌的检验。

(2)采集器械的消毒:刀、剪、镊子等用具可煮沸30分钟,最好用酒精擦拭,并在火焰上烧一下。器皿在高压灭菌器内或干烤箱内灭菌,或放于0.5%~1%的碳酸氢钠水中煮沸;软木塞或橡皮塞置于0.5%石炭酸溶液中煮沸10分钟。载玻片应在1%~2%的碳酸氢钠溶液中煮沸10~15分钟,水洗后,再用清洁纱布擦干,将其保存于酒精、乙醚等液体中。注射器和针头放于清洁水中煮沸30分钟即可。

(3)采集病料的所有工序必须是无菌操作:采取一种病料,使用一套器械。并将取下的材料分别置于灭菌的容器中,绝不可将多种病料或多头禽的病料混放在一个容器内。病变的检查应在病料采集后进行,以防所采的病料被污染,影响检查结果。

(4)需要采取的病料,应按疾病的种类适当选择:当难以估计是哪种传染病时,应采取有病变的脏器、组织。但心血、肺、脾、肝、肾、淋巴结等,不论有无肉眼可见病变,一般均应采取。

(5)病料采集后,如不能立即进行检验,应立即装入塑料袋内保存于4℃的冰箱中。

2. 病料的采集方法

(1)脓汁、渗出液:用灭菌注射器无菌抽取未破溃的脓肿深部的脓汁,置于灭菌的细玻璃管中,然后将两端熔封,用棉花包好放于试管中,亦可直接用注射器采取后,放试管中,如系开放的化脓灶或鼻腔,可用无菌的棉签浸蘸后,放在灭菌试管中。也可直接用接种环经消毒的部位插入,提取病料直接接种在培养基上。

(2)淋巴结及内脏:将淋巴结、肺、肝、脾、肾等有病变的部位各采取1~2平方厘米的小方块,分别置于灭菌试管或平皿中。若为供病理组织切片的材料,应将典型病变部分及相连的健康组织一并切取,组织块的大小每边2厘米左右,同时要避免使用金属容器,尤其是当病料供色素检查时,更应注意。此外,若有细菌分离条件,也可首先以烧红的铁片烫烙脏器的表面,用接种环(火焰灭菌后)自烫烙的部位插入组织中,缓慢转动接种环,取少量组织或液体,作涂片镜检或接种在培养基上。培养基可根据不同情况而进行选择。一般常用鲜血琼脂平板、普通琼脂平板或营养琼脂平板培养等。

(3)血液

①血清:以血清作为检验材料时,以无菌操作抽取被检病禽血

液(鸡从心脏或前腔静脉等)约10~20毫升或适量,置于灭菌试管中,待血液凝固(约1~2天)析出血清。为了防腐,可于每毫升血液中加入3‰~5‰的石炭酸溶液1~2滴。

②全血:采取10毫升全血,立即注入盛有3.8%枸橼酸钠溶液1毫升的灭菌试管中,搓转混合片刻后即可。

③心血:对死亡动物采取心血时,通常在右心室采血,先用烧红的铁片烫烙心肌表面,再用灭菌注射器在烫烙处插入,吸取血液,置于无菌试管中。

(4)胆汁:先用烧红的刀片或铁片烙烫胆囊的表面,再用灭菌吸管或注射器刺入胆囊内吸取胆汁,盛于灭菌试管中。也可直接用接种环经消毒的部位插入,提取病料直接接种在培养基上。

(5)肠:用烧红的刀片或铁片将欲采取的肠表面烫穿一个小孔,持灭菌棉签插入肠内擦取肠道黏膜及其内容物,将棉花置于灭菌试管中,亦可将肠内容物直接放入容器内。亦可用线扎紧一段肠道(约7~10厘米)的两端,然后在两线端稍远处切断,放于灭菌容器中。采取后应急速送检,不得迟于24小时。

(6)皮肤:取大小约10厘米×10厘米的皮肤一块,保存于30%甘油缓冲液中,或10%饱和盐水溶液中,或10%福尔马林溶液中。或不加保存液直接放在灭菌的密闭容器中。

(7)羽毛:应在病变明显部分采集,用刀将羽毛及其根部皮屑刮取少许放入灭菌试管中送检。

(8)脑、脊髓:如采取脑、脊髓作病毒检查,可将脑、脊髓浸入50%甘油盐水液中或将整个头部割下,包入浸过0.1%汞液的纱布或油布中,装入木箱或铁桶中送检。

3. 病料的保存

(1)直接保存于4℃冰箱中。

(2)保存液保存:常用的有甘油盐水缓冲保存液,配比为甘油

300毫升,氯化钠4.2克,磷酸氢二钾1.0克,0.02%酚红溶液1.5毫升,蒸馏水加至1000毫升。将这些配比成分混合于水中,加热溶化,校正pH为7.6,分装于试管中(约7毫升),15磅压力下,灭菌15分钟,保存于冰箱中备用。

4. 病料的运送

(1)要附带病情记录:如发病禽品种、性别、日龄,送检病料的数量和种类,检验的目的,死亡时间并附临床病例摘要等。

(2)装在试管和广口瓶中的病料密封后装在冰筒中送检,防止容器和试管翻倒。且送至检验部门的时间,应越快越好。

(3)运送整个尸体,用浸透适宜消毒液的布包好后,装入塑料袋中。

第四节 实验室诊断

一、微生物学诊断

(一)细菌学诊断

1. 细菌的形态鉴定

细菌微小,必须借助于光学显微镜才能看到。细菌从形态上可分为球状、杆状和螺旋状三种基本类型。细菌细胞的基本构造是由细胞壁、胞浆膜、细胞浆、细胞核等部分构成。有的细菌除具有基本构造外还能形成荚膜、芽孢、鞭毛、柔毛等特殊构造。细菌的形态、大小及染色是鉴定细菌的重要标志。

(1)不染色标本的制备和检查:不染色标本主要用于观察活体微生物的状态和运动性,例如压滴标本。压滴标本是取洁净载玻片一张,在其上加一滴生理盐水(如是液体材料可以不加水),再用接种环在火焰上灼烧灭菌后蘸取适量的待检材料,然后在水滴上加盖一张洁净的盖玻片(注意不可有气泡)。检查时将标本置于显微镜载物台上,先用低倍镜测定位置,然后用高倍镜或油镜观察。

(2)染色标本的制备

①抹片标本的采取:对于固体培养物,取一滴蒸馏水或生理盐水于清洁无尘玻片一端。左手持菌种管,右手持接种环于火焰上灭菌,右手小指与无名指夹住菌种管棉塞取下,管口迅速通过火焰灭菌,以灭菌的接种环自菌种管内挑少许培养物,与蒸馏水混合,涂布成直径约为1厘米的涂片,涂片应薄而均匀。对于液体培养物不必加蒸馏水或生理盐水,直接以无菌操作采用液体培养物1~2环作涂片即可。对于组织脏器,右手持无菌镊子夹住一块组织(如肝脾),左手用无菌剪刀剪取所夹组织,右手随即以新鲜切面在玻片的一端触及压印涂片。

②抹片标本的制作:涂片最后在室温中令其自然干燥。冬天气温较低或急用时,可将标本面向上,小心在酒精灯火焰近处略烘,加速水分蒸发,但勿紧靠火焰以免标本烤枯。

③抹片的固定:手执玻片的一端,即涂有标本的远端,标本面向上,在火焰包层快速地来回通过3次,约3~4秒钟,每次通过火焰后及手背不烫为宜。待冷后进行染色。固定的目的是杀死细菌,使菌体蛋白凝固于玻片上,不至于染色时被水冲去,便于着色。组织触片不宜用火固定,用化学法如甲醇固定。

(3)染色方法

①单染色法:如亚甲蓝染色法,取经干燥、固定的涂片滴加亚甲蓝染液2~3滴,使染液盖满涂片面,1~2分钟后吸去染色液,用细小水流冲去多余染液,晾干或用滤纸轻轻吸干。结果是菌体

呈蓝色,荚膜呈粉红色。

②复染色法:如革兰染色法,其操作步骤是取干燥并经火焰固定的涂片滴加草西酸铵结晶紫 2~3 滴于涂面上,染色 1 分钟后水洗,并将玻片上积水轻轻拭净。加革兰碘溶液 2~3 滴于涂片上媒染 1 分钟后,倒去碘液轻轻拭净,再加 95% 酒精 3~5 滴于涂面上,频频摇晃水溶液(或石炭酸复红溶液)复染 30 秒,水洗后用油镜观察。结果是革兰阳性菌呈紫色,革兰阴性菌为红色。

③姬姆萨染色法:触片经自然干燥后,不用火焰固定,直接滴加姬姆萨染色液数滴(染液中有甲醇,能起固定作用),经 2 分钟后再加等量蒸馏水,轻轻摇晃使之与染液混合均匀。5 分钟后水洗干燥,或将玻片浸入盛有染色液的缸中,染色数小时或过夜,取出水洗、干燥、滴油镜检。

④芽孢染色法:取干燥火焰固定的涂片,滴加 5% 孔雀绿水溶液于涂片上,加热使其产生水蒸气,以不产生气泡为佳,约 30~60 秒,水洗 30 秒,以石炭酸复红(或沙黄水溶液),复染 30 秒,水洗、吹干镜检。菌体呈红色,芽孢呈绿色。

⑤鞭毛染色法:染色液有甲液(0.5% 苦味酸)1 毫升、乙液(20% 鞣酸液)1 毫升、丙液(5% 钾明矾液)0.5 毫升、丁液(11% 复红酒精溶液)0.15 毫升。各液在使用前,按顺序混合好可使用。染色法是取 10~12 小时的幼龄培育菌,用 1% 福尔马林液制成菌液,固定 24 小时后,于载玻片上涂成薄片。待自然干燥后,用上述染色液加温染色 30 秒至 1 分钟,然后静置 1~2 分钟,水洗,干燥,镜检。结果菌体呈深红色,鞭毛为淡红色。

⑥抗酸染色法:在固定后的涂片上,滴石炭酸-品红染色液,在玻片下用火焰加热至发生蒸汽但不能产生气泡,约 3~5 分钟后用 3% 盐酸酒精脱色,至无红色脱落为止(约 1~3 分钟),再水洗后,以碱性亚甲蓝染液复染 1 分钟。水洗,吸干,镜检。结核杆菌和副结核杆菌均为抗酸性细菌,故可以用此染色法和其他细菌相区别。

结果是抗酸性菌染成红色,其他菌为蓝色。

⑦负染色法(墨汁衬色法):于干净的载玻片上加1滴苯胺黑(或优质绘图墨汁),用灭菌的接种环取待检材料(以纯培养或病料)少许,均匀混合于苯胺黑(或墨汁)中,并立即将其涂散,使成薄的涂片,待其干后不用水洗即直接镜检,可见在黑色的背景上,出现不着色透明菌体,所以称负染色法。结果是螺旋体无色发亮,背景呈黑色。

⑧雷别格尔荚膜染色法:涂片、干燥,滴加2%~3%福尔马林龙胆紫染液,染色20~30分钟,立即水洗,干燥,镜检。结果荚膜呈淡紫色,菌体为深紫色。

⑨螺旋体染色法(刚果红法):染色液是2%刚果红水溶液及1%~2%盐酸酒精液,染色是在载玻片上滴加螺旋体的标本和2%刚果红水溶液各1滴,混匀,涂成薄片。干燥后滴加1%~2%盐酸酒精液,刚果红则由红变蓝,干燥后不必再用水冲洗,镜检。在蓝色背景下见有透亮未染色的螺旋体。

2. 细菌的生化特性鉴定

各种细菌具有各自独立的酶系统,所以在相应的培养基上生长时,产生不同的代谢产物,据此可鉴定各种细菌。进行生化性状检查,必须用纯培养菌进行。生化性状检查的项目很多,应按诊断需要适当选择。常用的生化检测方法如下:

(1)糖(醇、糖苷)类发酵试验:将待检菌的纯培养物接种入各种糖发酵培养基中,置37℃培养,培养时间多数1~2天,长的1周至1个月不等,应视该菌的分解速度和试验要求而定。其间要定时观察,如产酸时,则指示剂呈酸性反应,则培养液由紫色变为黄色;如不分解糖,则仍呈紫色;如分解后产气,则小管内积有气泡。

(2)V-P试验:所用培养基为含0.1%葡萄糖的蛋白胨水,

pH7.6。接种菌后于37℃培养2～3天取出,按2毫升培养液加V-P试剂0.2毫升,置48～50℃水浴2小时或37℃水浴4小时,充分震荡,呈红色者为阳性。

(3)甲基红试验:其培养基和培养方法与V-P试验相同,向培养基内加入数滴甲基红试剂,混匀后判定。培养物中pH值低时呈红色,即为甲基红试验阳性。pH值较高的培养物呈黄色,即为甲基红试验阴性。

(4)靛基质形成试验:将细菌接种于蛋白胨水中,37℃培养2～3天,沿试管壁滴加试剂(对二氨苯甲醛)约1毫升于培养液表面,如该菌能产生靛基质,则两液接触处变成红色为阳性,黄色为阴性。

(5)硫化氢产生试验:将细菌穿刺接种于醋酸铅琼脂培养基中,37℃培养24小时,穿刺线出现黑色者为阳性,无黑色为阴性。

(6)硝酸盐还原试验:将细菌穿刺接种到硝酸盐培养基内,并同时接种已知阳性菌做对照,于37℃培养4～5天,加入试剂甲液和乙液各5滴,轻摇培养基,混合均匀。在1～2分钟内若硝酸盐还原变为红色者为阳性,无颜色变化为阴性(甲液为氨基苯磺酸,乙液为α-萘胺)。

(7)亚甲蓝还原试验(细菌脱氢酶的测定):于5毫升肉汤培养基中加入1‰亚甲蓝液1滴,将被检菌接种于培养基中,在37℃下培养18～24小时观察结果,完全脱色为阳性,绿色为弱阳性,不变色者为阴性。

(8)尿素酶试验:将被检菌接种于含有酚红指示剂的尿素培养基中,放37℃温箱中培养24～48小时后观察结果,如细菌能分解尿素则培养基因产碱而由黄变为红色。

(9)明胶液化试验:取蛋白胨水2毫升,加温至37℃,用白金耳蘸取菌液,并在上述蛋白胨水中制成厚悬液。然后加入一块木炭明胶圆片,放37℃水浴中,通常在1小时内看到液化现象。

3. 细菌的药敏试验

对分离出的病菌进行药物敏感试验,筛选出高度敏感的药物用于防治该菌引起的感染。方法是将分离的纯培养物涂布于普通琼脂或鲜血琼脂平板培养基表面(磺胺类药物的药敏试验要用无蛋白肉汤琼脂平板),尽可能涂布致密均匀,然后用无菌镊子将已制好的干燥药物纸片(或商品纸片)分别贴于平板培养基表面,一般9厘米直径的平皿可同时贴6～9片。最后将平皿底部向上置于37℃温箱内培养18～24小时,取出观察结果。经培养后,凡对该菌有抑制能力的抗菌药物,在纸片四周出现一个无细菌生长的圆圈,称为抑菌圈,按照抑菌圈大小来判定敏感度的高低。抑菌圈直径大于20毫米为极敏感,15～20毫米为高敏,10～15毫米为中敏,小于10毫米为低敏,无抑菌圈为不敏感。

(二)病毒学诊断

1. 病毒的形态观察

病毒不具备细胞结构,只能在活组织细胞内生长繁殖,其形态甚为微小,但均有各自的外形和结构。病毒的形态观察常借助电子显微镜,在电子显微镜下,病毒的形态有圆形、丝状和子弹状等。各种病毒的大小和形态结构是鉴定病毒的初步依据之一。

电子显微镜常用技术包括超薄切片、负染技术和真空喷镀术等。电子显微镜需由经过专门训练的人员使用。电子显微镜的具体操作可参阅相关专业书籍。

2. 病毒的分离培养

病毒没有独立的酶系统,不能在无生命的培养基上生长,常用的分离培养方法有实验动物试验、鸡胚和组织细胞培养三种。当今细胞培养成为常用的病毒培养检查手段,已往常用的鸡胚和实验动物已大为减少。

(1)实验动物试验:实验动物试验是病毒分离及研究中一种古老而又常用的方法,主要用于病毒的分离和培养,测定动物的敏感范围,进行中和试验和保护试验以鉴定病毒及不同毒株间的抗原关系等。此外,还可用作继代保存病毒,培养弱毒株,测定病毒的LD_{50}(半数致死量),以及大量繁殖病毒制造疫苗。

动物实验中所用动物有同种与异种之分,同种动物必须选择来自未发病的地区,实验前先经血清学检查,确认无相应的抗体才可使用。异种动物常用的有小鼠、大鼠、仓鼠、豚鼠、家兔、犬、猫、猴和小型猪等。实验动物必须健康、品种纯。同一实验动物年龄、体重和营养状态要一致。根据病毒的不同性质,应选用最敏感动物及不同接种途径。每个试验应尽可能多用几个动物,并设立对照组,尽量避免因个体差异造成的错误结果。

接种各材料必须无菌,如无法确定无菌,可在其接种液中加青霉素、链霉素各 1000 国际单位/毫升混悬液离心后取上清液,必要时可通过细菌滤器除菌,然后接种。接种后的动物应严格隔离饲养,根据试验要求,定期观察,采血检验或解剖检查其组织变化。

(2)鸡胚培养

①鸡胚选择和孵化:应选择无病鸡群中的新鲜受精蛋,鸡群的鸡对所要接种的病毒应无免疫力,最理想的为无特定病原体鸡群。以莱航鸡蛋或其他白壳蛋为好,因照蛋时易于观察,孵化温度宜在37.5℃,湿度为 60% 左右,每日翻蛋至少 3 次,开始时将鸡蛋横放,接种前 2 天竖放,大头朝上,此时应特别注意鸡胚位置,以近中央为好,不要过分偏离于一侧,若发现胚胎过分偏于一侧时,照蛋后将偏一侧的胚胎朝下。活的鸡胚血管及主要分支明显,呈鲜红色,其胚胎可以活动,死胚血管模糊不清呈暗红色。鸡胚接种日龄为 6~12 日,这是根据接种病毒的特性而定的。

②接种前的准备和接种:接种材料应确认无菌,在蛋壳上用碘

酒消毒后,标上接种位置的记号。以结核菌素注射器注射其材料,接种后用石蜡封闭针孔。

根据接种目的不同要求,鸡胚接种又分为绒毛尿囊腔内接种,卵黄囊内接种,绒毛尿囊上接种和羊膜腔内接种等方法。

③接种后检查:每隔6小时照蛋1次,接种后24小时内死亡的鸡胚应丢弃并做无害化处理。24小时后死亡的鸡胚,置于冰箱内1~2小时,取出收获材料,同时检查鸡胚胚变。

④鸡胚材料的收获:以无菌操作去除气室顶壳,用镊子撕去部分蛋壳膜,再撕破绒毛尿囊膜而不得破羊膜,用镊子轻轻按压胚胎,以注射器吸取绒毛尿囊液置于无菌试管内,收集的尿液应为清亮,混浊者则往往是细菌污染所致,此液不得继续使用。羊膜腔内接种者,在先收完绒毛尿囊液后,再将注射器插入羊膜腔内吸取其液,做无菌检验;卵黄囊接种者,先收取绒毛尿液和羊囊液,再收取卵黄液,无菌检查,并将整个内容物倾入无菌平皿中,剪取卵黄膜保存之。

(3)组织细胞培养:组织培养最初是动物和植物组织块的体外培养,随着现代人工培养技术的发展,组织培养的确切说法应包括组织培养、器官培养和细胞培养。由于应用最广的为细胞培养,现作简介如下。

①鸡胚成纤维细胞培养

鸡胚的处理:选用10~13日龄的鸡胚,在气室部用5%碘酊消毒,以无菌操作的要求用镊子敲破气室部的蛋壳,撕破壳膜、绒毛膜及羊膜,用眼科镊子钩住鸡胚头部,取出鸡胚置于灭菌平皿内,剪去喙、翅、脚、眼球及内脏,用Hank's液洗净外表血液,移至小烧杯内,将鸡胚剪成1~2毫米的细块,加适量用Hank's液轻轻振动,静置使组织块下沉,吸去混有红血球及碎片的悬液,如此洗涤2~3次,直至上清液不再混浊为止。

消化:将0.25%胰蛋白用碳酸氢钠调至pH7.6~7.8,然后加入鸡胚碎块(鸡胚和胰酶用量比为1∶4左右)置37℃水浴锅内加温,每5分钟振动1次,直至组织块不易下沉具有黏稠现象为止,一般约20分钟。消化后取出静置1~2分钟,吸去胰酶液,加入Hank's液轻摇,用吸管吹吸6~7次,使细胞分散,静置1~2分钟,待组织块下沉后,小心地将细胞悬液吸出置另一瓶内,如此反复数次,使细胞尽量从组织块上脱落下来。将各次所得的细胞悬液合并在一起。

细胞计数:将细胞悬液振匀,吸出少量滴入血球计数板上,按白细胞计数法,计算四角大方格内完整细胞的总数。

分装:根据细胞总数,用营养液配成50万~70万个/毫升细胞的悬液,装入培养瓶内。青霉素小瓶每瓶1毫升,小方瓶每瓶5毫升,瓶口用橡皮塞塞紧,不得漏气。将培养瓶卧置于培养盘中,勿使营养液触及瓶塞,置37℃培养24~48小时,可长成单层细胞。

②病毒的接种与鉴定

接种病毒:长成的单层细胞即可接种病毒,待检病料预先应无菌处理,接种时先倾去原来的培养液,加入待检病料,病料以原倍和10倍稀释,每个稀释度接种2~3个细胞培养瓶,接种量以能盖住细胞层为度。置37℃作用30分钟,使病毒充分吸附于细胞表面。取出后倒弃病毒液,加上和原来液体相同量的维持液,置培养箱内培养,每日观察细胞病变。

鉴定病毒:判定病毒是否增殖的方法有观察细胞病变、电子显微镜观察、红细胞吸附、病毒间的干扰现象及抗原性测定。

细胞病变是病毒增殖常用的识别指征,不同的病毒产生细胞病变(CPE)所需时间不同,快者接种后24~48小时开始出现CPE,慢者需数周后才出现CPE,有的病毒产生CPE不明显,甚至不出现CPE;电子显微镜观察是一种快速有效的方法,在电镜下可看到病毒粒子,且可根据病毒形态,初步确定为哪一种病毒科

(属);红细胞吸附是感染正副病毒及被盖病毒的细胞,具有吸附红细胞的特性,当空白对照细胞不吸附红细胞,而接种病毒吸附红细胞时,说明有病毒增殖;病毒间的干扰现象是一种病毒在一种细胞中增殖后,常能抑制随后另一种病毒的增殖,称为干扰现象,这种方法可用于识别不产生CPE的隐性病毒感染;抗原性测定是在培养细胞中如有病毒增殖,其培养物中含有特异性的病毒抗原,应用相应血清学方法可检测到这些抗原,以此既可判定有无病毒增殖,又可识别病毒种类。测定病毒的方法常用补体结合试验,沉淀反应以及荧光抗体和酶标抗体方法。

(三)血清学诊断

血清学诊断是建立在抗原与相应抗体发生可见反应这一原理的基础上,有的反应是不可见状态,可应用补体、溶血以及荧光素、酶和同位素标记等指示系统,使其成为可见或可测状态。血清学方法具有严格的特异性和较高的敏感性,在传染病的诊断、病原微生物的分类和鉴定以及抗原分析等方面,均具有广泛的应用。用已知的抗体,可以对分离获得的病原微生物予以鉴定。相反,通过已知的抗原对康复家禽、隐性感染家禽以及接种疫苗后的家禽的抗体加以定性或定量测定。血清学检查方法有很多,本书仅对禽病诊断中常用方法作较为详细的介绍,其余概要论述。

1. 直接凝集试验

细菌、红血球等颗粒性抗原与相应的抗体在电解质参与下,发生反应相互凝集形成团块,这种现象称凝集反应。参与反应的抗体叫凝集素、抗原称凝集原。按试验方法分试管法、玻片法、玻板法及微量凝集法等。

(1)玻片凝集反应:玻片凝集反应又称快速凝集反应,为一种定性试验。在鸡白痢的诊断及流行病学调查中较为常用,现以此例说明其操作方法。

先用滴管吸取诊断液(即鸡白痢凝集抗原)1滴(约0.05毫升)滴在洁净的玻片或普通厚玻璃上。刺破鸡冠或翅静脉采血1滴(约0.04毫升)使二液均匀,可用牙签搅拌均匀,或微微摇动玻板,时时变动玻板水平位置,使抗原与血液充分混合。阳性反应,在1~3分钟内细菌和红细胞从混合液滴的边缘开始逐渐凝集成较大的颗粒或呈片状、团块状,将红细胞凝集成许多小区,余下透明的液体,外观呈花斑状。如果在2~3分钟之内不出现凝集现象,则为阴性反应,此时可见玻板上的混合液保持原来的状态,或是中间部分较浓,四周为较稀薄的混悬物。反应需在没有风沙处,气温在20~30℃。冬季可在玻板下装一只25瓦左右的灯泡使玻板温暖或玻板下通电。

此外,还可用血清快速凝集反应,其操作方法是在一块置于加温设施上衬有黑色底板的载玻片上,滴一滴血清或相当凝集价的稀释血清,并与细菌混悬液(鸡白痢凝集抗原)均匀混合,如为阳性反应,则细菌于几分钟之内凝集成块;如为阴性反应,则液体保持一致混浊的红色。

鸡传染性鼻炎、鸡慢性呼吸道病(霉形体病)均可采用全血凝集试验。

(2)试管凝集试验:为一种定量试验,常用于检测待检血清中的相应抗体及其效价,协助临诊诊断及流行病学调查。操作时,将待检血清用生理盐水作倍比稀释,加入等量已知抗原,置37℃水浴数小时观察,并以-(不凝集)、+(25%凝集)、+++(75%凝集)、++++(100%凝集)表示其凝集程度。以其++以上的血清最高稀释度为该血清的凝集价。

(3)玻板凝集试验:在洁净的玻片上,按试验要求划成数个小方格,用生理盐水倍比稀释血清,加入抗原,用牙签或火柴杆自血清稀释度最高的格依次向前搅拌混合,混合后用酒精灯稍微加温,使其达 30℃ 左右,5～8 分钟后判定结果,判定方法与试管凝集法相同。

(4)微量凝集试验:其方法与试管凝集试验基本类同,只是在微量反应板上进行,抗原、抗体用量很少,故称微量凝集试验。选用 U 型或 V 型微量反应板,用稀释棒将待检血清在反应板上作系列稀释,随后滴入抗原,振荡混合后,置 37℃ 温箱 4 小时或室温静置 4～8 小时,判定结果。判定方法与试管凝集法相同。

2. 间接凝集试验

将可溶性抗原(或抗体)吸附于与免疫无关的小颗粒(载体)的表面,此吸附抗原(或抗体)的载体颗粒与相应的抗体(或抗原)结合,在有电解质存在的适宜条件下发生凝集现象,称此为间接凝集试验,亦称为被动凝集试验。常用的载体有动物红细胞,聚苯乙烯乳胶乃至细胞和活性炭等。吸附原抗原的颗粒称为致敏颗粒。

(1)乳胶凝集试验:利用聚苯乙烯乳胶的微球作为载体,吸附抗原(或抗体),用以检测相应的抗体(或抗原),称为乳胶凝集试验。

乳胶凝集试验有玻片法和试管法等。玻片法最好选用黑色玻片,因乳胶为乳白色。取待检血清(或抗原)和致敏乳胶各 1 滴,混匀,阳性者在 5 分钟内即出现凝集反应,但在 20 分钟时需要再观察一次,以免遗漏弱阳性。试管法是将待检血清(或抗原)作系列倍比稀释,后用 1000 克的离心力,低速离心 3 分钟(或室温放置 24 小时)观察结果,根据上述的澄清程度和沉淀颗粒多少,判定凝集程度。

(2)间接血凝试验:间接血凝试验是以红细胞为载体,将抗体(或抗原)吸附红细胞表面,用来检测微量的抗原(或抗体),吸附有抗体(或抗原)的红细胞称致敏红细胞。用抗体的致敏红细胞检测相应抗原的间接血凝试验,称反向间接血凝试验。

间接血凝目前多采用微量法,可选用 U 型或 V 型血凝板,将待检血清在血凝板上用稀释或定量移液管作倍比稀释,加等量致敏红细胞悬液,振荡混匀后,置室温 2 小时观察结果。以出现 50%凝集的血清最大稀释度为该血清的血凝价。试验应设以下对照:①致敏红细胞加稀释液的空白对照;②已知阳性血清对照;③已知阴性血清对照。

反向间接血凝试验的方法与间接血凝相同,只是用抗体的致敏红细胞检测抗原。试验应设如下对照:①抗体致敏红细胞加稀释液的空白对照;②已知阳性抗原对照;③正常 IgG 致敏红细胞加阳性抗原对照;④正常 IgG 致敏红细胞加待检抗原对照;⑤加已知抗原的抑制试验对照。

间接血凝抑制试验是用抗原致敏的红细胞和已知血清检测未知抗原,其原理与鸡新城疫血凝抑制试验一样,方法也基本相似,可参阅"新城疫血凝与血凝抑制试验"部分。

3. 血凝与血凝抑制试验

有许多病毒能够凝集某些动物和人的红细胞,而这种血凝作用可被特异性抗体所抑制。因此,可应用标准病毒悬液测定血清中的相应抗体或应用特异性抗体鉴定新分离的病毒。血凝与血凝抑制试验是诊断鸡新城疫的重要手段,现以此为例介绍血凝与血凝抑制试验的基本方法。

(1)微量血凝试验:采用 96 孔 V 型微量板。待测抗原自 1:10 开始倍比稀释,每孔加入抗原 0.05 毫升,最后一孔不加抗原作对照。再吸取 0.5%红细胞悬液依次加入各孔,每孔 0.05 毫升,置微型混合器上振荡 1 分钟或用手轻轻振荡血凝板,使血球和抗原充分混合。然后置室温(18~20℃)下 30~40 分钟,根据血球沉降图形判定结果,以出现完全凝集的抗原最大稀释度为该抗原血凝滴度。

出现血凝的微量板孔红血球会均匀分布于孔底周围。完全不出现血凝的则红血球全都集中于微量孔的最低点。不完全凝集的形态介于两者之间。此法主要用于检测抗原的效价。

(2)微量血凝抑制试验:采用固定抗原稀释法(即β法)。抗原用4个血凝单位的血凝价或按抗原说明书说明的血凝价稀释至一定浓度。血清直接在抗原中作倍比稀释。操作时先取4单位抗原依次加入2~11孔,最后孔滴加生理盐水,第一孔加抗原为8单位血凝价,然后用稀释器吸取待检血清0.05毫升于最后孔中(血清对照),混合后吸取0.05毫升于第一孔,弃去0.05毫升,依次倍比稀释,则各孔均为4单位,置室温(18~20℃)下作用20分钟,再用稀释器滴加0.5%红血球悬液于各孔中,振荡混合后静置30~40分钟,判断结果。以完全抑制凝集的血清最大稀释度为该血清的血凝抑制(HI)滴度。通常以2为底的负对数($-\log 2$)表示,其HI滴度恰与板上出现完全抑制的最高孔数一致。如第6孔完全抑制则其HI价为6,此即为血清的HI价。

(3)HI试验测定新城疫卵黄抗体:方法同β法。先在蛋壳上打一蚕豆大的孔,放尽蛋清,用1毫升注射器插卵黄中,吸取0.5毫升卵黄液于等量8%枸橼酸钠溶液中,混合后即可按照β法测定HI滴度。

4. 沉淀试验

可溶性抗原与相应抗体结合,在有电解质存在时可形成肉眼可见的白色沉淀物,这个过程称为沉淀反应。参与沉淀反应的抗原称为沉淀原,抗体称为沉淀素。沉淀反应有液相和固相之分。液相沉淀反应中以环状沉淀反应最常用,固相沉淀反应主要有琼脂扩散试验,琼脂扩散试验与电泳技术相结合,又发展成免疫电泳技术。

(1)环状沉淀反应:是将沉淀素血清与相应的沉淀原在小反应

管中重叠在一起,在两液面的交界处出现一层灰白色沉淀物。方法是将已知沉淀素血清用毛细管吸取,徐徐加入斜置的沉淀反应管内,然后用另一支毛细管吸取待检沉淀素,沿管壁缓慢注入到沉淀素血清上,随即将反应管直立,于1~5分钟观察。如于两液面交界处出现清晰、白色沉淀者为阳性反应。

(2)琼脂扩散反应:将抗原和抗体在含有电解质的琼脂凝块中扩散相遇,抗原抗体结合形成肉眼可见的沉淀线,称此为琼脂扩散反应。琼脂为一种含硫酸基的多糖体,高温时能溶于水,冷后凝固形成凝胶。琼脂凝胶呈多孔结构,孔内充满水,其孔径大小决定于琼脂浓度,1%琼脂凝胶的孔径为85毫米,因此允许各种抗原或抗体在琼脂凝胶中自由扩散。当抗原和抗体相遇,且比例适当时,就会形成一条沉淀线。一对抗原和抗体只能形成一条沉淀线,故可用琼脂扩散反应鉴定抗原或抗体以及效价。

琼脂扩散试验分单相扩散和双相扩散两个基本类型。将抗原或抗体一方混于琼脂凝胶中,另一方直接接触和扩散于其中,称为单相扩散,使抗原和抗体同时在琼脂凝胶中扩散,称为双相扩散。

①琼脂双相扩散试验:称取0.6~1.0克琼脂、8克氯化钠加入pH7.4的0.01摩尔PBS液(磷酸盐缓冲液)至100毫升,在水浴中充分煮沸溶化,加入0.01%硫柳汞,倒入直径85毫米的平皿,每个加入18~20毫升,待凝固后用外径为4毫米的打孔器,按六角形图案打孔,中心孔与周围孔的孔距为3毫米,将孔中的琼脂用6~8号针头插入,轻轻向上挑出。中间孔滴加抗原,周围孔滴加待检血清与阳性对照血清,加样完毕后放入38℃温箱保持一定湿度,经24~48小时观察结果。抗原与抗体出现特异性沉淀线者判定为阳性,否则为阴性。传染性法氏囊病、减蛋综合征、禽脑脊髓炎、鸡白痢均可通过琼脂扩散试验鉴定。

②琼脂单相扩散试验:将用0.01摩尔、pH7.4磷酸盐缓冲液配成的2%琼脂溶化,吸取2.5毫升保持在60℃的水浴箱中;吸取

标准阳性血清0.5毫升,加入0.01摩尔、pH7.4磷酸盐缓冲液2毫升,混合后预热至60℃,加入上述①2%琼脂中,混匀;吸取上述混合琼脂液4.5毫升,滴加在洁净的载玻片上,制成含有10%阳性血清的琼脂,冷凝后在琼脂板两侧打一个直径为4毫米的孔;用毛细管吸取待检抗原,加入孔中,加满为止;将琼脂板放入有湿纱布的带盖瓷盘内,置22～26℃培养3天,每天观察一次,用卡尺测量沉淀环大小;沉淀的直径(毫米)就是待检抗原的滴度。

(3)对流免疫电泳:由于抗原与抗体的等电点不同,在pH偏碱的环境中,抗原带负电荷,电泳时向正极移动,抗体带电荷弱,在电泳时由于电位差作用,向负极泳动。将抗体置于正极,抗原置于负极,电泳时,抗原抗体相向移动,并相遇形成沉淀线。由于抗原抗体的定向移动,不仅缩短了反应出现的时间,而且由于抗原和抗体的局部浓度增高,从而提高了反应敏感性。试验时,在琼脂凝胶板上打孔,孔径3毫米,孔距5毫米,一块6厘米×9厘米的玻板可打40孔,一张载玻片可打几个孔,同时检测多个样品。挑去孔内琼脂后,将抗原加入负极一侧孔内,抗体加入正极侧孔内。然后以电压4～6伏/厘米,电流3毫安/厘米宽度电场下电泳30～90分钟,观察结果。如沉淀线不清晰,可置37℃温箱数小时,增加清晰度。

5. 红细胞吸附和红细胞吸附抑制试验

该试验又称血球吸附和血球吸附抑制试验。某些病毒如正黏病毒、副黏病毒和痘病毒等,在培养的细胞内增殖后,可使培养的细胞吸附某些动物的红细胞,而且只有感染细胞的表面吸附红细胞,不感染的细胞不吸附红细胞,因此,可以作为这些病毒增殖的指征。红细胞吸附现象也可被特异抗血清所抑制,故在病毒鉴定,尤其是对某些不产生细胞病变的病,常是一个较好的快速鉴定方法。

细胞经培养长成单层后,按常规接种病毒,经一定时间培养(随病毒种类而异),倾弃培养液,加0.4%～0.5%已洗涤的红细胞悬液,室温感作10～15分钟(某些病毒置4℃或37℃),然后加入少量生理盐水,轻轻晃动洗涤,倒去吸附的红细胞,置低倍镜下观察。如红细胞黏附于单层细胞中的感染细胞表面,则为阳性。病毒大量增殖时,可使整个单层细胞粘满红细胞。进行抑制试验时,用Hank's液病毒接种培养后的培养液洗涤2次,然后加入1:10稀释的抗血清,室温或37℃培养30分钟后,倾弃血清,加入红细胞悬液,如上进行红细胞吸附试验,镜检检查红细胞吸附强度,与对照相比,经完全抑制为阳性。

6. 补体结合试验

蛋白质、多糖、类脂质、病毒等,与相应抗体结合后,其抗原抗体复合可结合补体,但这一反应肉眼无法观察,如再加入溶血系统,通过观察是否出现溶血,来判断反应系统是否存在相应的抗原抗体,参与补体结合的抗体称为补体结合抗体。

补体结合试验包括两个反应系统,一为检验系统(溶菌系统),即已知的抗原(或抗体)和补体;另一为指示系统(溶血系统),包括绵羊红细胞、溶血素和补体。抗原与抗血清在试管内混合后,如二者是对应的,则发生特异性结合形成抗原抗体复合物,这时加补体,补体就与抗原抗体复合物结合而被固定,不再游离存在,当再加入溶血系统时,由于无游离的补体,不发生溶血现象。如果抗原抗体不对应或根本无抗体存在,则不能形成抗原抗体复合物,加入补体后,补体不被结合而固定,仍呈游离状态,加入溶血系统后,由于有游离补体存在,因而发生溶血现象。

7. 中和试验

病毒与相应的中和抗体结合后,可使病毒丧失感染力。中和反应不仅具有高度的种、型特异性,而且一定量的病毒必须有相应的中和抗体才能被中和。因此中和试验不仅可用于病毒种类鉴定,还可用于中和抗体的效价滴定。

(1)常规中和试验

①毒价的滴定:过去衡量毒力或毒价单位多用最小致死量(MLD),但最小致死量不十分正确,现多采用半数致死量(LD_{50})作为毒价测定的终点。但病毒对实验动物的致病作用并不都以死亡为标志,如以感染发病作为指标,可用半数感染量(ID_{50});以体温反应作指标者,可用半数反应量(RD_{50});用鸡胚测定时,则以鸡胚半数致死量(ELD_{50})或鸡胚半数感染量(EID_{50}),作为毒价单位;在细胞培养上测定时,用组织半数感染量($TCID_{50}$)测定疫苗免疫性能时,则可用半数免疫量(IMD_{50})或半数保护量(PD_{50})。

半数剂量测定时,通常将病毒液进行10倍系列稀释,然后接种试验动物或培养细胞、鸡胚,每个稀释度接种3~6只。接种后,观察一定时间内的死亡数,出现细胞病变数或生存数。然后计算半数剂量。一般用Reed和Mench法计算半数剂量,现举例说明如下(表3-1)。

表3-1 病毒毒价滴定表(接种量0.1毫升)

病毒稀释	观察结果			累计结果			
	CPE数	无CPE数	%	CPE数	无CPE数	CPE率	%
10^{-4}	6	0	100	13	0	13/13	100
10^{-5}	5	1	83	7	1	7/8	88
10^{-6}	2	4	33	2	5	2/7	29
10^{-7}	0	6	0	0	11	0/11	0

②中和试验:分两种方法。一是固定病毒稀释血清法,并以50%组织培养细胞或实验动物不致发生细胞病变或死亡的血清最高稀释度为该血清的中和效价;二是固定血清稀释病毒法,正常血

清(作对照)和待检血清同时进行测定,并以这两份血清的中和效价的对数之差作为待检血清的中和指数。

病毒经毒价滴定后,稀释成200个$TCID_{50}$或LD_{50},然后加入等量的不同稀释倍数的血清(一般作2×或10×系列稀释),37℃水浴反应1~2小时,对照敏感的病毒可置40℃冰箱内反应。反应后接种培养细胞和动物,置于适当条件下,待充分出现感染效应,观察记录结果,计算按Reed和Mench法,与$TCID_{50}$相同,计算公式改为:高于50%血清稀释度的对数-距离比×稀释系数的对数,然后将所得值换算成对数,即为该血清的效价。

固定血清稀释病毒法,以中和指数来表示,计算时,先计算出病毒加对照血清和未知血清的$TCID_{50}$或LD_{50},其差数的反对数就是被检血清的中和指数。

(2)蚀斑减数试验:将病毒作系列稀释,后将上述病毒和不同稀释度正常血清以及病毒和不同稀释度的待检血清混合物,经37℃感染1~2小时后,接种到单层细胞,随后覆盖营养琼脂,分别进行蚀斑计数,以试验组的蚀斑比对照组减少50%左右的血清的最高稀释度为该血清蚀斑减数试验效价。

一个比较简单的方法,先测定病毒在细胞培养上的蚀斑形成单位(PFU)。将病毒稀释成含200个PFU,加入等量不同稀释度的待检血清,使接种量约含100个PFU。另用同样稀释度的病毒,加等量如上述稀释的对照血清。分别置于37℃感染1~2小时后,接种单层细胞,并作蚀斑计数。与对照血清相比,能使蚀斑数减少50%的血清稀释度,就是该血清的蚀斑减数试验效价。

8. 免疫标记技术

利用某些能够通过某种特殊理化因素易于检测的物质标记抗体,这些被标记的抗体与相应抗原相结合,通过标记物的检测,从而确定抗原的存在部位,此即免疫标记技术。标记技术目前广泛应用的主要有免疫荧光技术、同位素标记技术(即放射免疫沉淀)和免疫酶技术等,前者主要用于抗原定位,后两者不仅可以用于定性、定量,还可以用于定位。

(1)荧光抗体技术:一种物质当受到短波光线(如紫外线)激发后,能放出波长比激发光长的可见光,此种光称为荧光。染料经激发后放出荧光者称为荧光染料(荧光素)。将荧光染料连接到提纯的抗体分子上,此种抗体称为荧光抗体。荧光抗体与相应的抗原结合后,就形成带有荧光的抗原抗体复合物,可在荧光显微镜下检测,常用的荧光染料有异硫氰酸荧光黄和异硫氰酸罗丹明 B 等。荧光抗体技术主要有直接法、间接法和抗补体法三种。

①直接法:将标记的荧光抗体,直接加于抗原标本,在一定条件下染色后,水洗以除去未参加反应的多余荧光抗体,室温干燥后封片,置荧光显微镜下检查。

②间接法:先制备荧光标记的抗体(第二抗体)。如检测未知抗原,再加未标记的特异抗体(第一抗体)于抗原标本上,37℃下30~60分钟,使抗原抗体反应,用水洗除去未反应的抗体,再加荧光标记的抗体,37℃下 30~60 分钟,洗涤,封片后镜检。如检测未知抗体,则抗原标本为已知的,待检血清为第一抗体,其他步骤和抗原检测相同。间接法只需制备一种荧光抗体,即可用于多种抗原的检测。荧光亮度亦比直接法明亮,但由于因素增加,非特异性染色亦相应增多。

葡萄球菌 A 蛋白(SPA)是大多数金黄色葡萄球菌细胞壁上的一种蛋白成分,它可以和人及多种哺乳动物 IgG 的 Fc 结合,而不影响抗体分子的免疫特性,即仍能与相应抗体发生结合反应。如用荧光素标记 SPA,则可以代替抗体,这样不仅不受第一抗体种属的限制,而且亦简化了操作步骤。

③抗补体法:用荧光素标记抗补体抗体。当相应的抗原抗体复合物与补体结合后,再加入抗补体抗体染色,使之形成抗原-抗

体-补体-抗补体抗体复合物。本法需制备一种抗补体抗体,即可用于各种抗原系统的检测。但由于参与反应的成分较多,制备特异性抗补体荧光抗体较困难,染色程序复杂,非特异性亦较强。

(2)同位素标记技术(放射免疫测定):由于许多抗原物质和抗体均可用放射性同位素^{131}I和^{125}I等进行标记,这种标记的抗原或抗体仍保持与相应抗体或抗原发生特异结合的能力,从而可以进行抗原或抗体的定位或定量检测。放射免疫测定敏感性很高,可达纳克乃至皮克水平,但由于需要特殊的实验设备和防备条件,且放射性同位素有一定的半衰期,标记物必须在半衰期内用完,故实际应用受到一定的限制。

放射免疫测定包括待检抗原,相应的标记抗原和特异性抗体三个主要成分。由标记抗原(Ag^*)与未标记抗原(Ag)竞争地与特异性抗体(Ab)相结合,形成标记的抗原-抗体复合物(Ag^*-Ab)和未标记的抗原-抗体复合物(Ag-Ab)。当Ag^*和Ab的数量保持恒定,且Ag^*与Ag的相加量超过Ab上有效结合点的数目,则Ag与Ag^*-Ab之间存在函数关系,即Ag量增多时,则Ag-Ab的生成量增多,而Ag^*-Ab的生成量减少。将Ag^*-Ab、Ag-Ab复合物(以B表示)与游离的Ag^*、Ag(以F表示)分离,测定B和F的放射活性,计算出B/F或B/(B+F)值,由标准曲线和竞争标准曲线查出待检标本Ag的量。

(3)免疫酶技术:将酶通过化学方法与抗体(或抗原)结合,标记后的抗体(或抗原)仍具有与相应抗原(或抗体)相结合的免疫学活性以及酶的催化活性,与相应抗原(或抗体)结合后,形成抗原-抗体-酶复合物,复合物中的酶遇到相应的底物时,催化底物分解,生成有色物质。有色物质的形成,说明了酶的存在,根据有色物的有无及其浓度,可以推断被检抗原或抗体是否存在及其含量,以达到定性和定量的目的,由于酶具有极强的催化能力,只要极少量的酶就能使底物发生化学转化,从而使免疫酶技术具有极高的敏感性。免疫酶技术按其方法不同可分为免疫酶染色法和免疫酶测定法两种。

①免疫酶染色法：与荧光抗体法相同，只是以酶代替荧光素作为标记物，并以产生有色物作为指示标志。可分为直接法和间接法两种。

直接法是应用酶标记抗体，直接检测抗原。将含有抗原的组织和细胞标本固定并消除其中的内源性酶后，应用本酶标记抗体直接处理，滴加底物显色，进行镜检。

间接法是将含有抗原的组织或细胞标本，先用特异性抗体处理，充分洗涤后，再用酶标记的抗体处理，使其形成抗原-抗体-酶标记抗体复合物，最后滴加底物显色，镜检。亦可应用 SPA 代替抗体，制备酶标记物。

②免疫酶测定法：免疫酶测定法分固相与液相两类。液相免疫酶测定法不需要将游离的和结合的酶标记物分离，也不需要载体，直接从溶液中测定结果。将含有小分子半抗原的样品，酶标半抗原及相应抗体混合感作，随后测定酶活性。如样品中没有半抗原，则酶标半抗原与抗体结合，酶活性受抑制。如样品中有半抗原，则半抗原与抗体结合，而未与抗体结合的酶标记半抗原仍具催化活性，催化底物，出现颜色反应。主要用于激素、抗生素等小分子半抗原的检测。

固相免疫测定法需利用载体，以化学或物理的方法将抗原或抗体连接于载体上，形成免疫吸附，然后进行免疫酶测定，因此很容易将免疫复合物与游离成分分离。

Ⅰ. 酶联免疫吸附试验：是以物理吸附法制定免疫吸附剂，包括间接法、双抗体夹心法和竞争法等。

间接法：将已知抗原吸附于载体，孵育后洗去未吸附的抗原，加入待检血清，感作后洗涤以去除未结合的物质，加入酶标记抗体，感作后洗涤，加入酶底物，出现颜色变化。根据颜色变化速度与程序,推算出抗体量。

双抗体夹心法:为检测抗原的方法。将特异性抗体吸附于载体表面,加入含有抗原的待检样品,使其与载体表面的表面抗原结合,洗去多余抗原,再加入酶标记的特异性抗体,感作后洗涤,加入酶底物显色,颜色改变与被测样品中的抗原量成正相关。

竞争法:利用未标记抗原和酶标记抗原共同竞争有限抗体的原理,测定样品中的抗原含量。将抗体吸附于载体表面,孵育后洗涤,加入待检抗原样品和酶标记抗原(亦可先加待检样品,稍后加酶标记抗原)。对照只加酶标记抗原。感作后洗涤,加入底物溶液。仅含有酶标记抗原的对照出现颜色反应。而在待检系统,由于样品中抗原的竞争,相互抑制了颜色反应。待检抗原含量高时,对抗体的竞争力强,形成的不带酶的抗原-抗体复合物量亦多,带酶复合物的量相对减少,显色反应时颜色相对较浅。反之,待检抗原含量低,对抗体竞争力弱,形成的不带酶复合物量少,而带酶复合物量相对增多,显色反应时颜色相对较深。由此对待检抗原进行定时检测。

Ⅱ. 特定抗原基质球法:本法应用溴化氰活化的琼脂糖珠作为载体,将抗原结合其上,制成免疫吸附剂,再以这种免疫吸附剂检测抗体。基质球法亦可应用已知抗体制抗体吸附珠,用以检测相应的抗原。

(四)分子生物学诊断

分子生物学诊断技术是20世纪70~80年代发展起来的诊断方法,具有特异性强、敏感性和快速等优点。用于鸡病诊断的分子生物学方法主要有快速斑点免疫结合试验、聚合酶链式反应、核酸探针技术、限制性内切酶片段长度多态性分析、序列分析。

1. 快速斑点免疫结合试验(DIBA)

DIBA 是 20 世纪 80 年代中期发展起来的一种固相免疫测定

新技术,应用起来最为简便快速,易于掌握,现已有检测抗巨细胞病毒、链球菌A抗原等多种诊断试剂出售。

本试验的原理以微孔滤膜为载体,通过透滤或毛细管作用使抗原抗体反应快速进行,阳性结果在膜上出现着色斑点,可直接用肉眼观察。渗滤装置是一充满吸水垫料的塑料小盒,垫料上放一片微孔滤膜,反应和洗涤都通过渗滤完成,整个过程可在5分钟内完成,最初建立的为酶标记免疫渗滤试验,其后以胶体金等有色微粒作为标记物,不仅简化了操作步骤,且可使试剂在室温下保存长久。新发展的免疫层析试验将各种反应试剂分点固定在同一试纸条上,检测标本加在试纸条的一端,将一种试剂溶解,通过毛细管作用移行于膜上与另一种试剂接触,发生反应,将试验简化成一个试剂、一步完成的快速试验。

2. 聚合酶链反应(PCR)

用核酸探针技术检测病原体时,至少需要$10^4 \sim 10^5$个靶基因拷贝。对于数量极少即可使宿主发病的病毒,感染早期无免疫应答的病毒,损害宿主免疫系统使之不产生免疫应答的病毒,以及感染后期基因嵌入宿主DNA中的病毒,最有效的检测方法当数PCR技术。PCR是模拟体内DNA的复制过程,由引物介导和耐DNA聚合酶催化在体外扩增特异性DNA片段的一种有效方法。目前,国内外对其研究甚多,诸如检测ILT、IBD、EDS-76、鸡贫血病毒、传染性支气管炎、禽流感以及一些细菌和支原体等。应用PCR技术可直接从各种组织、体液中检测到病毒,无需分离培养,且有较高敏感性,可检出百万分之一的感染细胞,进行单拷贝的DNA检测。在应用时,PCR的技术操作及步骤均不断改进,衍生出了多个更具优势的新种类,PCR与核酸杂交技术相结合,可提高检测的特异性,进行快速诊断和毒株分型,逆转录PCR已广泛应用于RNA病毒的检测;常温下PCR不需扩增仪即可直接扩增模板 DNA 或 RNA，简便快速；多重 PCR 是在同一反应体系中加入 1 对以上的引物时，当与各引物对特异性互补的模板存在时，可在同一反应管中同时扩增出 1 条以上的目的基因。这使我们多年来有一种高度敏感特异及简便的方法，并同时将需要鉴别诊断的传染病一次性得到确诊的梦想成为可能。

3. 核酸探针技术

核酸探针技术又名基因探针技术或核酸分子杂交技术，它是在 20 世纪 70 年代基因工程学基础上发展起来的一项新技术，该技术建立在碱基互补的基础上。人们把具有特异性序列、结合有标记物的核酸称为探针，它可与应试材料中的互补序列发生杂交，通过相应的检测手段即可测出。最早采用的标记物为放射性同位素，但因放射标记污染环境，且费用很高，不能实现商品化，人们就致力于发展非放射性探针的标记，首先问世的是生物素标记的核酸探针，这种通过酶促聚合反应制备的高敏感探针用高亲和性的生物素的亲和素系统检测，给核酸探针的广泛应用带来希望。但生物素标记的探针敏感性和特异性有时不如放射性同位素标记的探针，故人们又采用胆固醇类的地高辛核酸探针，其敏感性与同位素标记相同，而特异性优于生物素标记。并且用随机引物法标记的地高辛探针检测半抗原时只需用单一酶标抗体，反应 30 分钟，易于实现商品化。近年来，地高辛核酸探针已成功地用于马立克病、传染性法氏囊炎、传染性喉气管炎、巨细胞病毒等病的检测。

核酸探针技术不仅能检测数量甚微的感染病原体，还能检测整合到宿主染色体中的潜在病原体，特别是某些难以在体外培养的感染性病原体更具有重要意义，还可检测隐性感染以及对毒株特别是变异毒病株的鉴定。

4. 限制性核酸内切酶酶切图谱分析

该法是目前分析 DNA 病毒核酸变异的常用方法，无用限制性内切酶消化病毒 DNA,将消化物于琼脂凝胶中电泳分离,经溴化乙锭染色后,呈现出大小不一的片段。应用这种方法可将亲缘关系很近,表型相同的病原鉴定出来。该技术已应用于禽多杀性巴氏杆菌疫苗株及分离株的区别、传染性鼻炎的流行病学研究、肠炎沙门菌的分型、ILTV、MDV 及禽腺病毒的分型等。该法的特异性、敏感性及稳定性均优于传统的病原体分型方法,在传染病的流行病学及病原学研究中将发挥重要作用。

5. 固相免疫吸附凝集技术

该技术是将固相免疫测定技术与凝集反应或病毒血凝试验相结合的一种新型免疫检测技术。最有实用价值的为红细胞固相吸附试验,常用于病毒感染的早期诊断。方法为首先用抗某种动物 IgM 的抗体包围被固相载体,然后加入病毒抗原,最后加入新鲜敏感的红细胞显示反应结果。理论上讲,凡是有血凝素的病毒均可用这种方法检测其特异性 IgM 抗体,进行早期诊断。

为扩大该试验应用范围,人们用抗体或抗原致敏红细胞来显示反应结果,前者称为反向间接红细胞固相吸附试验,它既可用双抗体夹心法检测抗原,亦可用间接法检测抗体;后者称为间接红细胞固相吸附试验,多用于检测特异性 IgM 抗体以诊断病原的早期感染。

用本法对病毒感染的早期诊断敏感,还可相当或高于 ELISA 及放射免疫测定法,特异性极高,试剂经济,来源广泛,无需特殊设备,操作比其他固相免疫吸附技术简单,易于普及,国外已广泛应用,国内也应大力推广。

6. 脂质免疫测定法(LIA)

脂质体是脂类悬浮于水相介质中形成的双分子单层或多层结构的球状小体,类似于生物膜结构,表面结合有抗原或抗体分子的脂质体称为免疫脂质体,LIA 的原理与传统的溶血试验很相似,它是一种以脂质体溶破释出内容指示物而指示抗原抗体反应为特征的免疫测定技术。试验时,应首先制备内部包裹有某种标记分子(如化发光剂、荧光素、染料、酶和底物等)的免疫脂质体,这些免疫脂质体可以借助其表面结合的抗原或抗体与待测样本中的抗体或抗原特异性结合。通过加入补体、溶血素、蜂毒素等致使脂质体破裂,内容物释出,以相应的检测手段即可测出。由于脂质体内可包容大量的指示剂分子,因而本法有很高的敏感性,且整个试验一般在液相的均相状态下进行,无需分离步骤,操作简便。可按需要将多种抗原或抗体分子掺入脂质体双层结构,制成多价诊断试剂。还可通过使脂质体结构发生改变而逸出标记物的方法来检测颗粒性抗原。这种新型免疫检测技术越来越受到重视,在国外已有多种诊断试剂盒出售。本法具有快速简便、敏感特异、均相、可准确定量等优点。将诊断试剂冻干,制成快速诊断试剂盒,敏感性高于酶联免疫吸附试验。

7. 寡核苷酯指纹图谱技术

本技术用于病毒的病原学研究,特别对 RNA 病毒,可进行病毒分类,鉴定病毒的突变株,区分有无分离株,区别疫苗株和分离株等,在病毒的流行病学调查中有重要意义。主要程序是将病毒 RNA 纯化、标记、RNA 键的断裂,经过适当的酶切(一般为 T1 核糖核酸在鸟苷酸的 3'端分开)后,再将这些片段先后在 pH8.0 的聚丙酰胺凝胶中进行双向电泳,然后进行放射自显影响产生一个指纹图谱,从而确定病毒基因组的同源性以进行病毒的鉴定、分类等。该技术已应用于鸡 IBV、禽呼肠弧病毒、反转录病毒等研究中。其优点为敏感性高,可区别病毒核酸之间的微小差异,甚至单个核苷酸的区别,并且重复性好。

二、寄生虫病诊断

(一)蠕虫的常规检验

1. 虫体检查法

肉眼观察粪便中有无虫体。将被检粪便加入 10 倍以上的清水,混匀沉淀,倒去上清液,反复数次,肉眼或放大镜在粪便中查找虫体,凭积累的经验或借助显微镜鉴别。

2. 幼虫检查

有些线虫随粪便直接排出幼虫,有些是蠕虫卵在外界环境中很快孵化出幼虫。对皮类寄生虫的诊断可采用下法。

(1)漏斗幼虫分离法:取直肠内容物或新鲜粪便,平铺于直径 2~4 厘米的漏斗内的金筛上,漏斗下连接一根长约 5~15 厘米的橡皮管,橡皮管末端接一根小试管。在漏斗内加入 38℃ 的清洁温水使液面与筛相接触,室温中放置 1~2 小时,新孵出的活泼幼虫沉于小试管底,弃上清液,将沉淀物置于载玻片镜检,可见活动的幼虫。

(2)平皿幼虫分离法:取待检粪便 3~4 克,置于平皿或表面玻璃中,加适量 40℃ 温水,等 5~10 分钟后除去粪渣,用低倍镜检查平皿中的液体,观察有无活动的幼虫存在。

(3)幼虫培养检查法:圆形目的线虫虫卵,在形态结构及大小上相似,镜检往往难鉴别,为了生前确诊,常将幼虫经过培养,待发育成感染性幼虫后观测之。方法是将新鲜粪便塑成半球形置于平皿中,在 25~30℃ 温度下(室内或温箱中,按情况每天加少量水)经几天,用漏斗幼虫分离法处理,查有无活动的幼虫。

3. 虫卵检查法

(1)涂片法:取50%甘油水溶液一滴置于载玻片上,然后用小玻棒或小柴梗取粪便一小块,与上述溶液混合,将较粗的粪渣推向一边后,均匀涂布,盖上盖玻片,即可镜检。如无甘油水溶液亦可用常水替代。本法简单,检出率不高,需反复检查才能证实。

(2)沉淀法:利用比重低于蠕虫卵的水处理被检粪便,使虫卵沉淀集中。

①自然沉淀法:取粪便2～5克,加水彻底混合使成悬液,用40～60目/英寸的铜丝筛滤取大块物质,静止15分钟后倾去上清液,如此反复直至上清液透明为止,弃去上清液,置沉淀物于载玻片,盖上盖玻片,镜检查虫卵。

②离心沉淀法:取粪便约1克置试管中,加入5倍量的水使其成混悬液,用40目/英寸的铜丝筛过滤入离心管中,以800/分离心3～4分钟,吸取管底沉渣或小心弃去上清液,置沉渣于载玻片上,盖上盖玻片,镜检检查虫卵。

(3)漂浮法:采用比重大的溶液稀释粪便,使粪便中比重较小的虫卵漂浮集到溶液的表面,再用显微镜检查,方法有如下几种。

①饱和盐水漂浮法:先配制食盐饱和溶液,在1000毫升沸水中,加约360～380克食盐,使溶解,以纱布过滤冷却后,如有结晶析出,即为饱和溶液。取粪便数克,置于小杯或试管中,加少量饱和盐水,仔细捣和,并逐渐加入饱和盐水,当溶液满至边际时,立即用筷子除去漂浮的大块粪便,然后静置半小时,此时比饱和盐水比重轻的蠕虫卵大多浮在表面,用铂金耳或金属小环在液体表面蘸取液膜数次,抖落在载玻片上,盖上盖玻片,进行镜检。蘸取液膜用的金属小环用后应在火焰上烧灼,以免把蠕虫卵带到下一份材料中去。本法亦可将混合的粪液注满顶立的小试管中,在试管口盖上盖玻片,使与液面相接触,并使之不留气泡。静置40～45分

钟,将盖玻片迅速取下,覆于载玻片上镜检。

②硫酸镁饱和溶液:在1000毫升水中溶解920克硫酸镁。

③硫代硫酸钠饱和溶液:在1000毫升水中溶解1750克硫代硫酸钠,溶液保存在不低于15℃温度中。

④筛滤法:本法是将粪便先制成悬液,使通过不同孔径的筛,先经过粗筛将粪便中较粗的渣滓(如食物纤维等)保留筛上,而将虫卵和较细粪便保留于滤液中。再将此滤液通过极细的尼龙筛,将虫卵保留于尼龙筛上,而更细的粪渣和可溶性色素均随滤液通过。将尼龙筛上的内容物取出,进行镜检。一般粗滤可采用40～60目/英寸的铜丝筛,细筛可用260目/英寸的尼龙筛。此法多用于大型及中型虫卵的检查。

4. 蠕虫虫体的染色与鉴定

(1)吸虫:将收集所得的吸虫放置盛有生理盐水的小瓶中,活的虫体可在生理盐水中放置一定时间,使其将内容物吐出,并轻摇小瓶,洗去虫体表面的黏液。这种虫体是半透明状,将其平铺于载玻片上,镜检观察,其内部构造隐约可见。但未经染色,虫体结构并不十分清晰,且其虫体不能保存。如欲保存,可将洗净后的虫体放入20%酒精或5%～10%的福尔马林溶液中。如欲制成染色装片标本,由虫体在固定前平铺于载玻片上,上覆盖另一载玻片,并用橡皮筋缚紧,使虫体平展,为防止虫体过分压扁而破裂,可在玻片两端垫以适当厚度的纸片,而后放入上述固定液中,1～2天后取出,分开玻片,取出虫体,仍浸于原来的固定液中,以备染色制成装片。常用的染色装片法有两种。

①苏木紫染色装片法:将存于福尔马林固定液中的虫体取出,在流水中冲洗过液,尽可能将福尔马林冲净。如虫体存于70%酒精中,则需将虫体先移入60%和30%酒精中各0.5～1小时,视虫体大小而定,大的虫体需时较长,最后移入蒸馏水中。将德氏苏木

紫染液用水稀释10～15倍,使呈葡萄酒色。经上述处理过的虫体移至稀释后的染液中,放置过夜,直至虫体内部各器官均已深染为止。将虫体移入酸酒精(将30%酒精100毫升加入盐酸1～2毫升制成)使褐色,至虫体褐成淡红色。再于弱碱中复色,至虫体恢复到淡紫色(一般自来水或井水均呈弱碱性,即可用;亦可用蒸馏水加数滴氨水使呈弱碱性)。水洗虫体后顺序通过30%、60%、80%、90%、95%各种浓度的酒精各0.5～1小时,而后移入100%酒精中半小时使完全脱水,最后放入二甲苯中使虫体透明,待透明后立即装片。一般在二甲苯中时间不超过半小时,将完全透明的虫体,置于载玻片上,滴加树胶,盖上盖玻片即成。如树胶过于干硬,可加入二甲苯调成饴糖状。

②盐酸卡红染色装片法:将存于福尔马林中的标本取出,在流水中冲洗过液,洗去福尔马林,后依次经30%、50%和70%酒精中各0.5～1小时,保存于70%酒精中的标本,无需处理即可染色。将上述标本移入盐酸卡红染液内2～8小时,然后在酸酒精中使其至褐色。用70%酒精冲洗虫体,除去余酸。依次经80%、95%和100%酒精中各30分钟,再移入二甲苯中30分钟透明后,置载玻片上,滴加树胶,覆以盖玻片封固。

(2)绦虫:绦虫的收集和保存与吸虫基本相同,但收集绦虫必须注意保持头节的完整,因为头节是鉴定绦虫的主要依据之一,而头节相对在整个虫体来说比较细小,易于散失。对于大型虫体,其体节可达数百节,若做染色装片标本,只能选其中一段成熟体节或孕卵体节作为制作标本之用。绦虫节片染色装片标本的制作与吸虫相同,但头节无需染色,只要将头节固定于70%酒精中,而后依次经80%、95%和100%的酒精中各5～10分钟,使之脱水,再移入二甲苯中透明5～10分钟,置于载玻片上,滴加树胶,覆以盖玻片封固。

(3)线虫:收集的线虫应置于生理盐水中,充分振荡以洗去附着的黏液，尤其是那些具有较大口囊的虫体更需要充分清洗，以除去口囊内的杂物，但对寄生于肺组织内的线虫，因其比较脆弱，清洗时易于崩解，应很快加以固定。固定前，可立即置于显微镜下检查，这时虫体是透明的，内部结构清晰可见。线虫固定最后用70%酒精于烧杯中，为防止酒精挥发，使虫体变干，可加入10%的浓甘油，然后加热至底部有气泡升起(约80℃即可)。此外，亦可用福尔马林生理盐水(生理盐水90份加入福尔马林10份)固定虫体。固定后的虫体不透明，如欲观察内部结构，可加以透明，其透明方法有两种。

①甘油透明法：将保存的虫体置于含有10%甘油的70%酒精的蒸发器内，置37℃温箱中，待酒精自然挥发后，虫体留于甘油中，虫体即已透明，可供检查。如欲快速检查虫体，可将上述蒸发皿水浴加温，促使酒精迅速挥发，而使虫体在短时间内达到透明的目的。以上透明过的虫体可长期保存于甘油中，随时可取出检查。

②乳酸酚透明法：甘油2份、乳酸1份、石炭酸1份、水1份，混合即成乳酸酚透明液。先将线虫标本置于乳酸酚透明液1份和水1份的混合液中，半小时后移入纯乳酸酚透明液中，虫体很快透明，可供检查。检查后虫体应迅速放回原保存液中，否则虫体易于变黑。一般线虫不做染色装片标本，如有需要制法同吸虫。

5. 虫卵的保存

为了使粪便中的蠕虫虫卵保存以利随时检查，可取粪便用沉淀法收集卵，将所得沉淀渣加入60℃的福尔马林生理盐水中，再装入小瓶保存。

(二)原虫的常规检验

1. 血液检查

禽类于翅静脉采血，制成血涂片，然后用甲醇固定，用瑞氏、姬姆萨及伊红亚甲蓝等染色方法染色后镜检原虫。

2. 粪便检查

粪便中球虫卵囊的检查步骤与蠕虫卵的检查方法相同。如欲检查粪便中球虫卵囊的孢子形成过程及孢子化卵囊的形态,可将被检粪样放于平皿中,加入少量的水,最好加入0.5%重铬酸钾溶液,防止霉菌生长,于18~25℃环境下,每日取粪样检查直至可见到卵囊已有孢子形成为止。如欲使卵囊保存在不发育状态,可在新鲜粪样中加入5%石炭酸溶液,以杀死其中卵囊,然后保存于玻瓶中。

3. 球虫直检

从病死禽的肠道病变部刮取米粒大小的肠黏膜,涂布于清洁的载玻片上,滴加生理盐水1~2滴,加盖玻片后在高倍镜暗视野下观察,可见大量球形像剥了皮的大蒜头似的裂殖体和蒜瓣形的裂殖体。另取少量肠黏膜做成薄的涂片,滴加甲醇液,待甲醇挥发后,用瑞氏染色2小时,然后在高倍镜下观察,可见裂殖体被染成浅紫色,裂殖子染成深紫色,小配子体呈圆形紫红色,大配子体为圆形或椭圆形染成深蓝色。

(三)寄生虫病的血清学检验

寄生虫与病毒和细菌比较,因其个体大,抗原成分复杂,加上许多寄生虫在发育过程中发生各种逃避宿主免疫反应的能力,故其感染而产生的免疫力相对较弱。尽管如此,寄生虫对宿主机体来说是一种外界异物,机体对寄生虫必然存在或产生特异性和非特异性免疫。随着科学技术的发展,寄生虫病的血清学诊断技术应用将愈来愈广泛,现应用的有抗体沉淀反应、凝集反应、补体结合反应、血凝反应、间接血凝反应、荧光抗体、琼脂扩散反应以及对流免疫电泳等。

三、饲料营养成分的分析

对怀疑营养缺乏或代谢障碍的禽病,常常需要检测饲料中的营养成分,例如能量、蛋白质和氨基酸、维生素、矿物质和微量元素等的实际含量,再与相应的营养标准作比较,以确定营养缺乏的种类、缺乏程度和缺乏的时间,然后进行确诊。

四、毒物检验

对某些怀疑为中毒的禽病,可根据需要采取血液、粪便、胃肠内容物、空气、饲料和饮水等进行某些毒物的定性与定量分析,以确定毒物的种类和中毒程度。

五、预防和治疗试验

有时候虽然经过某些项目的检验,但仍未能对疫病作出确诊,或仍需等待较长的时间才有诊断结果,而生产上又需要作出必要的处理以减少损失;有时候,实验室的诊断结果还需要通过生产中的防治效果来进一步验证。此时,可以尽快在禽群中分组进行相应的防治试验,从预防或治疗效果对疾病作出诊断,或对已作出的诊断作进一步的验证。

六、其他检验

在禽病诊断过程中,必要时还可进行血常规、血液生化、酶活性、肝功能和肾功能等检验。

第四章　鸡疫病的用药方法

兽药指用于预防、治疗、诊断畜禽等动物疾病，有目的地调节其生理机能并规定作用、用途、用法、用量的物质（含饲料药物添加剂）。

第一节　禽药的剂型与剂量

一、禽药的剂型

1. 液体剂型

(1)注射剂：也称针剂，是指由药物制成的供注入体内的药物溶液（水针或油针，如恩诺沙星注射液）、混悬液（如恩诺沙星混悬注射液）、输入液（如生理盐水）、乳浊液（如静脉注射的脂肪乳剂）或供临用前配成溶液或混悬液的无菌粉末（粉针剂，用前现溶，如硫酸链霉素）或浓缩液。可以从皮内、皮下、肌内或静脉等部位注射给药，是当前应用最为广泛的剂型之一。水针一般可直接供肌内、皮下、皮内或静脉注射用。混悬剂（药效长）仅供肌内和局部注射，不能做静脉注射。一般对热或水不稳定的药物常制成粉针剂，如青霉素、辅酶 A 等均需制成灭菌粉针剂，使用时可加适当的注射用溶媒,稀释成液体后再用。注射剂的优点是药效迅速、剂量准确、作用可靠、吸收快。不宜内服的药物,如青霉素、链霉素等也常制成注射剂。缺点是注射给药不方便,且注射时往往引起应激反应而不如内服制剂受欢迎。

(2)溶液剂:是将一种或几种药物溶解于适宜的溶媒(水、醇溶液、油溶液等)制成的可供内服或外用的溶液。有些药物不能以干粉状态保存,或必须在溶液状态下才能发挥作用,如聚维酮碘、液体二氧化氯、复方维生素B溶液、地克珠利溶液等,前两者为消毒药,后两者供饮水内服给药。内服溶液剂给药方便,生物利用度也较高,且不存在混合不均匀的问题,但其包装贮存及运输不方便,且有些药物制成溶液以后,稳定性下降。但有些药物目前的供应方式只能是溶液形式,如过氧化氢、氨水溶液。

(3)浇淋剂和喷滴剂:系杀虫药或驱虫药的透皮吸收药液,可沿动物背部浇泼或用专用器械按规定剂量体表喷滴,如盐酸左咪唑透皮剂。

(4)酊剂:是指用不同浓度乙醇浸制生药或溶解化学药物而制成的液体剂型,如龙胆酊、碘酊。

此外,液体剂型还有煎剂、擦剂、流浸膏、合剂等。

2. 气体剂型

以气体为分散介质,是指液体或固体药物利用雾化器喷出的微粒制剂,可供皮肤和腔道局部应用,或由呼吸道吸收后发挥全身作用,也可用作空间消毒、除臭和杀虫等。现常用的气雾剂是将药物和抛射剂共同装封于有阀门的耐压容器中,借抛射剂的压力将药物喷出的制剂,如硫酸链霉素气雾剂。气雾剂通过呼吸道吸入后经肺泡毛细血管迅速吸收,速率仅次于静脉注射。气雾剂使用方便,药物分布均匀,对创面可减小局部给药的机械刺激作用,剂量准确,起效快,是近年来用于气雾免疫及治疗呼吸道疾病等的新剂型。

3. 固体剂型

以固体为分散介质。

(1)散剂:将一种或多种药物粉碎后均匀混合而成的干燥粉末状剂型(如复方敌菌净粉、禽菌灵等),供内服或外用,是广泛使用的一种药物剂型。药物经过研磨成粉末状,可掺合在饲料或溶于水中喂给动物,其特点是制法简单、在体内易分散、起效快、适于服用,不宜服用丸、片等剂型时可改服散剂。用于溃疡病、外伤流血等可起到保护黏膜、吸收分泌物及促进凝血的作用。散剂不含液体,故相对比较稳定。缺点是药物粉碎后表面积增大,故其气味、刺激性、吸湿性及化学活动性等亦相应地增加。散剂具有较大的表面积、溶出速度快、便于贮藏、容易运输和使用方便,在畜牧业养殖和兽医临床上应用很广泛。

(2)可溶性粉剂:也称饮水剂,是由一种或几种药物与助溶剂、助悬剂等辅料组成的可溶性粉末,主要以混饮方式给药,使用时加水溶解或混悬,使药物分散均匀,供动物饮用,如硫氰酸红霉素可溶粉、盐酸环丙沙星可溶性粉、阿莫西林可溶性粉等。可溶粉同时具备于散剂和溶液剂的优点,但受药物溶解度及工艺要求的限制,一些药物不能制成可溶粉。

(3)预混剂:是指一种或几种药物与适宜的基质(如淀粉、麸皮、玉米芯粉、碳酸钙粉等)均匀混合制成供添加于饲料中用的药物饲料添加剂(如杆菌肽锌预混剂、莫能菌素预混剂等)。

(4)片剂:指一种或几种药物与适宜的辅料通过制剂技术制成的扁平或上下面略有凸起的圆片剂型或呈三角形、椭圆形片状的制剂,主要供内服,如土霉素片、维生素 C 片等。片剂剂量准确、质量稳定、服用方便,适宜于个体给药;缺点为某些片剂溶出速率及生物利用度差。

(5)颗粒剂:指药物与赋形剂混合制成的干燥小颗粒状物,如甲磺酸培氟沙星颗粒等,主要用于内服、混饮等。

4. 半固体剂型

(1)软膏剂:是将药物与适宜的基质混合,制成易于涂布的一种外用半固体剂型,一般具有滋润皮肤和收敛、消炎防腐等局部作用,有的兽用软膏剂也内服使用,如盐酸环丙沙星口服膏。

(2)浸膏剂:是将药材的浸出液浓缩除去溶剂后的膏状或粉状的半固体或固体剂型,如甘草浸膏,除有特殊规定外,浸膏剂每5克相当于原生药2~5克。

(3)糊剂:与软膏剂相似,但含粉末状药物较多(25%~75%),硬度较大,多由收敛药、消炎药等加适量赋形剂组成。

兽药的剂型种类繁多,对不同的养殖情况,不同病况的家禽,必须采用不同的给药方法,采用不同剂型的制剂,才能使药物产生良好的药效又便于使用,使患病个体能接受到药物并达到预期的目的。总的来讲,内服剂型投药方便,适用于多种药物,但易受胃肠内容物的影响,吸收不规则和不完全,药效出现较慢。有些药物可通过肠黏膜吸收进入血液循环,首次经门静脉至肝脏时,有一部分可被胃肠的酶和肝脏的药酶代谢消除,而使药效下降。一般药物的吸收速率顺序为注射剂、溶液剂、散剂、片剂、丸剂。必须注意,剂量相同而剂型不同,相同剂型不同厂家,甚至同一药厂不同批号的制剂,在内服后其血药浓度可相差数倍之多,这是由于原料药、赋形剂、制造工艺等因素影响药物的生物利用度所致。因此,选购兽药时,必须选择合适剂型,同时选择品质优良、质量稳定的兽药厂家的产品。

二、禽用药物的剂量

药物剂量通常指防治疾病用量,因为药物要一定剂量被机体吸收后才能达到一定药物浓度,只有达到一定药物浓度才能出现药物作用。如果剂量过小体内不能获得有效浓度,药物就不能发挥其效用。但如果剂量过大超过一定限度,药物作用可出现质变对机体可能产生不同程度毒性。因此要发挥药物效用同时又要避免其不良反应,就必须严格掌握用药剂量范围。

1. 剂量

(1)最小效量:药物达到开始出现药效的剂量。

(2)极量:指安全用药极限剂量。

(3)治疗量(常用量):指临床常用剂量范围,它比最小效量要高又比药物极限量要低。

(4)最小中毒量:指药物已超过极量使机体开始出现中毒的剂量。

(5)中毒量:指大于最小中毒量使机体中毒剂量。

(6)致死量:引起机体死亡剂量。

(7)药物安全范围:药物安全范围指最小效量与极量之间的范围,安全范围广药物其安全性大,安全范围窄药物其安全性小。

2. 药物剂量表示

(1)剂量计量单位

克(g)或毫克(mg):固体、半固体剂型,药物常用单位。1000克=1千克,1000毫克=1克。

毫升(毫升):液体剂型,药物常用单位。1000毫升=1升。

单位(U)、国际单位(IU):某些抗生素、激素和维生素常用剂量单位。

(2)治疗剂量:治疗剂量包括一次量(即一次用量)、一日量(即一日内应用数次总用量)及一个疗程治疗量(即持续数日、数周总用量)。

一般书籍、资料中治疗剂量多记载一次量,而一日量及一个疗程量如果没记载就必须根据药物特性、禽体特点(如日龄、品种、性别等)、机体对药物敏感程度及疾病严重程度等才能确定合理方案。

一次量常以一定剂量范围表示,如庆大霉素家禽每只一次量为6000~8000单位,具体应用时要考虑各方面因素从而决定其剂量低限或高限。

(3)个体给药剂量表示:家禽个体给药时其剂量常用剂量/只表示,即表示每只成禽应用药物一次量,如硫酸链霉素治疗家禽呼吸道疾病时其剂量为0.1~0.2克/只,肌注所用链霉素为粉针规格为1克/支,如用10毫升注射用水稀释,每只成禽应肌注1~2毫升方能达到剂量要求。

个体给药剂量也可用剂量/千克体重表示,即每千克体重需用药物剂量,如卡那霉素肌注用量为10~15毫克/千克体重,应用时要根据个体体重计算出总用药量,如给体重为2千克鸡用卡那霉素其一次肌注量应为20~30毫克。

(4)集约化养禽给药剂量表示:大群养禽药物剂量多用以下方法表示。

ppm为兆比率即百万分率,如1ppm即表示1吨(1000千克)饲料中含药1克或者表示1吨水中含药1克,也表示1千克饲料中含药1毫克或者表示1升水中含药1毫克。

％即百分浓度,如0.03％浓度即为1千克饲料中含药0.3克或者1000毫升水中含药0.3克,同时也可用0.3克/升水或0.3克/千克饲料来表示。

ppm与％可以互相换算,如果将％换算为ppm应将小数点向右移4位数,例如:0.1％=1000ppm如果将ppm换算为％则应将小数点向左移4位数,例如:300ppm=0.030％。

第二节 禽药的用药方法

一、禽的用药特点

由于家禽的生理特点与其他动物不同。因此,要尽量避免套用家畜甚至人的临床用药经验,而应根据家禽的生理特点选用药物。

1. 家禽的生理特点

家禽的某些生理特点与选用的药物有密切的关系。

(1)家禽没有牙齿,舌黏膜的味觉乳头较少,因此家禽对苦味药照食不误。当家禽消化不良时,苦味健胃药不起作用,所以不宜使用苦味健胃药,而应当选用大蒜、醋酸等助消化的药物。

(2)家禽一般无逆呕动作,所以当家禽服药过多或其他毒物中毒时,不能采用催吐药物,而应采用嗉囊切开术排除毒物,疗效较佳。

(3)家禽对咸味无鉴别能力,但喜爱挑食盐颗粒,而引起食盐中毒,因此食盐在饲料中的含量一定不能很高,并且粒度一定要细小。

(4)家禽的呼吸系统中,具有其他动物所没有的气囊,它能增加肺通气量,在吸气、呼气时增强肺的气体交换。同时,家禽的肺不像哺乳动物的肺那样扩张和收缩,而是气体经过肺运行,并循肺内管道进出气囊。家禽呼吸系统的这种结构特点,可促进药物增大扩散面积,从而增加药物的吸收量,故喷雾法是适用于家禽的有效给药途径之一。

(5)家禽的消化道呈酸性,而呋喃类药物在酸性消化道内效力和毒力同时增强,使家禽发生中毒,故对家禽使用呋喃类药物时要严格控制用量。

(6)家禽的胆汁呈酸性,与胃内酸性内容物一起中和了碱性的胰液和肠液,使肠内 pH 保持在 6 左右。

(7)家禽的蛋白质代谢产物为尿酸,故尿液的 pH 与家畜亦有明显的区别,一般为 pH5.3,在使用磺胺类药物时,应考虑禽尿液的 pH 值,如在治疗鸡传染性支气管炎、传染性法氏囊病时应尽量避免使用损害肾脏的磺胺类和呋喃类药物,以防尿酸盐在肾脏沉积或肾衰竭。

(8)家禽无汗腺,又有丰富的羽毛,对高热十分敏感,在夏季,宜使用抗热应激药物。

此外,家禽的生长期短,肉鸡只有 40~50 天,当大群用药时,应注意药物的残留问题,为此,要根据各种药物的特性,制定必要的停药时间。

2. 家禽对药物的敏感性

家禽对某些药物有很高的敏感性,应用时必须慎重。如雏鸡对磺胺类药物特别敏感,以 0.5% 浓度混饲 7 天,就会引起雏鸡脾脏贫血、坏死;家禽对喹乙醇、氯化钠等也很敏感,因此在使用上述药物时应特别小心,防止中毒。

二、禽场常用药物

一个养禽场可能发生的疫病种类很多,除了搞好常规的卫生防疫工作外,应用药物进行防治也是不可忽视的一项措施。

1. 药物的作用

药物的作用具有两重性,对禽病既有抗病作用,同时又可能对机体产生有害或与治疗目的无关的副作用。

(1)治疗作用:如使用抗生素、抗寄生虫药等化学药物,对病禽体内的细菌和寄生虫有直接抑制或杀灭作用。又如应用维生素或微量元素可治疗家禽的某些营养缺乏症及代谢疾病。此外也可使用某些药物进行对症治疗,如健胃、止泻、收敛等。

(2)副作用:特别是用药量过大或用药时间过长,或个体敏感性较高,往往会产生超过禽的耐受能力的严重损害作用,甚至死亡,这类药物对机体的损害作用称为毒性反应,如喹乙醇、磺胺类药物都可能产生毒性反应。因此,应用药物时要认识药物的特性、准确掌握其剂量及禽的体况,尽量避免或减少毒性反应。

2. 养禽场常用药物的种类

养禽场常用药物包括抗生素类、抗菌增效剂、其他抗菌药、抗病毒药、抗寄生虫药5大类。

(1)抗生素类:养禽场常用的抗生素类药物有青霉素类、头孢菌素类、氨基糖甙类、喹诺酮类、四环素类、氯霉素类、大环内酯类、磺胺类、硝基呋喃类、喹恶啉类、多肽类、林可霉素类及其他类抗生素。

①青霉素类:青霉素G钠或钾、苄青霉素、阿莫西林等。

②头孢菌素类:在禽病临床上应用的头孢菌素类药物很少,目前主要是先锋霉素。

③氨基糖甙类抗生素:庆大霉素、新霉素、硫酸链霉素、硫酸丁胺卡那霉素、单硫酸卡那霉素等。

④大环内酯类抗生素:罗红霉素、严迪、硫氢酸红霉素、螺旋霉素、泰乐菌素、酒石酸北里霉素、竹桃霉素等。

⑤喹诺酮类药物:氟哌酸、恩诺沙星、环丙沙星、氧氟沙星、左

旋氧氟沙星、培氟沙星、二氟沙星等。

⑥四环素类抗生素:四环素、土霉素、金霉素、强力霉素等。

⑦氯霉素类:氟苯尼考、甲砜霉素等。

⑧多肽类抗生素:杆菌肽、多黏菌素。

⑨林可霉素类抗生素:盐酸林可霉素、新生霉素。

⑩硝基呋喃类:主要是呋喃唑酮。

⑪喹恶啉类:喹乙醇、卡巴氧和痢菌净。

(2)磺胺类药物:磺胺脒、磺胺二甲嘧啶、磺胺嘧啶、磺胺甲基异噁唑、磺胺间甲氧嘧啶等。

(3)抗菌增效剂:主要有甲氧苄氨嘧啶和二甲氧苄氨嘧啶。

(4)其他类抗菌药:克霉唑、制霉菌素、两性菌素B。

(5)抗病毒药:病毒唑、病毒灵、金刚烷胺。

(6)抗寄生虫药:是指能够驱除或杀灭畜禽体内外寄生虫的药物。养禽场用的抗寄生虫药有抗球虫药、抗蠕虫药和杀虫药三类。

①抗球虫药:地克珠利、三字球虫粉、马杜拉霉素、克球粉、盐霉素、氨丙啉、莫能菌素、氯苯胍等。

②抗其他原虫药:甲硝唑、二甲硝咪唑等。

③抗蠕虫药:左旋咪唑、丙硫苯咪唑、阿维菌素、枸橼酸哌嗪、氟硝柳胺等。

④杀虫药:双甲醚、溴氰菊酯、蝇毒磷等。此外,目前市场上供应一种"扑灭粉"可杀灭饲料中的害虫及蚊、蝇、蚁、螨、虱等,对人畜安全。

以上药物的使用剂量详见疾病的防治部分。

三、禽给药的方法

根据药物的特性和给药病禽的病情及生理特性,选用不同的给药方法。因此掌握合理、正确的给药方法和技术,对于提高药物的吸收速度、利用程度、药效出现的时间及维持时间等都有重要的作用。临床上给药方法分群体给药法、个体给药法和种蛋用药法三类。

1. 群体给药法

(1)饮水给药法:是目前养禽场常用的方法之一,即将药物溶于饮水中,给禽饮用。适用于短期投药、紧急治疗投药和病禽已不吃料但还能饮水等情况。所用药物必须溶于水,且溶解度高;饮水要求清洁、不含杂质;饮水给药时应事先停水2~4小时,以便禽尽量在短时间内(一般要求在半小时内)饮完,以免药物效果下降;还要注意药物的浓度,应严格按药物使用浓度要求配制,避免浓度过高或过低。药物溶于饮水时,也应由小量逐渐扩大到大量,尤其不能流动的水。

(2)拌料给药法:也是目前养禽场常用的给药方法之一,适用于不溶于水的药物或加入饮水中使适口性变差或影响药效的药物以及需要长期连续投服的药物。临床上通常将抗球虫药、促进生长药及控制某些传染病的抗菌药物混于饲料中给予。拌料给药时应注意病禽不吃料或采食很少的情况下,不宜使用拌料法给药;注意准确计算所需要的药量和饲料用量,以免浓度小时不起作用和浓度大时药物中毒;对于毒性大、禽很敏感的药物(如喹乙醇等)一般采用逐级混合法,即先把全部用药混合在少量饲料中,充分拌匀,再把这部分饲料混合于一定量的饲料中,再充分搅拌均匀,最后再和所需的全部饲料拌匀即可;应注意所用药物与饲料添加剂的关系,如长期应用磺胺类药物时应注意补充维生素B和维生素K,应用氨丙啉时应减少维生素B的用量。

(3)气雾、药浴、喷洒、熏蒸给药法:此法主要杀灭体外寄生虫或体外微生物,也可用于带禽消毒。使用时应选择对禽的呼吸道无刺激性且又能够溶解于禽呼吸道分泌物中的药物,喷雾的雾滴大小要适当,大小应为50～100毫米;将药液喷洒到机体、窝巢、栖架上时应均匀;药物剂量也应选择适合的浓度,避免药物对禽和工作人员也有一定的毒性;用熏蒸法杀灭体外微生物时,要注意熏蒸时间,用药后要及时通风。

2. 个体给药法

(1)口服法:将药物的片剂或胶囊直接投入禽的食道上端,或用带有软塑料管(或橡皮管)的注射器把药物经口注入禽的嗉囊内。这种方法通常适用于驱除体内寄生虫及对小群禽或者对隔离病禽的个体治疗。也适合于某些弱雏在1日龄时用此法经口注入微量元素、维生素及葡萄糖混合剂,此法虽然费时费力,但药物剂量准确,如投药及时,有良好的效果。

(2)肌肉或皮下注射法:肌肉注射部位多选择胸肌和腿部外侧肌肉。肌肉注射的优点是吸收速度快,药效迅速,可以提高一些全身性急性传染病的疗效。如为刺激性的药物,应采用深层肌肉注射。油乳剂疫苗或注射药液量较多时,适用于皮下注射。注射时要有人将被注射禽保定,注射局部要注意消毒和更换针头。

(3)静脉注射法:此法适用于急性严重病例,某些刺激性药物及高渗溶液必须用此法。缺点是要求注射技术较高,注入速度较慢。其方法是将禽仰卧,拉开一翅,在翅膀中部羽毛较少的凹陷处,有一条静脉经过,为翼根静脉和翼下静脉。注射时先在局部用酒精棉球消毒,左手压住静脉根部,使血管充血后变粗,然后将针头刺入静脉内,见有血回流,即放开左手,将药液缓缓注入。

3. 种蛋用药法

(1)浸泡法:首先将种蛋表面洗净,然后将种蛋浸入一定浓度的药液中,浸泡3～5分钟即可。此法主要杀灭蛋壳表面的微生物。

(2)熏蒸法:将经过洗涤或喷雾消毒的种蛋放入罩内、室内或孵化器内,然后关闭室内门窗或孵化器的进出气孔,用福尔马林熏蒸消毒,熏蒸半小时后方可进行孵化。

(3)照射法:常用紫外线照射消毒,将种蛋平放,紫外线光源离种蛋高40厘米,照射1分钟,然后将种蛋翻转,再照射1分钟。

四、保健饲料添加剂的应用

饲料添加剂是指向配合饲料中添加的各种微量有效成分,对家禽有调节代谢、促进生长、改善消化吸收、提高饲料利用率、改善畜禽产品的质量等作用,成为科学养禽提高生产效率的重要手段,所以越来越多的添加剂应用于养禽业中。但是,如果添加剂使用不当,也会带来不良的后果,某些添加剂的用量过大或长期使用,能引起急性或慢性中毒。有的药物添加剂能残留在禽肉或禽蛋中,影响其食用价值。为了正确地使用添加剂,必须对各种添加剂要全面的了解,才能做到合理的使用。

1. 药物添加剂

(1)抗生素添加剂:目前作为药物添加剂使用的抗生素的种类繁多,常用的有土霉素、金霉素、红霉素、泰乐霉素、林可霉素等。

(2)化学药物添加剂:主要有磺胺类药物、喹乙醇、氯化胆碱等,它们都有抗菌、消炎、驱虫及促进生长、提高饲料利用率等作用。

(3)酶制剂:国内常用的酶制剂有胰酶、胃蛋白酶、淀粉酶、糖化酶、纤维素分解酶等。国外进口的有细胞酶、福美多、快大肥、使大肥素、保增乐等。

(4)镇静剂:如利血平(每千克饲料添加2毫克)、氯丙嗪(每千克饲料添加500毫克)、琥珀酸盐(饲料添加量为1%,如应激状态严重时可增加到2%~3%)。

2. 微生物添加剂

微生物饲料添加剂的种类很多,主要是一些芽孢杆菌、乳酸杆菌、双歧杆菌等。目前市场上销售的促菌生、益生素、康大宝等,可以长期使用,也可阶段性使用。

3. 营养添加剂

营养添加剂是一类常用的添加剂,主要成分是氨基酸、维生素、微量元素等营养物质。通常在家禽的饲料中添加的氨基酸是植物性饲料中最缺乏的必需氨基酸蛋氨酸和赖氨酸,特别是蛋氨酸。维生素类添加剂主要有维生素 A、维生素 D、维生素 E、维生素 K、维生素 B_1、维生素 B_2、维生素 B_6、维生素 B_{12}、氯化胆碱、烟酸、泛酸钙、叶酸、生物素。微量元素添加剂主要有铜、钴、锰、锌、铁、碘、钼等。

4. 防霉添加剂

在饲料贮藏、运输过程中做好防湿、防潮、防高温的同时,在饲料中添加防霉的添加剂是行之有效的措施。目前市场上供应的饲料防霉剂有以下几种。

(1)丙酸(露保细)及其盐类。

(2)安亦妥。

(3)胱氢醋酸钠、山梨酸、苯甲酸等。

最近国际上已不再推荐用单一药物抗霉的方法,而主张改用广谱药物或复合药剂抗霉,如用丙酸、焦木酸、富马酸和山梨酸等复合制剂,此种复合制剂不会引起霉菌的生物型改变,安全可靠,也经济方便。

5. 抗氧化添加剂

迄今为止,已知可作抗氧化剂的化合物有 30 多种,如羟丁基甲苯醚、山道喹、五倍子酸酯、丙基五倍子酸盐、抗坏血酸及其酯、生育酚等,其中具有经济实用意义的仅是前三种。抗氧化剂一般只在饲料长途运输或长期贮存时才用,平时可以不用,因对家禽的肠胃和消化有所影响。

此外,目前市场上还有生理调控型添加剂(如 F89)等。

五、药品保管方法

1. 保管方法

(1)一般药品都应按兽药规范中该药"贮藏"项下的规定条件,因地制宜地贮存与保管。

①密闭:是指将容器密闭,防止灰尘和异物进入,如玻璃瓶、纸袋等。

②密封:是指将容器密封,防止风化、吸潮、挥发或者异物进入,如带紧密玻璃塞或木塞的玻璃瓶、软膏管等。

③熔封或严封:是指将容器熔封或以适宜材料严封,防止空气、水分侵入和防止污染,如玻璃安瓿等。

④遮光:是指用不透光的容器包装,例如棕色容器或用黑纸包裹的无色玻璃容器及其他适宜容器。

⑤干燥处:是指相对湿度在 75% 以下的通风干燥处。

⑥阴凉处:是指温度不超过 20℃。

⑦凉暗处:是指避光并温度不超过 20℃。

⑧凉处:是指温度 2~10℃。

(2)根据药品的性质、剂型,并结合具体情况,采取"分区分类,货物编号"的方法妥善保管。堆放时要注意兽药与人药分区存放;外用药与内服药分别存放;杀虫药、杀鼠药与内服药、外用药远离存放;外用药与内服药以及名称易混淆的药均宜分别存放。

(3)建立药品保管账,经常检查,定期盘点,保证账目与药品相符。

(4)药品库应经常检查清洁卫生,并采取有效措施,防止生霉、虫蛀和鼠害。

(5)加强防火等安全措施,确保人员与药品的安全。

2. 药品的有效期

(1)有些稳定性较差的药品,在贮存过程中,药效有可能降低,毒性可能有增高,有的甚至不能药用,为了保证用药安全有效,对这类药品必须规定有效期,即在一定贮存条件下能够保证质量的期限。

(2)对有效期的产品,严格按照规定的贮存条件进行保存,要做到近期先出、近期先用。

3. 购买注意事项

(1)兽药包装必须贴有标签,注明"兽用"字样并附有说明书。标签或者说明书上必须注明商标、兽药名称、规格、企业名称、产品批号和批准文号,写明兽药的主要成分、作用、用途、用量、有效期和注意事项等。

(2)兽药出厂时必须附有产品质量检验合格证,无合格证的不要购买。

第五章　鸡场常见疫病的防治

据有关资料不完全统计，对我国养鸡业构成威胁和造成危害的疾病已达 80 多种，涉及传染病、寄生虫病、营养代谢病、中毒性疾病和其他疾病等。各地可根据当地疫病流行情况做好相应的防治工作，以提高禽类养殖的成活率。

第一节　常见病毒性疾病的防治

病毒性疾病包括新城疫（鸡瘟）、禽流感、传染性法氏囊病、马立克病、传染性支气管炎、传染性喉气管炎、禽脑脊髓炎、禽痘、禽减蛋综合征、病毒性关节炎等。

一、鸡新城疫

鸡新城疫俗称"亚洲鸡瘟"，是一种主要侵害鸡、火鸡、野禽及观赏鸟类的高度接触传染性、致死性疾病，是目前养鸡业中危害最严重的疫病之一，死亡率较高，每年深秋至次年春初均有暴发，尤其是冬季普遍流行，死亡严重。各种鸡和各种年龄的鸡都能感染，幼鸡和中鸡更易感染，2 年以上的老鸡易感性降低。

【病原】鸡新城疫病毒属于副黏病毒科，副黏病毒属，核酸为单链 RNA。成熟的病毒粒子呈球形，直径为 120～300 纳米。

一般消毒药对鸡新城疫病毒均有杀灭作用。病毒存在于病禽的所有组织器官、体液、分泌物和排泄物中,以脑、脾、肺含毒量最高,以骨髓含毒时间最长。在低温条件下抵抗力强,在4℃可存活1~2年,-20℃时能存活10年以上;真空冻干病毒在30℃可保存30天,15℃可保存230天;不同毒株对热的稳定性有较大的差异。

【发病特点】本病不分品种、年龄和性别,均可发生。主要传染源是病鸡和带毒鸡的粪便及口腔黏液,被病毒污染的饲料、饮水和尘土经消化道、呼吸道或结膜传染易感鸡是主要的传播方式。空气和饮水传播,人、器械、车辆、饲料、垫料(稻壳等)、种蛋、幼雏、昆虫、鼠类的机械携带,以及带毒的鸽、麻雀的传播对本病都具有重要的流行病学意义。

本病一年四季均可发生,以冬春寒冷季节较易流行。不同年龄、品种和性别的鸡均能感染,但幼雏的发病率和死亡率明显高于大龄鸡。纯种鸡比杂交鸡易感,死亡率也较高。

【症状】自然感染的潜伏期一般为3~5天。根据毒株毒力的不同和病程的长短,可分为最急性、急性和亚急性或慢性三种。

(1)最急性型:往往不见临床症状,突然倒地死亡。常常是头一天鸡群活动采食正常,第二天早晨在鸡舍发现死鸡。如不及时救治,1周后将会出现大批鸡死亡。

(2)急性型:病初体温升高,可达44℃,食欲不振,精神委顿,羽毛松乱,眼半闭或全闭似昏睡,冠和肉髯暗红色,或黑紫色,嗉囊内充满液体及气体,口腔和鼻内分泌物增多,常有大量黏液由口流出,为了排除黏液而时时摇头,呼吸困难,喉部常发出咯咯声。粪便稀薄,呈黄绿色或黄白色,有时混有血液,味恶臭。发病2~3天后可见有较多鸡只死亡,死亡呈直线上升,有明显的死亡高峰,大约10天左右鸡只死亡呈缓慢下降,没有死亡的鸡常发生神经症状,翅、腿麻痹,站立不稳,头歪向一侧而嘴向上等。病程为2~6天,死亡率达90%以上。

(3)慢性型：病鸡如呈慢性经过，初期与急性相似，但不久则症状减轻，出现本病的特征性神经症状，病鸡腿翅麻痹，尾翅低垂，跛行或站立不稳，头颈向后或向一侧扭转，常伏地旋转，动作失调，如"观星状"；面部肿胀也是本型的一个特征；产蛋鸡产蛋数量迅速减少，软壳蛋数量增多，很快绝产。

【病理】病理变化与鸡群免疫状态有关，有部分免疫力鸡的症状、死亡率和病理变化与易感鸡感染新城疫病毒有显著不同。因此在一个鸡场发生疫情时，尽可能多解剖几例病死鸡，总会发现有腺胃乳头有出血点的，可作综合诊断的补充。

(1)典型新城疫：剖检可见以各处黏膜和浆膜出血，特别是腺胃乳头和贲门部出血。心包、气管、喉头、肠和肠系膜充血或出血。直肠和泄殖腔黏膜出血。卵巢坏死、出血，卵泡破裂性腹膜炎等。消化道淋巴滤泡的肿大出血和溃疡是新城疫的一个突出特征。

消化道出血病变主要分布于腺胃前部-食道移行部；腺胃后部-肌胃移行部；十二指肠起始部；十二指肠后段向前2～3厘米处；小肠游离部前半部第一段下1/3处；小肠游离部前半部第二段上1/3处；卵黄蒂附近处；小肠游离部后半部第一段中间部分；回肠中部（两盲肠夹合部）；盲肠扁桃体，在左右回盲口各一处，枣核样隆起，出血（而不是充血），坏死。

(2)非典型新城疫：病理变化常不明显，往往看不到典型病变，常见的病变是心冠脂肪的针尖出血点，腺胃肿胀和小肠的卡他性炎症，盲肠扁桃体普遍有出血，泄殖腔也多有出血点。如若继发感染支原体或大肠杆菌，则死亡率增加，表现有气囊炎和腹膜炎等病变。

【诊断】当鸡群突然采食量下降，出现呼吸道症状和拉绿色稀粪，成年鸡产蛋量明显下降，应首先考虑到新城疫的可能性。通过对鸡群的仔细观察，发现呼吸道、消化道及神经症状，结合尽可能多的临床病理学剖检，如见到以消化道黏膜出血、坏死和溃疡为特征的示病性病理变化,可初步诊断为新城疫。确诊要进行病毒分离和鉴定,也可通过血清学诊断来判定。例如,病毒中和试验、ELISA试验、免疫荧光、琼脂双扩散试验、神经氨酸酶抑制试验等。但迄今为止,血凝抑制试验仍不失为一种快速准确的传统实验室手段。

【治疗】鸡群一旦发生本病,首先将可疑病鸡检出焚烧或深埋,被污染的羽毛、垫草、粪便、病变内脏亦应深埋或烧毁。封锁鸡场,禁止转场或出售,立即彻底消毒环境,并给鸡群进行Ⅰ系苗加倍剂量的紧急接种;鸡场内如有雏鸡,则应严格隔离,避免Ⅰ系苗感染雏鸡。

根据近几年的经验总结,推荐以下紧急接种措施。

(1)种鸡、蛋鸡、雏鸡

①新威灵2倍量+新城疫核酸A液+生理盐水0.15毫升/只混合后胸肌注射,待24小时后饮用新城疫核酸B液:新威灵为嗜肠道型毒株,接种后呼吸道症状反应轻微,并可在接种3~4天后使抗体效价得到迅速的提升。新城疫核酸可快速消除新城疫症状。但A液通过饮水途径或不和疫苗联合使用时效果很差。

②Lasota点眼:在胸肌接种的同时,用Lasota点眼,使免疫更确实。

③连续饮用赐能素或富特5天:可快速诱导机体产生抗体,提高抗体效价。

④坚持带鸡喷雾消毒:疫苗接种3天后,每天用好易洁消毒液进行带鸡喷雾消毒。

⑤做好封锁隔离:要做好发病鸡舍的隔离工作,禁止发病鸡舍人员窜动,对周边鸡舍采取新城疫加强免疫接种措施,并连续饮用富特口服液。在疫病流行过后观察1个月再无新病例出现,且进行最后一次彻底消毒后才解除封锁。

(2)商品肉鸡发生非典型新城疫时,可应用抗毒灵口服液进行治疗;并针对呼吸道症状使用泰龙进行对症治疗,能取得较好的效果。

【预防】

(1)综合防治措施:加强饲养管理,提高鸡的抗病力和对免疫的应答。严格隔离消毒,切断传播途径。大中型鸡场应执行"全进全出"制度,谢绝参观,加强检疫,防止动物进入易感鸡群,工作人员、车辆进出须经严格消毒处理。

(2)预防接种:目前,我国最常用的疫苗有鸡新城疫Ⅰ、Ⅱ、L(Lasota)系活疫苗和油乳灭活疫苗。Ⅰ系苗是一种中等毒力的活苗,产生免疫力快(3～4天),免疫期长,可达1年以上,但对雏鸡有一定的致病性,常用于经过弱毒力的疫苗免疫过的鸡或2月龄以上的鸡,多采用肌注或刺种的方法接种。Ⅱ系和L系苗属弱毒力苗,大小鸡均可使用,多采用滴鼻、点眼、饮水及气雾等方法接种。油乳灭活疫苗对鸡安全,可产生坚强而持久的免疫力,另外不会通过疫苗扩散病原,但是注射后需10～20天才产生免疫力。疫苗使用应根据实际情况制定出自己的免疫程序和免疫途径。大型鸡场多采用气雾和饮水免疫,小型鸡场和农家养鸡可采用滴鼻和注射等方法。现介绍几个免疫程序供参考。

小型鸡场和农户养鸡的免疫程序:第一次,4～7日龄雏鸡用Ⅱ系苗滴鼻免疫,25～30日龄用Ⅱ系或L系弱毒苗进行第二次免疫(滴鼻或饮水)。2月龄后用Ⅰ系苗肌注免疫疫期可持续一年以上。

在有零星新城疫发生的鸡场或鸡群,雏鸡可在3～5日龄时以Ⅱ系苗滴鼻免疫,至17～21日龄仍以Ⅱ系或L系苗滴鼻或饮水进行第二次免疫,待2月龄后用Ⅰ系苗肌注。对产蛋鸡或种鸡可每年进行1～2次Ⅰ系苗肌注免疫。鸡新城疫油乳灭活疫苗可用于任何年龄的鸡。2周龄以内的雏鸡皮下或肌肉注射0.2毫升,同时以Ⅱ系或L系苗滴鼻,鸡很快产生免疫力,免疫期可达70～

140天;肉鸡以此法1次免疫,可保护至出售,2月龄以上的鸡用0.5升注射,免疫期可达10个月以上;经弱毒苗免疫过的育成鸡在开产前2~3周注射0.5毫升,整个产蛋期均可得到保护。

大型鸡场应建立免疫监测,定期测定母源抗体水平和鸡群的血凝抑制效价,以便制定科学的免疫程序。

(3)不在市场买进新鸡,防止带进病毒,并建立鸡出场(舍)就不再返回的制度。

二、禽流感

禽流感又称欧洲鸡瘟或真性鸡瘟(应注意与新城疫病毒引起的亚洲鸡瘟相区别),是由A型流感病毒引起的一种急性、高度接触性和致病性传染病。该病毒不仅血清型多,而且自然界中带毒动物多、毒株易变异,为禽流感病的防治增加了难度。

家禽发生高致病性禽流感具有疫病传播快、发病致死率高、生产危害大的特点。近几年来,全世界多次流行较大规模的高致病性禽流感,不仅对家禽业构成了极大威胁,而且属于A型流感病毒的某些强致病毒株,也可能引起人的流感,因此这一疾病引起了国内外的高度重视。

【病原】禽流感病毒是属正黏科流感病毒属的成员,根据流感病毒核蛋白和基质蛋白的不同,流感病毒分A、B、C三型。A型主要感染鸡类,但可致人和多种陆生和水生哺乳动物、鸡类带毒,B型和C型主要感染人。

根据流感病毒的血凝素(HA)和神经转氨酸酶(NA)的抗原性差异,可以将流感病毒分为不同的亚型。A型流感病毒的HA已发现14(或16种)种,NA有9(或10种)种。根据流感病毒各亚型毒株对鸡类的致病力的不同,将流感病毒分为高致病性毒株、低致病性毒株和不致病毒株。在目前已知的100多个禽流感毒株中绝大多数是低致病力毒株,具有高致病力毒株主要集中在 H5、H7 两个亚型,H9 亚型的致病力和毒力也较强,但低于前两型。

禽流感病毒对高温耐受力差,加热至 56℃ 3 分钟、60℃ 10 分钟、70℃ 2 分钟即可杀灭。直射的阳光 40～48 小时可灭活病毒。氢氧化钠、消毒灵、百毒杀、漂白粉、福尔马林、过氧乙酸等多种消毒剂在常用浓度下可有效杀灭病毒。堆积发酵粪便,10～20 天可全部杀灭病毒;禽流感病毒对低温和潮湿有较强的抵抗力,存活时间较长。粪便中的病毒在 4℃ 温度下可存活 30～35 天,20℃ 下存活 7 天;病毒在冷冻的鸡肉和骨髓中可存活 10 个月。常可从有水禽活动的湖泊及池塘中的水中分离到禽流感病毒。

【发病特点】

(1)病毒主要通过水平传播,但其他多种途径也可传播,如消化道、呼吸道、眼结膜及皮肤损伤等途径传播,呼吸道、消化道是感染的最主要途径。人工感染通常包括鼻内、气管、结膜、皮下、肌肉、静脉内、口腔、气囊、腹腔、泄殖腔及气溶胶等。

(2)任何季节和任何日龄的鸡群都可发生。各种年龄、品种和性别的鸡群均可感染发病,以产蛋鸡易发。一年四季均可发生,但多暴发于冬季、春季,尤其是秋冬和冬春交界气候变化大的时间,大风对此病传播有促进作用。

(3)发病率和死亡率受多种因素影响,既与鸡的种类及易感性有关,又与毒株的毒力有关,还与年龄、性别、环境因素、饲养条件及并发病有关。

(4)疫苗效果不确定。疫苗毒株血清型多,与野毒株不一致,免疫抑制病的普遍存在,免疫应答差,并发感染严重及疫苗的质量问题等使疫苗效果不确定。

(5)临床症状复杂。混合感染、并发感染导致病重、诊断困难、影响愈后。

【症状】鸡发生禽流感的发病率和死亡率与感染毒株的毒力

有关,同时还与鸡的日龄、性别、环境因素、饲养状况及疾病并发情况有关。流感病毒可经实验分型为非致病性、低致病性和高致病性毒株,受感染鸡的临床表现很不一致。具有 H5 或 H7 亚型的禽流感病毒感染,往往伴有较高的死亡率。雏鸡和育成鸡感染多表现为慢性呼吸道病、腹泻、消瘦、伴有少量死亡。高产蛋鸡最易感,表现精神沉郁,吃食减少,蛋壳质量下降,软蛋、薄皮蛋增多,产蛋量明显下降。呼吸道症状可见有咳嗽、打喷嚏、尖叫、啰音、甚至呼吸困难。病鸡伏卧不起,羽毛松乱,头和颜面部水肿,冠和肉垂发绀,有的严重腹泻,排绿色水样粪便,消瘦,并有较高的死亡率。

【病理】蛋鸡发生高致病性禽流感,其病理剖检可见气管黏膜充血、水肿、气管中有多量浆液性或干酪样渗出物。气囊壁增厚,混浊,有时见有纤维素性或干酪样渗出物。消化道表现为嗉囊中积有大量液体,腺胃壁水肿、乳头肿胀、出血、肠道黏膜为卡他性出血性炎症。卵泡变形坏死、萎缩或破裂,形成卵黄性腹膜炎,输卵管黏膜发炎,输卵管内见有大量黏稠状脓样渗出物。其他脏器,如肝、脾、肾、心、肺多呈淤血状态,或有坏死灶形成。

【诊断】根据禽流感的流行情况、症状和剖检变化可做出初步诊断,但要确诊需做病原分离鉴定和血清学试验。血清学检查是诊断禽流感的特异性方法。

【治疗】

(1)鸡发生高致病性禽流感应坚决执行封锁、隔离、消毒、扑杀等措施。

(2)如发生中低致病力禽流感时每天可用过氧乙酸、次氯酸钠等消毒剂 1~2 次带鸡消毒并使用药物进行治疗,如每 100 千克饲料拌病毒唑 10~20 克,或每 100 千克水兑病毒唑 8~10 克连续用药 4~5 天;或用金刚烷胺按每千克体重 10~25 毫克饮水 4~5 天(产蛋鸡不宜用)或清瘟败毒散 0.5%~0.8%拌料,连用 5~7 天。为控制继发感染,用 50~100 毫克/千克的恩诺沙星饮水 4~5 天;

或强效阿莫西林 8~10 克/100 千克水连用 4~5 天,或强力霉素 8~10 克/100 千克水连用 5~6 天。另外每 100 千克水中加入维生素 C 50 克、维生素 E 15 克、糖 5000 克(特别对采食量过少的鸡群)连饮 5~7 天有利于疾病痊愈。产蛋鸡痊愈后使用增蛋高乐高、增蛋 001 等药物 4~5 周,促进输卵管的愈合,增强产蛋功能,促使产蛋上升。

(3)注意事项

①是鸡新城疫还是禽流感不能立即诊断或诊断不准确时,切忌用鸡新城疫疫苗紧急接种。疑似鸡新城疫和禽流感并发时,用病毒唑 50 克+500 千克水连续饮用 3~4 天,并在水中加多溶速补液和抗菌药物,然后依据具体情况进行鸡新城疫疫苗紧急接种。

②如果环境温度过低时保持适宜的温度有利于疾病痊愈。

③病重时会出现或轻或重的肾脏肿大、红肿,可以使用治疗肾肿的中草药如肾迪康、肾爽等 3~5 天。

④蛋鸡群病愈后注意观察淘汰低产鸡,减少饲料消耗。

【预防】发生本病时要严格执行封锁、隔离、消毒、焚烧发病鸡群和尸体等综合防治措施。

(1)加强对禽流感流行的综合控制措施:不从疫区或疫病流行情况不明的地区引种。控制外来人员和车辆进入养鸡场,确需进入则必须消毒;不混养家畜、家禽;保持饮水卫生;粪尿污物无害化处理(家禽粪便和垫料堆积发酵或焚烧,堆积发酵不少于 20 天);做好全面消毒工作。流行季节每天可用过氧乙酸、次氯酸钠等开展 1~2 次带鸡消毒和环境消毒,平时每 2~3 天带鸡消毒 1 次;病死禽要进行无害化处理,不能在市场流通。

(2)增强机体的抵抗力:尽可能减少鸡的应激反应,在饮水或饲料中增加维生素 C 和维生素 E,提高鸡抗应激能力。饲料应新鲜、全价。提供适宜的温度、湿度、密度、光照;加强鸡舍通风换气,保持舍内空气新鲜;勤清粪便和打扫鸡舍及环境,保持生产环境清洁；做好大肠杆菌、新城疫、霉形体等病的预防工作。

(3)免疫接种：某一地区流行的禽流感只有一个血清型，接种单价疫苗是可行的，这样可有利于准确监控疫情。当发生区域不明确血清型时，可采用多价疫苗免疫。疫苗免疫后的保护期一般可达6个月，但为了保持可靠的免疫效果，通常每3个月应加强免疫一次。免疫程序为首免5～15日龄，每只0.3毫升，颈部皮下注射；二免50～60日龄，每只0.5毫升；三免开产前进行，每只0.5毫升；产蛋中期（40～45周龄）可进行四免。

三、传染性法氏囊病

鸡传染性法氏囊病又称鸡传染性腔上囊病，是由传染性法氏囊病毒引起的一种急性、接触传染性疾病。以法氏囊发炎、坏死、萎缩和法氏囊内淋巴细胞严重受损为特征。从而引起鸡的免疫机能障碍，干扰各种疫苗的免疫效果。发病率高，几乎达100%，死亡率低，一般为5%～15%，是目前养禽业最重要的疾病之一。

【病原】鸡传染性法氏囊病病毒为双RNA病毒。电镜观察表明有两种不同大小的颗粒，大颗粒约60纳米，小颗粒约20纳米，均为二十面体立体对称结构。病鸡舍中的病毒可存活100天以上。病毒耐热，耐阳光及紫外线照射，56℃加热5小时仍可存活，60℃可存活0.5小时，70℃则迅速灭活。病毒耐酸不耐碱，pH2.0经1小时不被灭活，pH12则受抑制。病毒对乙醚和氯仿不敏感。3%的煤酚皂溶液、0.2%的过氧乙酸、2%次氯酸钠、5%的漂白粉、3%的石炭酸、3%福尔马林、0.1%的升汞溶液可在30分钟内灭活病毒。

【发病特点】自然条件下，本病只感染鸡，所有品种的鸡均可感染，但不同品种的鸡中，莱航鸡比重型品种的鸡敏感，肉鸡较蛋鸡敏感。本病仅发生于2周至开产前的小鸡，3～7周龄为发病高峰期。病毒主要随病鸡粪便排出,污染饲料、饮水和环境,使同群鸡经消化道、呼吸道和眼结膜等感染;各种用具、人员及昆虫也可以携带病毒,扩散传播;本病还可经蛋传递。

【症状】雏鸡群突然大批发病,2~3天内可波及60%~70%的鸡,发病后3~4天死亡达到高峰,7~8天后死亡停止。病初精神沉郁,采食量减少,饮水增多,有些自啄肛门,排白色水样稀粪,重者脱水,卧地不起,极度虚弱,最后死亡。耐过雏鸡贫血消瘦,生长缓慢。

【病理】剖检可见法氏囊发生特征性病变,法氏囊呈黄色胶冻样水肿、质硬、黏膜上覆盖有奶油色纤维素性渗出物。有时法氏囊黏膜严重发炎,出血,坏死,萎缩。另外,病死鸡表现脱水,腿和胸部肌肉常有出血,颜色暗红。肾肿胀,肾小管和输尿管充满白色尿酸盐。脾脏及腺胃和肌胃交界处黏膜出血。

【诊断】现场诊断可根据流行特点、临床表现及病理剖检中的特征病变作出诊断。在诊断中应注意与磺胺类药物中毒引起的出血综合征相区分,药物中毒可见肌肉出血,但无法氏囊等变化,同时鸡群有饲喂磺胺类药物史。另外在本病发生过程中及其左右常有新城疫的发生,在诊断中要十分注意,以免误诊造成更大损失。

【治疗】

(1)鸡传染性法氏囊病高免血清注射液,3~7周龄鸡,每只肌注0.4毫升;大鸡酌加剂量;成鸡注射0.6毫升,注射一次即可,疗效显著。

(2)鸡传染性法氏囊病高免蛋黄注射液,每千克体重1毫升肌肉注射,有较好的治疗作用。

(3)复方炔酮,0.5千克鸡每天1片,1千克的鸡每天2片,口服,连用2~3天。

(4)丙酸睾丸酮,3~7周龄的鸡每只肌注5毫克,只注射1次。

(5) 速效管囊散,每千克体重 0.25 克,混于饲料中或直接口服,服药后 8 小时即可见效,连喂 3 天。治愈率较高。

(6) 盐酸吗啉胍(每片 0.1 克)8 片,拌料 1 千克,板蓝根冲剂 15 克,溶于饮水中,供半日饮用。

(7) 中药治疗:蒲公英 200 克,大青叶 200 克,板蓝根 200 克,双花 100 克,黄芩 100 克,黄柏 100 克,甘草 100 克,藿香 50 克,生石膏 50 克。水煎 2 次,合并药汁得 3000~5000 毫升,为 300~500 羽鸡一天用量,每日一剂,每只鸡每天 5~10 毫升,分 4 次灌服。连用 3~4 天。为提高治疗效果,在选用以上治疗方法的同时,应给予辅助治疗和一些特殊管理。如给予口服补液盐,每 100 克加水 6000 毫升溶化,让鸡自由饮用 3 天,可以缓解鸡群脱水及电解质平衡问题;或以 0.1%~1% 小苏打水饮用 3 天,可以保护肾脏;如有细菌感染,投服对症的抗生素,但不能用磺胺类药物;降低饲料中蛋白质含量到 15% 左右,维持 1 周,可以保护肾脏,防止尿酸盐沉积。

(8) 扑灭措施:发病鸡舍应严格封锁,每天上、下午各进行一次带鸡消毒。对环境、人员、工具也应进行消毒。及时选用对鸡群有效的抗生素,控制继发感染。改善饲养管理和消除应激因素,可在饮水中加入复方口服补液盐以及维生素 C、维生素 K、维生素 B 或 1%~2% 奶粉,以保持鸡体水、电解质、营养平衡,促进康复。病雏早期用高免血清或卵黄抗体治疗可获得较好疗效。雏鸡 0.5~1.0 毫升/只,大鸡 1.0~2.0 毫升/只,皮下或肌肉注射,必要时次日再注射一次。

【预防】

(1) 采用全进全出饲养体制,全价饲料。鸡舍换气良好,温度、湿度适宜,消除各种应激条件,提高鸡体免疫应答能力。对 60 日龄内的雏鸡最好实行隔离封闭饲养,杜绝传染来源。

(2) 严格卫生管理,加强消毒净化措施。进鸡前鸡舍(包括周围环境)用消毒液喷洒→清扫→高压水冲洗→消毒液喷洒(几种消毒剂交替使用2~3遍)→干燥→甲醛熏蒸→封闭1~2周后换气再进鸡。饲养鸡期间,定期进行带鸡气雾消毒,可采用0.3%次氯酸钠或过氧乙酸等,按每立方米30~50毫升气雾消毒。

(3)预防接种是预防鸡传染性法氏囊病的一种有效措施。目前我国批准生产的疫苗有弱毒苗和灭活苗。

①低毒力株弱毒活疫苗,用于无母源抗体的雏鸡早期免疫,对有母源抗体的鸡免疫效果较差。可点眼、滴鼻、肌肉注射或饮水免疫。

②中等毒力株弱毒活疫苗,供各种有母源抗体的鸡使用,可点眼、口服、注射。饮水免疫,剂量应加倍。

③使用灭活疫苗时应与鸡传染性法氏囊病活苗配套。鸡传染性法氏囊病免疫效果受免疫方法、免疫时间、疫苗选择、母源抗体等因素的影响,其中母源抗体是非常重要的因素。有条件的鸡场应依测定母源抗体水平的结果,制定相应的免疫程序。

现介绍两种免疫程序供参考:无母源抗体或低母源抗体的雏鸡,出生后用弱毒疫苗或用1/2~1/3中等毒力疫苗进行免疫,滴鼻、点眼两滴(约0.05毫升);肌肉注射0.2毫升;饮水按需要量稀释,2~3周时,用中等毒力疫苗加强免疫。有母源抗体的雏鸡,14~21日龄用弱毒疫苗或中等毒力疫苗首次免疫,必要时2~3周后加强免疫一次。商品鸡用上述程序免疫即可。种鸡则在10~12周龄用中等毒力疫苗免疫一次,18~20周龄用灭活苗注射免疫。

四、马立克病

鸡马立克病是由鸡疱疹病毒引起鸡的一种最常见的淋巴细胞增生性疾病,死亡率可达30%~80%,对养鸡业造成了严重威胁,是我国主要的禽病之一。

【病原】马立克病毒属疱疹病毒科,疱疹病毒甲亚科,马立克病毒属,禽疱疹病毒2型。根据抗原性不同,马立克病毒可分为3种血清型,即血清1型、血清2型和血清3型。血清1型包括所有致瘤的马立克病毒,含强毒及其致弱的变异毒株;血清2型包括所有不致瘤的马立克病毒;血清3型包括所有的火鸡疱疹病毒及其变异毒株。

完整病毒的抵抗力较强,在粪便和垫料中的病毒,室温下可存活4~6个月之久。细胞结合毒在4℃可存活2周,在37℃存活18小时,在50℃存活30分钟,60℃只能存活1分钟。

【发病特点】鸡易感,火鸡、山鸡和鹌鹑等较少感染,哺乳动物不感染。病鸡和带毒鸡是传染源,尤其是这类鸡的羽毛囊上皮内存在大量完整的病毒,随皮肤代谢脱落后污染环境,成为在自然条件下最主要的传染来源。

本病主要通过空气传染经呼吸道进入体内,污染的饲料、饮水和人员也可带毒传播。孵房污染能使刚出壳雏鸡的感染性明显增加。

1日龄雏鸡最易感染,2~18周龄鸡均可发病。母鸡比公鸡易感性高。莱航鸡抵抗力较强,肉鸡抵抗力较低。

【症状】潜伏期常为3~4周,一般在50日龄以后出现症状,70日龄后陆续出现死亡,90日龄以后达到高峰,很少晚至30周龄才出现症状,偶见3~4周的幼龄鸡和60周龄的老龄鸡发病。

本病的发病率变化很大,一般肉鸡为20%~30%,个别达60%,产蛋鸡为10%~15%,严重达50%,死亡率与之相当。

根据临床表现分为神经型、内脏型、眼型和皮肤型4种类型。

①神经型:由于病变部位不同,症状上有很大区别。坐骨神经受到侵害时,病鸡开始走路不稳,逐渐看到一侧或两侧腿瘸,严重时瘫痪不起,典型的症状是一条腿向前伸,一条腿向后伸的"劈叉"

姿式。病腿部肌肉萎缩,有凉感,爪子多弯曲。翅膀的臂神经受到侵害时,病鸡翅膀无力,常下垂到地面。当颈部神经受到损害时,病鸡脖子常斜向一侧,有时见大嗉囊,病鸡常蹲在一起张口无声地喘气。

②内脏型:可见病鸡呆立,精神不振,羽毛散乱,不爱走路,常蹲在墙角,缩颈,脸色苍白,拉绿色稀粪,但能吃食,一般15天左右即死去。

③眼型:病鸡一侧或两侧性眼睛失明。失明前多不见炎性肿胀,仔细检查时病鸡眼睛的瞳孔边缘呈不整齐锯齿状,并见缩小,眼球如"鱼眼"或"珍珠眼"、瞳孔边缘不整,在发病初期尚未失明就可见到以上情况,对早期诊断本病很有意义。

④皮肤型:病鸡退毛后可见体表毛囊腔形成结节及小的肿瘤状物,在颈部、翅膀、大腿外侧较为多见。肿瘤结节呈灰粉黄色,突出于皮肤表面,有时破溃。

【病理】

(1)神经型病毒侵害外周神经后可出现神经水肿淋巴细胞和浆细胞浸润,甚至会发生淋巴样细胞大量增生肿瘤性病变。神经肿粗2~3倍,甚至更大,外观呈灰白或黄白色。经常侵害坐骨神经、腰椎神经、臂神经、迷走神经等处。

(2)内脏型表现内脏器官发生淋巴瘤样增生病变。组织中的细胞成分是由弥散性增生的中、小淋巴细胞及成淋巴细胞和马立克病细胞所组成。不同内脏器官上的肿瘤形式往往不同。

(3)皮肤型主要是毛囊部位小淋巴细胞浸润,或形成淋巴瘤性病变。病变部毛囊肿胀,形成小结节。肿瘤破溃结痂,若有细菌感染则形成溃疡。

(4)眼型虹膜及眼肌淋巴细胞浸润。另外,在眼前房可能有颗粒性或无定形的物质存在。

【诊断】本病的诊断必须根据疾病特异的流行病学、临诊症状、病理学和肿瘤标记做出。病鸡常有典型的肢体麻痹症状,出现外周神经受害,法氏囊萎缩,内脏肿瘤等病理变化,这些都是本病的特征,在一般情况下不会造成误诊。马立克病的内脏肿瘤与鸡淋巴白血病在眼观变化上很相似,需要作区别诊断。

【治疗】本病无特效治疗药物,只有采取疫苗接种和严格的卫生措施才可能控制本病的发生和发展。

(1)疫苗种类:血清1型疫苗,主要是减弱弱毒力株CV1-988和齐鲁制药厂兽药生产的814疫苗,其中CV1-988应用较广;血清2型疫苗,主要有SB-1、301B/301A/1以及我国的Z4株,SB-1应用较广,通常与火鸡疱疹病毒疫苗(即血清3型疫苗HVT)合用,可以预防超强毒株的感染发病,保护率可达85%以上;血清3型疫苗,即火鸡疱疹病毒HVT-FC126疫苗,HVT在鸡体内对马立克病病毒起干扰作用,常1日龄免疫,但不能保护鸡免受病毒的感染;20世纪80年代以来,HVT免疫失败的越来越多,部分原因是由于超强毒株的存在,市场上已有SB-1+FC126、301B/1+FC126等二价或三价苗,免疫后具有良好的协同作用,能够抵抗强毒的攻击。

(2)免疫程序的制订:单价疫苗及其代次、多价疫苗常影响免疫程序的制订。单价苗如HVT、CV1-988等可在1日龄接种,也有的地区采用1日龄和3~4周龄进行两次免疫。通常父母代用血清1或2型疫苗,商品代则用血清3型疫苗,以免受血清1或2型母源抗体的影响,父母代和子代均可使用SB 1或301B/1+HVT等二价疫苗。

【预防】

(1)加强养鸡环境卫生与消毒工作,尤其是孵化卫生与育雏鸡舍的消毒,防止雏鸡的早期感染是非常重要的,否则即使出壳后即刻免疫有效疫苗,也难防止发病。

(2)加强饲养管理,改善鸡群的生活条件,增强鸡体的抵抗力,对预防本病有很大的作用。饲养管理不善,环境条件差或某些传染病如球虫病等常是重要的诱发因素。

(3)坚持自繁自养,防止因购入鸡苗的同时将病毒带入鸡舍。采用全进全出的饲养制度,防止不同日龄的鸡混养于同一鸡舍。

(4)防止应激因素和预防能引起免疫抑制的疾病如鸡传染性法氏囊病、鸡传染性贫血病毒病、网状内皮组织增殖病等的感染。

(5)一旦发生本病,在感染的场地清除所有的鸡,将鸡舍清洁消毒,空置数周后再引进新雏鸡。一旦开始育雏,中途不得补充新鸡。

五、传染性支气管炎

鸡传染性支气管炎是一种急性高度传染性的呼吸道疾病。本病的死亡率可能不高,但在种鸡引起产蛋量降低,蛋的品质下降,小鸡生长发育不良,饲料利用率降低而造成重大的经济损失。

【病原】传染性支气管炎病毒属冠状病毒科冠状病毒属。本病毒对环境抵抗力不强,对普通消毒药过敏,对低温有一定的抵抗力。传染性支气管炎病毒具有很强的变异性,目前世界上已分离出30多个血清型。在这些毒株中多数能使气管产生特异性病变,但也有些毒株能引起肾脏病变和生殖道病变。

大多数病毒株在56℃15分钟失去活力,但对低温的抵抗力则很强,在-20℃时可存活7年。一般消毒剂,如1%来苏儿、1%石炭酸、0.1%高锰酸钾、1%福尔马林及70%酒精等均能在3~5分钟内将其杀死。病毒在室温中能抵抗1% HCl(pH2)、1%石炭酸和1%NaOH(pH12)1小时,而在pH7.8时最为稳定。

【发病特点】本病仅发生于鸡,其他家禽均不感染。各种年龄的鸡都可发病,但雏鸡最为严重,死亡率也高,一般以40日龄以内的鸡多发。本病主要经呼吸道传染,病毒从呼吸道排毒,通过空气的飞沫传给易感鸡,也可通过被污染的饲料、饮水及饲养用具经消化道感染。本病一年四季均能发生,但以冬春季节多发。鸡群拥挤、过热、过冷、通风不良、温度过低、缺乏维生素和矿物质,以及饲料供应不足或配合不当,均可促使本病的发生。

【症状】潜伏期1～7天,平均3天。由于病毒的血清型不同,临床上分为呼吸型、肾型、腺胃型等。

(1)呼吸型:病鸡无明显的前驱症状,常突然发病,出现呼吸道症状,并迅速波及全群。幼雏表现为伸颈、张口呼吸、咳嗽,有"咕噜"音,尤以夜间最清楚。随着病情的发展,全身症状加剧,病鸡精神萎靡,食欲废绝、羽毛松乱、翅下垂、昏睡、怕冷,常拥挤在一起。2周龄以内的病雏鸡,还常见鼻窦肿胀、流黏性鼻液、流泪等症状,病鸡常甩头。产蛋鸡感染后产蛋量下降25%～50%,同时产软壳蛋、畸形蛋或砂壳蛋。

(2)肾型:感染肾型支气管炎病毒后其典型症状分3个阶段。第1阶段是病鸡表现轻微呼吸道症状,感染后24～48小时开始气管发出啰音,打喷嚏及咳嗽,并持续1～4天,这些呼吸道症状一般很轻微,有时只有在晚上安静的时候才听得比较清楚,因此常被忽视。第2阶段是病鸡表面康复,呼吸道症状消失,鸡群没有可见的异常表现。第3阶段是受感染鸡群突然发病,并于2～3天内逐渐加剧。病鸡挤堆、厌食,排白色稀便,粪便中几乎全是尿酸盐。

(3)腺胃型:近几年来有关腺胃型传染性支气管炎的报道逐渐增多,其主要表现为病鸡流泪、眼肿、极度消瘦、拉稀和死亡并伴有呼吸道症状,发病率可达100%,死亡率3%～5%不等。

【病理】

(1)呼吸型主要病变见于气管、支气管、鼻腔、肺等呼吸器官。表现为气管环出血,管腔中有黄色或黑黄色栓塞物。幼雏鼻腔、鼻窦黏膜充血,鼻腔中有黏稠分泌物,肺脏水肿或出血。患鸡输卵管发育受阻,变细、变短或成囊状。产蛋鸡的卵泡变形,甚至破裂。

(2)肾型可引起肾脏肿大,呈苍白色,肾小管充满尿酸盐结晶、扩张,外形呈白线网状,俗称"花斑肾"。严重的病例在心包和腹腔脏器表面均可见白色的尿酸盐沉着。有时还可见法氏囊黏膜充血、出血,囊腔内积有黄色胶冻状物;肠黏膜呈卡他性炎变化,全身皮肤和肌肉发绀,肌肉失水。

(3)腺胃型腺胃肿大如球状,腺胃壁增厚,黏膜出血、溃疡,胰腺肿大,出血。

【诊断】根据流行特点、症状和病理变化,可作出初步诊断。进一步确诊则有赖于病毒分离与鉴定及其他实验室诊断方法,但要注意与喉气管炎和新城疫相区别。

【治疗】对传染性支气管炎目前尚无有效的治疗方法,常用中西医结合的对症疗法。由于实际生产中鸡群常并发细菌性疾病,故采用一些抗菌药物有时显得有效。

(1)对肾病变型传染性支气管炎的病鸡,采用口服补液盐、0.5%碳酸氢钠、维生素C等药物投喂能起到一定的效果。

(2)慢呼散加冷水煎汁半小时后,加入冷开水20~25千克作饮水,连服5~7天。同时,每25千克饲料或50千克水中再加入盐酸吗啉胍原粉50克,效果更佳。

(3)每克强力霉素原粉加水10~20千克任其自饮,连服3~5天。

(4)每千克饲料拌入病毒灵1.5克,板蓝根冲剂30克,任雏鸡自由采食,少数病重鸡单独饲养,并辅以少量雪梨糖浆,连服3~5天,可收到良好效果。

(5)禽喘平、呼喘王等都有疗效。

【预防】

(1)加强饲养管理,降低饲养密度,避免鸡群拥挤,注意温度、湿度变化,避免过冷、过热。加强通风,防止有害气体刺激呼吸道。合理配比饲料,防止维生素,尤其是维生素A的缺乏,以增强机体的抵抗力。

(2)预防本病的常用弱毒疫苗有两种:一种是传染性支气管炎H120弱毒疫苗,主要用于1~2月龄雏鸡,常在1~5日龄与新城疫Ⅱ系同时接种;另一种是传染性支气管炎H50弱毒疫苗,用于1月龄以上的鸡群。后备种鸡最好在活苗免疫的基础上,10~14日龄用油佐剂灭活苗加强免疫。

六、传染性喉气管炎

喉气管炎又常称为传染性喉气管炎,也有称为禽白喉的。但近两年本病在许多地区广为流行,并造成鸡群大量死亡,危害养鸡业的发展。

【病原】鸡传染性喉气管炎的病原属疱疹病毒Ⅰ型,病毒核酸为双股DNA。该病毒分成熟和未成熟病毒两种,成熟的病毒粒子直径为195~250纳米。成熟粒子有囊膜,囊膜表面有纤突。未成熟的病毒颗粒直径约为100纳米。

本病毒对乙醚、氯仿等脂溶剂均敏感,对外界环境的抵抗力不强。加热55℃存活10~15分钟,37℃存活22~24小时;在死亡鸡只的气管组织中病毒在13~23℃可存活10天。37℃ 44小时死亡;气管黏液中的病毒,在直射阳光下6~8小时死亡,但在黑暗的房舍内可存活110天;在绒毛尿囊膜中,在25℃经5小时被灭活。病毒在干燥环境下可存活1年以上。在低温条件下,存活时间长,如在-20~-60℃时,能长期保存其毒力,煮沸立即死亡。常用的消毒药如3%来苏儿、1%氢氧化钠溶液或5%石炭酸1分钟可以杀死。甲醛、过氧乙酸等消毒药也有较好的消毒效果。

【发病特点】在自然条件下,本病主要侵害鸡,各种年龄及品种的鸡均可感染,但以成年鸡症状最为明显。幼龄火鸡、野鸡、鹌鹑和孔雀也可感染,鸭、鸽、珍珠鸡和麻雀不易感,哺乳动物不易感。

病鸡、康复后的带毒鸡和无症状的带毒鸡是主要传染源。经呼吸道及眼传染,亦可经消化道感染。由呼吸器官及鼻分泌物污染的垫草、饲料、饮水及用具可成为传播媒介,人及野生动物的活动也可机械的传播。种蛋蛋内及蛋壳上的病毒不能传播,因为被感染的鸡雏出壳前已死亡。

病毒通常存在病鸡的气管组织中,感染后排毒6~8天。有少部分(2%)康复鸡可以带毒,并向外界不断排毒,排毒时间可长达2年,有的报道最长带毒时间达741天。由于康复鸡和无症状带毒鸡的存在,本病难以扑灭,并可呈地区性流行。

本病一年四季均可发生,秋冬寒冷季节多发。鸡群拥挤,通风不良,饲养管理不好,缺乏维生素,寄生虫感染等,都可促进本病的发生和传播。

本病一旦传入鸡群,则迅速传开,感染率可达90%~100%,死亡率一般在10%~20%或以上,最急性型死亡率可达50%~70%,急性型一般在10%~30%之间,慢性或温和型死亡率约5%。

【症状】自然感染的潜伏期6~12天,人工气管接种后2~4天鸡只即可发病。潜伏期的长短与病毒株的毒力有关。

发病初期,常有数只病鸡突然死亡。患鸡初期有鼻液,半透明状,眼流泪,伴有结膜炎,其后表现为特征性的呼吸道症状,呼吸时发出湿性啰音、咳嗽,有喘鸣音,病鸡蹲伏地面或栖架上,每次吸气时头和颈部向前向上、张口、尽力吸气的姿势,有喘鸣叫声。严重病例,高度呼吸困难,痉挛咳嗽,可咳出带血的黏液,可污染喙角、颜面及头部羽毛。在鸡舍墙壁、垫草、鸡笼、鸡背羽毛或邻近鸡身上沾有血痕。若分泌物不能咳出堵住时,病鸡可窒息死亡。病鸡食欲减少或消失,迅速消瘦,鸡冠发绀,有时还排出绿色稀粪。最后多因衰竭死亡。产蛋鸡的产蛋量迅速减少(可达35%)或停止,康复后1~2个月才能恢复。

最急性病例可于24小时左右死亡,多数5~10天或更长,不死者多经8~10天恢复,有的可成为带毒鸡。

有些毒力较弱的毒株引起发病时,流行比较缓和,发病率低,症状较轻,只是无精打采,生长缓慢,产蛋减少,有结膜炎、眶下窦炎、鼻炎及气管炎。病程较长,长的可达1个月。死亡率一般较低(2%),大部分病鸡可以耐过。若有细菌继发感染和应激因素存在时,死亡率则会增加。

【病理】本病主要典型病变在气管和喉部组织,病初黏膜充血、肿胀,高度潮红,有黏液,进而黏膜发生变性、出血和坏死,气管中有含血黏液或血凝块,气管管腔变窄,病程2~3天后有黄白色纤维素性干酪样假膜。由于剧烈咳嗽和痉挛性呼吸,咳出分泌物和混血凝块以及脱落的上皮组织,严重时,炎症也可波及到支气管、肺和气囊等部,甚至上行至鼻腔和眶下窦。肺一般正常或有肺充血及小区域的炎症变化。

病理组织学检查时,气管上皮细胞混浊肿胀,细胞水肿,纤毛脱落,气管黏膜和黏膜下层可见淋巴细胞、组织细胞和浆细胞浸润,黏膜细胞变性。病毒感染后12小时,在气管、喉头黏膜上皮细胞核内可见嗜酸性包涵体。出现临诊症状48小时内包涵体最多。病毒接种鸡胚组织细胞12小时后可见到核内包涵体。

【诊断】本病突然发生,传播快,成年鸡多发,发病率高,死亡率低。临床症状较为典型,如张口呼吸,气喘,有干啰音,咳嗽时咳出带血的黏液。喉头及气管上部出血明显。根据临床症状及剖检变化可初步诊断为传染性喉气管炎,确诊需进行实验室检查。

【治疗】目前尚无特异的治疗方法。发病群投服抗菌药物,对防止继发感染有一定作用。

(1)对病鸡采取对症治疗,如投服牛黄解毒丸或喉症丸,或其他清热解毒利咽喉的中药液或中成药,可减少死亡。

(2)发病鸡群,确诊后立即采用弱毒疫苗紧急接种,可有效控制疫情,结合鸡群具体情况采用。

(3)对于呼吸极度困难者,每10只鸡用卡那霉素1支加地塞米松1支,用10毫升生理盐水稀释后给患鸡喷喉。

(4)对全群鸡进行药物治疗:喉支消饮水投服,250只鸡/袋,每天1次,连用4天。卡那霉素饮水投服,上、下午各饮一次,连用4天;肾肿解毒药饮水投服,连用5~7天;饲料中多种维生素的用量加倍,并消除应激反应。用药第2天鸡只呼吸道症状可减轻,第4天后采食量开始恢复,产蛋率开始有所回升。

【预防】

(1)用具及鸡舍进行消毒。来历不明的鸡要隔离观察,可放数只易感鸡与其同时观察2周,不发病,证明不带毒时方可混群饲养。

(2)病愈鸡不可和易感鸡混群饲养,耐过的康复鸡在一定时间内带毒、排毒,所以要严格控制易感鸡与康复鸡接触,最好将病愈鸡淘汰。

(3)鸡自然感染传染性喉气管炎病毒后可产生坚强的免疫力,可获得至少1年以上,甚至终生免疫。易感鸡接种疫苗后可获得保护力半年至1年不等。母源抗体可通过卵传给子代,但其保护作用甚差,也不干扰鸡的免疫接种,因为疫苗毒属于细胞结合性病毒,所以没有本病流行的地区最好不用弱毒疫苗免疫,更不能用自然强毒接种,它不仅可使本病疫源长期存在,还可能散布其他疫病。

(4)为防止鸡慢性呼吸道疾病,可在饮水中添加泰乐霉素或链霉素等药物,以防止细菌并发感染。或用中药制剂在病初给药可明显减缓呼吸道的炎症,达到缩短病程、减少死亡的目的。

(5)鸡场发病后可考虑将本病的疫苗接种纳入免疫程序。用鸡传染性喉气管炎弱毒苗给鸡群免疫,首免在50日龄左右,二免在首免后6周进行,免疫可用滴鼻、点眼或饮水方法。目前的弱毒苗因毒力较强接种后鸡群有一定的反应,轻者出现结膜炎和鼻炎,严重者可引起呼吸困难,甚至部分鸡死亡,与自然病例相似,故应用时严格按说明书规定执行。国内生产的传染性喉气管炎、鸡痘二联苗,也有较好的防治效果。

七、禽脑脊髓炎

禽脑脊髓炎又称流行性震颤,是由禽脑脊髓炎病毒引起雏禽的一种病毒性传染病。目前广泛存在于世界各地,但一般不发生大区域性流行。

【病原】易感动物主要是鸡,其他多种雀形目鸟类也有感染的报道。发病日龄以1~25日龄多见,7~14日龄最易感,40日龄以上鸡只感染后其病状不明显。小鸡发病率为40%~60%,死亡率为20%~50%。自然条件下,主要是经口感染,实验条件下,脑内接种易发病。本病主要是垂直传播,亦可水平传播,在平养鸡中水平传播4~5天可波及全群,在笼养鸡中,水平传播较缓慢。传染源是患鸡与隐性传染鸡,这些鸡感染后1个月内(建立特异性免疫力前)均可经粪便排毒,粪便中的病毒可存活28天以上。

【发病特点】各种年龄的鸡都可被感染,但出现明显症状的多见于3周龄以下的雏鸡。

病禽通过粪便排出病原,污染饲料、饮水、用具、人员,发生水平传播。病原在外界环境中存活时间较长。另一重要的传播方式是垂直传播,感染后的产蛋母鸡,大多数在为期3周内所产的蛋中含有病毒,用这些带毒种蛋孵化时,一部分鸡胚在孵化中死亡,另一些鸡胚可孵出,出壳雏鸡可在1~20日龄之间发病和死亡,造成本病的流行,引起较大的损失。

本病一年四季均可发生,无明显的季节性。

【症状】本病经胚胎感染,潜伏期为1~7天;经口感染,潜伏期至少11天,最长达44天。典型的病状最多见于7~14日龄雏鸡,偶见于1月龄小鸡。

(1)雏鸡:发病初期,患鸡精神沉郁,反应迟钝,随后部分患鸡陆续出现共济失调,不愿走动,或走动步态不稳,直至不能站立,双跗关节着地,双翅张开垂地,勉强拍动翅膀辅助前行,甚至完全瘫痪。部分患雏头颈部肌肉震颤,尤其给予刺激时,震颤加剧。患鸡在发病过程仍有食欲,但常因完全瘫痪而不能采食和饮水,以致衰竭死亡,病程为5~7天。

(2)中鸡:少数鸡只发病,患鸡表现呆立、软脚,甚至出现中枢神经紊乱症状,偏头伸长颈向前直线行走或倒退,或突然无故将头向左右等方向扭转等。个别患鸡可能发生一侧或双侧性眼球晶状体浑浊,甚至失明。

(3)成年种鸡:无神经症状,主要表现为一过性产蛋下降,一般产蛋率下降可达10%~20%,约14天后恢复正常。所产种蛋的孵化率下降,胚胎多数在19日龄前后死亡。母鸡还可能产小蛋,但蛋的形状、颜色、内容物无明显变化。

【病理】患鸡无明显的肉眼可见的病理变化,仔细观察可能发现患雏肌胃的肌肉切面有一些斑驳的浅灰白色区,患鸡眼球晶状体可能出现浑浊。做病理组织学检查时,具有诊断意义的病理变化是脑干延髓和脊髓灰质中的神经元中央染色质溶解,脑中血管周围有"套管"现象,有大量的神经胶质细胞灶性增生,肌胃和胰脏中有大量淋巴细胞浸润。

【诊断】雏鸡在出生后1~2周龄发病,表现明显的共济失调和头颈肌肉震颤。发生产蛋量下降的母鸡其发病期间产下的后代雏鸡表现中枢神经紊乱等神经症状、病雏肉眼可见病理变化不甚明显,一般化学药物治疗无效等特征均有助于初诊。确诊时需进行病毒分离、荧光抗体试验、琼脂扩散试验及酶联免疫吸附试验。

临床上应与新城疫、维生素 B_1 缺乏症、维生素 B_2 缺乏症、维生素 E 硒缺乏症等相鉴别。

【治疗】

(1)引起雏鸡神经症状及较高死亡率:洛利美饮水,连用 3~5 天;欣独正或枝感欣拌料,连用 3~5 天;维他命金全天饮水,维生素 E 粉拌料,连用 5~7 天。

(2)产蛋鸡隐性感染(引起不明原因产蛋下降):欣独正或枝感欣拌料,连用 3~5 天;紫黄抗独宁或热独舒饮水,连用 3~5 天。第二个疗程用金蛋源拌料,连用 10~15 天;维他命金全天饮水,连用 5~7 天。

【预防】本病尚无药物治疗,主要是做好预防工作,不到发病鸡场引进种蛋或种鸡,平时做好消毒及环境卫生工作。

目前,免疫接种所使用的疫苗有禽脑脊髓"Calnek 1143 株"弱毒活疫苗和禽脑脊髓炎油乳剂灭活疫苗两种。其基本免疫程序是:首免,后备种鸡于 12 周龄时,经饮水免疫接种弱毒活疫苗,1~2 羽份/只;二免后备种鸡于 16 周龄时,经饮水免疫接种弱毒活疫苗,2 羽份/只,同时,可肌肉注射接种油乳剂灭活疫苗 0.5~1 毫升/只。通过这些免疫接种,免疫期可达 1 年以上,必要时可在种鸡产蛋中期再肌注油乳剂灭活疫苗 1 次,或在种鸡发病时用油乳剂灭活疫苗做紧急免疫注射进行防治。

八、鸡 痘

鸡痘是一种广泛分布于世界各地,特别是大型养鸡场的高度接触性病毒性传染病,秋冬季节易流行。尤其潮湿环境下,蚊子较多,会加速该病的传染,因此,多雨的秋季应该注意该病的提前预防。

【病原】本病病原为痘病毒科禽痘病毒属中的鸡痘病毒。该病毒为双链 DNA 病毒,有囊膜,病毒呈砖形,对干燥的环境有较强的抵抗力,但常用的消毒药品在 10 分钟内即可杀灭病毒。

【发病特点】鸡痘分布广泛,几乎所有养鸡的地方都有鸡痘病发生,并且一年四季均可发病,尤其以春、秋两季和蚊蝇活跃的季节最易流行。在鸡群高密度饲养条件下,拥挤、通风不良、阴暗、潮湿、体表寄生虫、维生素缺乏和饲养管理粗放,可使鸡群病情加重,如伴随葡萄球菌、传染性鼻炎、慢性呼吸道疾病,可造成大批鸡死亡,特别是大养殖场(户),一旦鸡痘暴发,就难以控制。

【症状】根据病鸡的症状和病变,可以分为皮肤型、黏膜型和混合型三种病型,偶有败血症。

(1)皮肤型:皮肤型鸡痘的特征是在身体无毛或毛稀少的部分,特别是在鸡冠、肉髯、眼睑和喙角,亦可出现泄殖腔的周围、翼下、腹部及腿等处,产生一种灰白色的小结节,渐次成为带红色的小丘疹,很快增大如绿豆大痘疹,呈黄色或灰黄色,凹凸不平,呈干硬结节,有时和邻近的痘疹互相融合,形成干燥、粗糙呈棕褐色的大的疣状结节,突出皮肤表面,痂皮可以存留 3~4 周之久,以后逐渐脱落,留下一个平滑的灰白色瘢痕,症状轻的病鸡也可能没有可见瘢痕。产蛋鸡则产蛋量显著减少或完全停产。

(2)黏膜型(白喉型):此型鸡痘的病变主要在口腔、咽喉和眼等黏膜表面。初为鼻炎症状,2~3 天后先在黏膜上生成一种黄白色的小结节,稍突出于黏膜表面,以后小结节逐渐增大并互相融合在一起,形成一层黄白色干酪样的假膜,覆盖在黏膜上面。如果用镊子撕去假膜,则露出红色的溃疡面。随着病情的发展,假膜逐渐扩大和增厚,阻塞在口腔和咽喉部位,使病鸡尤以幼雏鸡呼吸和吞咽障碍,严重时嘴无法闭合,病鸡往往作张口呼吸,发出"嘎嘎"的声音。此型鸡痘多发生于小鸡和中鸡,死亡率高,小鸡死亡可达 50%。有些严重病鸡,鼻和眼部也受到侵害,产生所谓眼鼻型鸡痘,先是眼结膜发炎,眼和鼻孔中流出水样分泌物,以后变成淡黄色浓稠的脓液。时间稍长者,由于眶下窦有炎性渗出物蓄积,因而病鸡的眼部肿胀,结膜充满脓性或纤维素性渗出物,可以挤出一种干酪样的凝固物质,甚至引起角膜炎而失明。

(3)混合型:本型是指皮肤和口腔黏膜同时发生病变,病情严重,死亡率高。

【病理】除见局部的病理变化外,一般可见呼吸道黏膜、消化道黏膜卡他性炎症变化,有的可见有痘疱。

【诊断】根据发病情况,病鸡的冠、肉髯和其他无毛部分的结痂病灶,以及口腔和咽喉部的白喉样假膜可做出初步诊断。确诊则有赖于实验室诊断,如鸡胚接种,分离病毒;接种易感鸡,出现痘肿;或进行血清学检查。

【治疗】

(1)大群鸡用吗啉胍按照1‰的量拌料,连用3~5日,为防继发感染,饲料内应加入0.2%土霉素,配以中药鸡痘散(龙胆草90克,板蓝根60克,升麻50克,野菊花80克,甘草20克,加工成粉末,每日成鸡2克/只,均匀拌料,分上下午集中喂服),一般连用3~5日即愈。

(2)对于病重鸡,皮肤型可用镊子剥离痘痂,伤口涂抹碘酊或紫药水或生棉油;白喉型可用镊子将黏膜假膜剥离取出,然后再撒上少许"喉症散"或"六神丸"粉或冰硼散,每日1次,连用3日即可。

(3)对于痘斑长在眼睑上,造成眼睑粘连,眼睛流泪的鸡可以采用注射治疗的方法给予个别治疗,用法为青霉素1支(40万单位)、链霉素1支(10万单位)、病毒唑1支、地塞米松1支,混匀后肌注,40日龄以下注射10只鸡,40日龄以上注射5~7只鸡。一般连续注射3~5次,即可痊愈。

【预防】

(1)预防接种:鸡痘的预防最可靠方法是接种疫苗。目前应用的鸡痘疫苗安全有效,适用于幼雏和不同年龄的鸡,临用时将疫苗稀释50倍,用专用刺痘针,在鸡的翅膀内侧无血管处皮下,每只鸡刺一下。通常接种后第4日接种部位出现肿起的痘疹,第9日形成痘斑,否则,免疫失败,须重新接种。一般在25日龄左右和80日龄左右各刺种一次,可取得良好的预防效果。

在接种工作中,要注意以下几点:接种疫苗必须用于健康鸡群;同一天免疫所有鸡,若用于紧急接种,应从离发病鸡群最远的鸡群开始,直至发病群;使用疫苗要充分摇匀,且一次用完;在秋季或夏秋之际进的雏鸡免疫应该提前到15日内,其他季节可以推迟到30~40日龄;工作完成后,要消毒双手并处理(燃烧或煮沸)残液。

(2)消灭和减少蚊蝇等吸血昆虫危害:消除鸡舍周围的杂草,填平臭水沟和污水池,并经常喷洒杀蚊剂消灭蚊蝇等吸血昆虫;对鸡舍门窗、通风排气孔安装纱窗门帘,并用杀虫剂喷洒纱窗门帘防止蚊蝇进入鸡舍,减少吸血昆虫传播鸡痘。

(3)改善鸡群饲养环境:规模养鸡场(户)应尽量降低鸡的饲养密度,保持鸡舍通风换气良好;加强卫生消毒,每批鸡出笼后应将栏舍内可移物全面清除,并彻底打扫干净,再用常规消毒药剂喷洒消毒,饲养用具用沸水蒸煮消毒。遇高温高湿季节,应加强鸡舍内通风和吸湿防潮,以保护易感鸡群。同时要加强鸡群饲养,保持日粮营养全面,增强鸡群的抗病能力。

(4)防止鸡痘疫情传入:除平时做好鸡群的卫生防疫外,对引进的鸡群,必须事先做好鸡痘疫苗的免疫接种,鸡群引进后要经过隔离饲养观察,证明无病后方可合群。一旦发生鸡痘,应及时隔离病鸡,对重症者应及时淘汰,对死亡和淘汰的病鸡及时进行深埋或焚烧等无害化处理,对鸡舍、运动场和一切用具进行严格消毒。对病状轻、经治疗转归的鸡群应在完全康复后2个月方可合群,同时对易感鸡群进行紧急免疫接种,以防鸡痘疫情扩散。

九、减蛋综合征

减蛋综合征(EDS-76)是一种以引起青年母鸡产蛋量和蛋的品质下降为特征的接触性传染病。我国是1992年证实有该病的存在。

【病原】鸡减蛋综合征病毒是腺病毒属的病毒。病毒大小为76～80纳米,呈二十面体对称,是无囊膜的双股DNA病毒。对乙醚不敏感,pH耐受范围广,如pH3时不死。加热60℃30分钟丧失致病性,70℃20分钟完全灭活,室温条件下,至少可存活6个月以上。0.1%甲醛48小时,0.3%甲醛24小时可使病毒灭活。

【发病特点】

(1)易感动物和发病日龄:各日龄的鸡均可感染,产褐色壳蛋的种母鸡最易感,产白色壳蛋的母鸡患病率低。在产蛋高峰期和接近产蛋高峰期是发病高潮,其自然宿主是鸭或野鸭。

(2)传播途径:鸡体内的病毒可经种蛋传染给下代雏鸡,这是本病传播的重要方式,病毒在体内长期潜伏,一直到产蛋高峰期才发病,另一种传播方式是污染饲料、饮水,经消化道感染健康鸡,传播缓慢,同时有些弱毒疫苗是由非特异性病原的鸡胚制作的,其中含有减蛋综合征病毒。注射或饮水易于传播本病;鸡鸭混养,注射针头也可以传播此病。

【症状】发病鸡群的临床症状并不明显,发病前期可发现少数鸡腹泻,个别呈绿便,部分鸡精神不佳,闭目似睡,受惊后变得精神。有的鸡冠表现苍白,有的轻度发紫,采食、饮水略有减少,体温正常。发病后鸡群产蛋率突然下降,每天可下降2%～4%,连续2～3周,下降幅度最高可达30%～50%,以后逐渐恢复,但很难恢复到正常水平或达到产蛋高峰。在开产前感染时,产蛋率达不到高峰。蛋壳褪色(褐色变为白色),产异形蛋、软壳蛋、无壳蛋的数量明显增加。

【病理】本病常缺乏明显的病理变化,其特征性病变是输卵管各段黏膜发炎、水肿、萎缩,病鸡的卵巢萎缩变小,或有出血,子宫黏膜发炎,肠道出现卡他性炎症。组织学检查,子宫输卵管腺体水肿,单核细胞浸润,黏膜上皮细胞变性、坏死,子宫黏膜及输卵管固有层出现浆细胞、淋巴细胞和异嗜细胞浸润,输卵管上皮细胞核内有包涵体,核仁、核染色质偏向核膜一侧,包涵体染色有的呈嗜酸性,有的呈嗜碱性。

【诊断】多种因素可造成密集饲养的鸡群发生产蛋下降,因此,在诊断时应注意综合分析和判断。减蛋综合征可根据发病特点、症状、病理变化、血清学及病原分离和鉴定等方面进行分析判定。

【治疗】本病无特异性治疗方法,只能对症治疗,可适当添加微量元素和维生素,可促进其产蛋恢复。

【预防】

(1)卫生管理措施:目前对该病尚无特效药物进行治疗,所以必须加强卫生管理措施。

①由于减蛋综合征是垂直传播,所以,要注意不能使用来自感染鸡群的种蛋。

②病毒能在粪便中存活,具有抵抗力,因此要有合理有效的卫生管理措施。严格控制外来人员及野鸟进入鸡舍,以防疾病传播。

③对鸡采取"全进全出"的饲养方式,对空鸡舍全面清洁及消毒后,空置一段时间方可进鸡。对种鸡采取鸡群净化措施,即将40周龄以上的鸡所产蛋孵化成雏后,分成若干小组,隔开饲养,每隔6周用HI测定抗体,一般测定10%~25%的鸡,淘汰阳性鸡。直到40周龄时,100%阴性鸡继续养殖。

(2)免疫预防:已研制出减蛋综合征油乳剂灭活苗、鸡减蛋综合征蜂胶苗等,于鸡群开产前2~4周注射0.5毫升,由于本病毒的免疫原性较好,对预防减蛋综合征的发生具有良好的效果,可保护一个产蛋周期。

十、病毒性关节炎

病毒性关节炎又名传染性腱鞘炎,该病多见于肉鸡,由于病鸡运动障碍、生长停滞、死淘率升高,给肉鸡生产带来重大损失,是我国养鸡业不可忽视的传染病之一。

【病原】该病的病原体是呼肠孤病毒科呼肠孤病毒属中的传染性关节炎病毒。病毒约75纳米,二十面体。该病毒无血凝原性,对热比较稳定,60℃能耐受8~10小时,37℃可存活15~16周,4℃存活3年以上,-20℃可达4年以上。对乙醚、氢氧化钠、过氧化氢、2%来苏儿、3%福尔马林均有抵抗力。但对3%氢氧化钠、70%酒精和0.5%有机碘十分敏感。可在鸡胚绒毛尿囊膜或卵黄囊以及原代鸡肾细胞上增殖,有致细胞病变作用并形成脑浆包涵体。

【发病特点】本病仅发生于鸡,主要感染4~16周龄的肉鸡,尤以4~6周龄肉鸡多发。1日龄雏鸡易感性最强,日龄较大易感性减轻。本病可水平传播也可以通过种蛋垂直传播,主要通过呼吸道与消化道在鸡群中传播蔓延。

【症状】本病的主要症状是跛行和足趾以上的足部及足胫腱鞘肿胀,严重时以膝着地,无法行动,部分病鸡可能在足关节炎症不明显之前呈败血症死亡。病变见足和胫部的腱鞘水肿,腓肠肌腱破裂,胫关节和趾关节肿大,关节中含有棕黄色或带血色的渗出物,炎症转化为慢性时,腱鞘硬化和粘连,关节软骨烂斑,骨膜增生。

【病理】患鸡跗关节上下周围肿胀,切开皮肤可见到关节上部腓肠腱水肿,滑膜内经常有充血或点状出血,关节腔内含有淡黄色或血样渗出物,少数病例的渗出物为脓性。其他关节腔淡红色,关节液增加。根据病程的长短,有时可见周围组织与骨膜脱离。大雏或成鸡易发生腓肠腱断裂。换羽时发生关节炎,可在患鸡皮肤外见到皮下组织呈紫红色。慢性病例的关节腔内的渗出物较少,腱鞘硬化和粘连,在跗关节远端关节软骨上出现凹陷的点状溃烂,然后变大、融合,延伸到下方的骨质,关节表面纤维软骨膜过度增生。有的在切面可见到肌和腱交接部发生的不全断裂和周围组织粘连,关节腔有脓样、干酪样渗出物。有时还可见到心外膜炎,肝、脾和心肌上有细小的坏死灶。

【诊断】病毒性关节炎的初期诊断较为困难,关节肿胀与沙门杆菌病、大肠杆菌病和葡萄球菌病等引起的症状不易区分,同时也极易与这些病菌混合感染。因此,对此病的诊断,一般是根据症状及流行特点做出初步诊断,再根据病原学及血清学方法进行确诊。

【治疗】剔出病鸡,集中饲养,症状严重的应淘汰。病症较轻者每代康尔得兑100千克水、每代氟苯尼考兑100千克水混合使用,连用5～7天。

【预防】

(1)环境消毒:病毒对热的抵抗力较强,对于肉用鸡采用全进全出,消毒后空舍一段时间。消毒剂中0.5%有机碘及碱性消毒液如草木灰、氢氧化钠较为有效。

(2)杜绝经蛋传播:不要从发病鸡场购进种蛋,同时严格饲养幼鸡,因为雏鸡在1～20日龄时是最易感的。要加强兽医卫生防疫。

(3)种鸡可在7日龄及6周龄各进行一次S1133弱毒疫苗接种,然后在20周龄注射一次油乳剂灭活疫苗,如此可使子代免受早期感染。肉仔鸡可在1日龄时用多价弱毒疫苗进行免疫。

十一、传染性贫血病

鸡传染性贫血病是一个以再生障碍性贫血和全身淋巴器官萎缩,造成免疫抑制为主要特征的病毒性传染病,又称出血综合征、贫血、出血性贫血综合征、出血性再生不良性贫血综合征、贫血皮炎和蓝翅病等。

【病原】鸡贫血病毒可在鸡胚中繁殖,也可在细胞系上生长繁殖。病毒能耐受50%氯仿处理15分钟、50%乙醚处理18小时、pH3.0处理3小时,对热有较强的抵抗力,用5%酚处理5分钟病毒即失去其感染性。

【发病特点】自然条件下只有鸡对本病易感,不同品种的鸡都能感染本病。随着年龄增加,本病对鸡的易感性明显减少。主要发生在2~3周龄内的雏鸡,1~7日龄雏鸡最易感,其中以肉鸡尤其是公鸡更易感染。

本病主要通过蛋垂直传播,水平传播一般不引起发病,但有抗体产生。病愈鸡可产生中和抗体。带有母源抗体的雏鸡一般不感染发病,但抗体水平低或母源抗体水平正常而混合其他病原体感染或继发感染均可能发病。与马立克病毒混合感染,会造成鸡的早期死亡,与法氏囊病毒混合感染会大大提高鸡的死亡率。该病也可能是造成鸡新城疫免疫失败的原因之一。

【症状】本病的主要临床特征是贫血,一般在感染后10~12天症状表现最明显,病鸡表现精神沉郁、消瘦、苍白、翅膀皮炎或蓝翅,体重减轻,全身或头颈部皮下出血、水肿,2~3天后开始死亡,死亡率不一致,通常为10%~50%。本病导致鸡体骨髓造血细胞形成紊乱而产生贫血症状。感染鸡血稀如水,血凝时间延长,血细胞容积可降低到20%以下,红、白细胞数量减少,可分别降到100万/毫升和5000万/毫升以下。

【病理】特征性的病变是骨髓萎缩,呈脂肪色、淡黄色或淡红色,常见有胸腺萎缩,甚至完全退化,呈深红褐色。法氏囊萎缩,体积缩小,外观呈半透明状。肝、脾、肾肿大,褪色。心脏变圆,心肌、真皮和皮下出血。骨骼和腺胃固有层黏膜出血,严重的出现肌胃黏膜糜烂和溃疡。有的鸡有肺实质性变化。

【诊断】根据临床症状和剖检变化,可做出初步诊断。确诊须进行病理组织学检查、病毒分离鉴定和血清学试验。

【治疗】虽无特效治疗方法,但使用抗生素可防止并发或继发感染,饲料中增加维生素、微量元素、氨基酸等可减缓病情,降低死亡,对缩短病程及病鸡的耐过康复有积极作用。

【预防】本病目前尚无特效治疗方法,防止该病的传入是关键。

(1)重视日常卫生防疫:防止由环境因素及其他传染病导致的免疫抑制,搞好传染性法氏囊病、马立克病等疫苗的免疫接种和其他基础免疫。加强饲养管理,提高鸡群的抵抗力,强化鸡舍、环境、饮水、用具的经常性净化、消毒,减少或消除环境中鸡传染性贫血病病毒的存在,防止易感鸡感染出现亚临床症状。

(2)免疫接种以防垂直传播感染发病:种鸡于13~14周龄(开产前6周),用鸡传染性贫血病弱毒疫苗肌肉或皮下注射,可有效防止子代发病。鸡传染性贫血病疫苗不宜对6周龄内雏鸡和产蛋前3~4周内种鸡群接种,否则雏鸡被感染或通过种蛋传播疫苗病毒。喷雾或饮水免疫应慎重。目前疫苗主要是进口疫苗,国内尚无生产。

(3)加强检疫监测,防止引入带毒鸡,严防鸡传染性贫血病的传入是关键。要从无鸡传染性贫血病的厂家引进种鸡种蛋,防止从外引入带毒鸡;对使用的有关疫苗进行鸡传染性贫血病病毒污染的检查;要加强鸡传染性贫血病的检疫工作,随时掌握是否有鸡传染性贫血病亚临床感染的存在。有条件的鸡场应进行免疫抗体监测,以掌握鸡传染性贫血病疫苗免疫对鸡群的保护力。

十二、出血性肠炎

出血性肠炎又称鸡枯竭性肠道病,是由禽腺病毒2型引起幼龄鸡以突然发生抑郁、血便、高死亡率为特征的传染病,夏季多发。

【病原】本病病原为腺病毒科、禽腺病毒2型,无囊膜,核酸型为DNA。病毒在脾脏、肠壁和网状内皮系统等细胞增殖,并在细胞核内形成包涵体。分离的病毒可在鸡白细胞培养中增殖,并能连续传代,但不能在鸡胚上分离培养。病毒对氯仿、乙醚不敏感,但可被一般消毒药杀死。

【发病特点】本病仅发生在鸡,6~12周龄的幼龄鸡多发,6周龄以内和12周龄幼鸡偶有发生。多发生于夏季,且以放养鸡发病多。病鸡自口、鼻、泄殖腔排毒,从而污染环境、饲料和水,经消化道传染,鸟类和啮齿动物可能是机械传播者,一旦传入鸡群,则呈水平传染。

【症状】潜伏期3~6天。流行初期往往表现突然死亡,随后表现为精神沉郁,食欲明显降低,拉带血粪便,不久即死亡,病死率10%~15%,高的达60%以上,病程10~21天。

【病理】

(1)肉眼变化:主要累及腹腔各个器官。在急性病例中,肠道膨胀,内充满血染的黏液和饲料,偶见有坏死灶。最初的损害是在十二指肠和小肠前段。肝、肾,特别是脾可见肿大,有时表面有出血。脾的切面呈大理石样外观。在一些损害不太严重的病例,肠道内容物没有血染样液体而出现黏液性肠炎,并有一些坏死灶,黏膜呈粉红色。脾脏肿大,其他内脏器官正常。

(2)组织学变化:受侵害的肠道见充血、绒毛变性、毛细血管出血、黏膜固有层炎症细胞浸润;脾脏增生、淋巴细胞坏死,并伴有腺病毒感染的特征性变化即出现核内包涵体。据报道,这包涵体多见于肠道绒毛上皮细胞、肾、肺和法氏囊。

【诊断】肉眼病变有助于诊断,在脾脏发现包涵体可作证实。病原确诊,可取病鸡脾或粪便经口服或静注6～10周龄易感鸡,看是否出现相同症状和病变。以含包涵体的脾脏匀浆作为抗原,用双向免疫扩散试验,检测康复的或自然感染的鸡血清中的沉淀素也可确诊。

【治疗】高免血清或康复鸡的康复血清,在疫病流行中可减少发病、死亡损失,一般皮下注射0.5～1毫升,应在刚发现本病的4天内进行方有良效。

【预防】感染性垫料和粪便是最普遍的传播媒介,所以首先要采取良好的生物安全措施来预防和控制疾病。用0.0086%次氯酸钠溶液或其他杀病毒制剂,包括酚类衍生物,辅以25℃干燥1周可以清洁和消毒污染的设施。但在大多数商品鸡群中,尤其是那些鸡龄层次多的鸡场,要想对病毒进行全面杀灭是不切实际的。在这种情况下,接种疫苗是控制和预防临床发病的最可行办法。目前国内尚无商用疫苗上市,但用分离的无毒力株制成的鸡出血性肠炎活疫苗用于饮水免疫,效果相当不错。

十三、鸡白血病

鸡白血病是由禽白血病病毒引起的慢性传染性肿瘤病,也叫做鸡淋巴细胞白血病,俗称"大肝病"。

【病原】禽白血病病毒属反转录病毒科,C型肿瘤病毒属,禽白血病/肉瘤病毒群。该病毒还可分为A、B、C、D、E 5个亚群,其中A亚群是最主要的致病毒株。该病毒对乙醚和氯仿敏感,对热不稳定,高温下可快速灭活。

【发病特点】本病主要感染鸡,但其实验宿主范围较广。病毒主要经卵垂直传播,种蛋的感染频率较低,但用感染的鸡蛋孵出的雏鸡,可发生持续性毒血症,增加了鸡白血病死亡的危险性。而且可使后代鸡群的产蛋量下降,并将感染通过鸡蛋一代一代传播下去,但公鸡不引起病毒的垂直感染。由于日龄、性别、品种的不同,鸡白血病发病率有很大差异。实践中发现本病多发生在4个月龄以上,特别是6个月龄以上的母鸡,4个月龄以下的鸡很少发生。病鸡通过粪便和唾液排毒,从而造成同群鸡的水平传播。

【症状】无特征性症状,只有一般症状,如冠髯苍白皱缩,食欲废绝,基本症状是进行性消瘦,全身衰弱,常发生下痢,产蛋停止;后期腹部膨大,用手按压时,可以触到肿大的肝脏,最后极度虚弱而死。根据鸡白血病的类型不同可出现不同的临床症状。发生在肝、脾、肾及法氏囊的肿瘤,通常称为大肝病,病鸡表现昏睡,体温41℃以上,有时突然死亡。发生血液型白血病可见鸡冠肉髯苍白或浅白色,病死率较高。发生在长骨的肿瘤又叫骨不化病,可见骨畸形、变厚,病鸡的腿呈弓型,走路姿态不稳,病程常为慢性经过。

【病理】剖检可见实质器官肿大,出血,尤其是肝脏深紫色、肿大,可充满整个腹腔,肿瘤多为灰白色,轮廓较清晰,脾、肝肿瘤最为严重,其他器官(肾、肺、心、骨髓、腔上囊和肠系膜等)也有很多肿瘤。骨不化病的长骨呈弓型或中间粗两端细的纺锤形。

【诊断】在超过16~20周龄的鸡体上发现典型的肿瘤和明显的肝肿大时,就要考虑本病。拔一根带羽髓的羽毛,做琼脂扩散试验即可确诊。鸡白血病主要与马立克病相鉴别,要点是法氏囊的病理变化不一致,实验室血清学和病毒分离可以鉴别。

【治疗】目前还无治疗方法,只有做好预防。

【预防】

(1)用不带病毒母鸡产的种蛋去孵化,入孵前要消毒。

(2)雏鸡与成鸡要隔离饲养。

(3)定期检查,发现病鸡随时淘汰,发现可疑鸡,立即隔离观察。

(4)此病毒随粪排出,病鸡和可疑鸡的粪便要做发酵处理,杀死病毒。

(5)注重鸡场的防疫消毒工作,鸡场环境及鸡舍用具要定期消毒,对进出车辆、人员也要采取切实可行方法进行消毒,将病源消灭,这是最有效的预防办法。

十四、肿头综合征

鸡肿头综合征是由禽肺炎病毒引起并继发致病性大肠杆菌等感染的一种鸡的传染病,以肿头和特征性神经症状为主要特征,产蛋鸡还可发生产蛋量下降,孵化率降低。

【病原】本病病因尚无统一认识,试验表明,本病发生与大肠杆菌、金黄色葡萄球菌、链球菌、传染性法氏囊病毒、传染性支气管炎病毒等的侵入有关,与肺病毒也有关。

【发病特点】鸡肿头综合征主要危害鸡(肉用种鸡、商品蛋鸡、肉鸡均可发生)和火鸡,鸡和火鸡是已知的自然宿主。主要通过接触水平传播,病鸡或康复鸡的消化道和鼻腔分泌物污染饮水及环境而成为传染源,该病传播速度较慢,目前尚无证据表明该病可以垂直传播。对于肉鸡,鸡肿头综合征的发病年龄在4~7周龄,而以5~6周龄为高峰,对于肉用种鸡和商品蛋鸡则可发生于各种年龄。在不予治疗的情况下,病程大约为10天,如果应用抗生素治疗并改善通风条件,病程一般可缩短到3~5天。

【症状】病初出现喷嚏或发出咯咯声,1天内可见鸡结膜潮红和泪腺肿胀,患鸡用爪抓面部,表现面部痛痒,接着可见少数鸡眼睑、眼周围及头部水肿,2~3天后,头、眼睑显著水肿,结膜炎,因泪腺肿胀,内眼角呈卵圆形隆起,眼睛闭合。有的下颌、颈上部和肉髯也出现水肿,少数病鸡出现斜颈、转圈、共济失调和角弓反张,常见有腹泻,粪便呈绿色,恶臭,病鸡因无法采食,或因某些条件性致病菌导致败血症而死亡。蛋鸡产蛋量几天内略有下降。

【病理】剖检可见头面部皮下水肿,无色渗出液增多,鼻腔内充满黏稠性液体,泪腺、结膜囊和面部皮下组织内存在数量不等的干酪样渗出物。肝、脾肿大,土灰色;心包膜增厚混浊,心包内充满黄色纤维蛋白渗出液;部分鸡有卵黄性腹膜炎。

【诊断】鸡肿头综合征在临床上表现头肿胀、特征性神经症状和病理变化有助于该病的初步诊断,但要确诊此病有赖于病原的分离鉴定和血清学检测等。

【治疗】目前对本病无特异性的免疫和治疗方法,对发病的鸡给予抗生素或磺胺类药物,控制并发性细菌感染,也可用氟甲喹治疗本病,连用2~3天。

【预防】改变鸡舍卫生条件,减低饲养密度,减少空气中的氨气浓度,以及增强鸡舍换气率等措施,对于防止或减少疾病的发生及危害程度均有较好效果。

十五、传染性发育障碍综合征

本病是一种主要侵害肉用仔鸡,引起肉用仔鸡严重生长抑制的传染性疾病。主要特征是肉用仔鸡发育迟缓或停滞,饲料报酬低,鸡冠和胫部苍白,羽毛生长不良,腿软、运动障碍等多种临床症状。

【病原】目前对于传染性发育障碍综合征在病原或发病原因方面尚无一致意见。许多研究者证实,用病鸡小肠组织匀浆的无菌滤液给无母源抗体的易感雏鸡口服接种,能复制出与自然病例相同的病鸡,因此认为本病的病原可能是病毒。此外,许多学者还从病鸡的肠道组织中分离到呼肠孤病毒、冠状病毒、细小病毒、披膜病毒、肠道病毒和禽反转录病毒等。多数学者认为本病的主要病原是禽呼肠孤病毒。但是将这些病毒提纯后做致病试验,任何一种病毒都不能单独完全复制成功,因此有人认为除病毒外,还可能有细菌参与致病,亦即多种病原共同致病的结果。当然不排除存在新的病毒的可能性。也有报告认为传染性发育障碍综合征是一种与缺少硒微量元素有关的代谢性疾病。

研究表明,传染性发育障碍综合征的病原体的主要靶器官是小肠,可致肠绒毛和肠腺发炎肿胀,甚至坏死。发病鸡对营养的利用率下降,可能是由于吸收不良或消化不良所引起。病鸡的胰脏也受到损伤,腺管阻塞,可能是引起消化不良或吸收不良的原因。此外,在临床中霉菌毒素及其他一些毒素也能引起类似的综合征,它们也可能是这种发育障碍综合征的病因之一,应引起重视。

【发病特点】病鸡和带毒鸡是主要传染源,病毒主要从肠道排出,通过污染的鸡舍、饲料和饮水,经消化道感染。也可通过种蛋垂直传播。本病在一个地区或鸡场一旦发生则很难彻底消灭,水平传播迅速,曾报道将1~3日龄健康雏鸡放入病鸡群中,很快发生同居感染,出现明显症状。通常发病率为5%~20%,而6~14日龄死亡率可达15%左右,发病率和死亡率与饲养管理条件有密切关系。另一研究显示,当把1~3日龄内的健康雏鸡与50%或25%的病鸡放在一起时,同居鸡可100%发病,出现典型的临床症状,包括发生骨骼异常等病症,其严重程度相同。由于7日龄时感染鸡就不会发生骨骼发育异常,因此可以认为该病由一只鸡到另一只鸡的传播是相当迅速的,很可能在一天之内就发生。多数资料表明,鸡场发生本病主要是由于与病鸡直接接触而引起的。

【症状】本病主要发生于肉用仔鸡,特别是3周龄以内的幼龄肉用仔鸡最易发生,但由于不同地区不同时期以致不同的鸡群中所发生的发育障碍综合征的症状,其报道也不一致,总之可有多种症状出现。肉用仔鸡最早发生于3~7日龄,开始表现为精神倦怠,水样腹泻,粪便内含未消化的食物,病鸡腹部膨胀下垂。体重迅速下降,仅为正常鸡体重的 1/3,个体矮小,生长明显受阻。羽毛发育异常,受感染的小鸡绒毛保持较长时间,主翼羽生长推迟,羽毛蓬松,干枯无光泽,容易断裂。3 周龄以上病鸡骨骼变化较为明显,表现为站立无力,跛行。嘴、脚色苍白,色素消失。头颈、肉髯水肿。

特征性的临床表现是整个鸡群生长不均匀,大小不一,1 周龄或更小时表现较为明显,一群鸡中一般有 5%～20%的鸡受感染,这些鸡到 4 周龄时只有同栏鸡的一半那么大,甚至更小。在 6～14 日龄时,可见死亡率有所升高。病鸡过量饮水、下痢、排黄色至橙咖啡色带黏液的稀粪。羽毛粗乱、无光泽,颈部单留有绒毛,翅膀上常伴有位置不整的羽毛或断裂。

【病理】病死鸡矮小、消瘦。剖检时可见肠道肿胀、苍白,胃肠道充满未消化的食物。腺胃肿大且增厚,有炎性反应,甚至坏死。肌胃缩小并糜烂,心包发炎,心包液增多,可见局灶性心肌炎,肝脏苍白和炎症,胰腺通常有不同程度的损害,见胰腺萎缩,腺管堵塞,苍白而坚实,尤其是在胰脏远侧 1/3 段表现更为明显。胸腺和法氏囊萎缩变小。胫骨或肋骨变形,呈佝偻样变化,大腿骨骨质疏松,股骨坏死,易断裂。长骨变软,生长板变厚。

显微病理变化主要是肠道可见绒毛变钝,肠腺肿胀。腺胃内腺间组织有单核细胞浸润,这种腺胃炎可能是发育迟缓的原因之一。法氏囊小叶萎缩,胸腺见皮质部分变少,难以将皮质和髓质区分开来。胰脏早期损伤见外分泌细胞皱缩和空泡化,从而引致细胞萎缩,后期多数外分泌组织被纤维组织所取代。胰岛周围见散在的淋巴样细胞灶以及残留的外分泌组织。不正常的长骨生长板见一增殖变厚区,与肥大区界限不清,肥大区来自干骺端的血管明显减少。

生化测定表明,病鸡血浆中类胡萝卜素含量降低,而碱性磷酸酶活性升高。血液中的血浆蛋白升高而血浆色素减少。肝脏及血浆中的维生素A、维生素D、维生素E含量都下降,肝脏中的糖原含量升高,血浆中的淀粉酶活性上升,但血浆中的谷胱甘肽过氧化物酶活性降低。

【诊断】由于目前对本病的病原尚未最后确定,因此在诊断上只能根据临床观察到的生长发育迟缓,结合病理解剖学上的变化来作出初步诊断,如发病年龄,腹泻、羽毛蓬乱、体形矮小、跛行以及腿骨的变化等。进一步确诊需要进行病原分离和电镜观察,在有条件的实验室可采取小肠、胰脏、腺胃等进行组织切片观察。也可测定血浆中碱性磷酸酶的活性和类胡萝卜素的浓度作为辅助诊断方法。确诊时也应与其他类似疾病如营养消化不良等相区别。

【治疗】

(1)三仪奇健(精制黄芪多糖溶液)+三仪保康肽(白细胞介素)+金唯肽(包被微生态制剂)。用法:三仪奇健,150千克水/瓶;三仪保康肽,500只鸡/瓶;金唯肽,1000千克水/袋。以上药品每天一次,连用4天。间隔3天再用3天,效果更佳。

(2)三仪倍健(核糖核酸)+干扰肽(益生菌代谢产物)+溶菌酶+金唯肽。用法:三仪倍健,1000只鸡/瓶;干扰肽,1000只鸡/瓶;溶菌酶,1500只鸡/瓶;金唯肽,1000千克水/袋。以上药品每天一次,连用4天。金唯肽可连用1周,间隔3天再用5天。

【预防】由于病因复杂,在防治方面目前仍没有特异性的措施,需采用综合性防疫措施。但据试验显示,采取综合性防疫措施会有利于减少本病的发生并减少经济损失。

(1)加强鸡场的综合防疫工作,育雏舍育雏工作结束后,必须更换垫料,并进行认真的清洁和消毒。通过污染场地传播是本病主要的传播方式,因此雏鸡舍的清洁消毒对杜绝本病的传播就显得相当重要。

(2)做好饲料的贮存工作,防止贮存饲料受霉菌污染和腐烂。霉菌可在饲料中产生真菌毒素,引起鸡群的中毒、腹泻及生长抑制等类似于本病的症状。因此,妥善保管饲料就显得非常重要。在肉用仔鸡的日粮中添加 0.05% 的硫酸铜,可减少饲料的受潮。

(3)消除免疫抑制因素。免疫抑制因素如传染性法氏囊病等对本病有重要影响。所以种鸡和肉用仔鸡均应做好传染性法氏囊病的免疫接种工作,减少鸡群可能出现的免疫抑制现象。

(4)防治球虫病。在大型养鸡场,球虫病对鸡是一种严重威胁的疾病。球虫病的侵袭可损伤肠道上皮使营养物质的吸收减少,生产性能降低。发生传染性发育障碍综合征的鸡群肠壁不同程度都受到损伤,受球虫的感染就显得更容易,发病也严重得多。为了减少两者之间的这种相互加强的效应,必须严格控制球虫病的发生。

(5)改善饲料的营养水平,提供质优价全的配合饲料对预防本病有一定效果。饲料必须含有高度可消化的营养物,最好添加足量的必需氨基酸,以提高饲料的利用率。此外,维生素量的增加一般也是有益的,而脂溶性维生素好处更多。但维生素 A 的含量要限制在 12 000 单位/千克饲料以下,以避免阻碍维生素 D 的吸收。每千克饲料中添加 0.25 毫克硒和 25~100 毫克维生素 E,可防止胰脏的损害。

十六、包涵体肝炎

包涵体肝炎又称贫血综合征,我国不少地区有本病的发生和流行。

【病原】本病病毒为一种禽腺病毒,为双股 DNA 病毒,病毒直径为 70~90 纳米,无囊膜,二十面体对称结构,在核内复制可产生嗜酸性和嗜碱性包涵体。病毒的血清型众多,已认定了鸡的 12 种血清型。

禽腺病毒对理化因素的抵抗力较强。病毒对脂溶剂如乙醚、氯仿、胰蛋白酶、2%酚和50%乙醇都有抵抗力,可耐受pH3～9,但0.1%的甲醛可灭活病毒。病毒对热具有明显的抵抗力,部分毒株在60℃、甚至70℃30分钟仍可生存。

【发病特点】本病主要流行于肉用仔鸡饲养地区,发生于3～15周龄的鸡,3～9周龄鸡最常见。本病的传染方式可以通过接触病鸡和污染的病鸡而感染,也可以通过鸡蛋传递给雏鸡。母鸡发生本病后,往往造成种蛋的孵化率降低和雏鸡的死亡率增高。本病的发生常与其他诱发条件有关,例如发生过传染性腔上囊病的鸡容易感染发病。

【症状】感染本病的鸡群,见不到明显症状,多数鸡只体况良好,常可出现少数鸡突然死亡。病鸡精神沉郁,食欲减少或废绝,呆立,羽毛松乱,鸡冠、肉髯和皮肤变苍白,有明显的贫血症状,出现黄疸。成年母鸡还可出现短暂的减蛋和种蛋孵化率下降现象。

【病理】典型病变在肝脏,肝肿大、色灰白、淡褐色或黄色,质脆;肝脏表面有许多大小不等的出血点或出血斑。有的还见肝脏有大小不等的坏死点,有时坏死和出血交互混杂,使肝脏呈斑驳状。病程稍长的,可见肝萎缩硬化,脾肿大,肾肿大,包膜下出血,尿酸盐沉积,胸肌、腿肌和内脏脂肪广泛出血,皮下组织、浆膜等可见明显的出血。骨髓常呈浅黄色,白液稀薄如水,骨髓呈红色或褪色。

【诊断】根据病鸡的病理变化,特别是急性病例的肝细胞印片染色后显微镜检查,发现具有特征性的嗜酸性核内包涵体,即可诊断为本病。也可以采取病变组织的磨碎匀浆接种4日龄的发育鸡胚卵黄囊,鸡胚一般在接种后5～10天死亡,可发现死亡鸡胚出血和肝脏有坏死灶,胚肝印片之中也可以看到核内包涵体。

【治疗】治疗可用病毒灵和板蓝根,配合利胆、助消化药物,连用5天。有人用包涵体肝炎血清干扰素制剂进行预防,亦取得了良好效果。

【预防】预防重在加强饲养管理,搞好鸡舍和环境卫生,定期严格消毒,杜绝传染源传入鸡群,避免和消除致病的应激因素。

第二节 常见细菌性传染病的防治

细菌性传染病包括禽霍乱、大肠杆菌病、鸡白痢、伤寒、葡萄球菌病、传染性鼻炎、曲霉菌病等。

一、禽霍乱

禽霍乱是一种侵害家禽和野禽的接触性疾病,又名禽巴氏杆菌病、禽出血性败血症。该病常呈现败血性症状,发病率和死亡率都很高,但也常出现慢性或良性经过。

【病原】多杀性巴氏杆菌是本病的致病源,长 1~1.5 微米,宽 0.3~0.6 微米,不形成芽孢,也无运动性。本菌对物理和化学因素的抵抗力比较低。在自然干燥的情况下,很快死亡。在 37℃ 保存的血液、猪肉及肝、脾中,分别于 6 个月、7 天及 15 天死亡。在浅层的土壤中可存活 7~8 天,粪便中可活 14 天。普通消毒药常用浓度对本菌都有良好的消毒力:1% 石炭酸、1% 漂白粉、5% 石灰乳、0.02% 升汞液数分钟至十数分钟死亡。日光对本菌有强烈的杀菌作用,薄菌层暴露阳光 10 分钟即被杀死。热对本菌的杀菌力很强,马丁肉汤 24 小时培养物加热 60℃ 1 分钟即死亡。

【发病特点】各种家禽和多种野鸟等都可感染本病,育成鸡和成年产蛋鸡多发,高产鸡易发。病鸡、康复鸡或健康带菌鸡是本病复发或新鸡群暴发本病的传染源。病禽的排泄物和分泌物中含有大量细菌污染饲料、饮水、用具和场地,一般通过消化道和呼吸道传染,也可通过吸血昆虫和损伤皮肤、黏膜等感染。本病的发生一般无明显的季节性,但以冷热交替、气候剧变、闷热、潮湿、多雨时期发生较多,常呈地方流行。鸡群的饲养管理、通风不良等因素,促进本病的发生和流行。

【症状】自然感染的潜伏期一般为2~9天,有时在引进病鸡后48小时内也会突然暴发病例。人工感染通常在24~48小时发病。由于家禽的机体抵抗力和病菌的致病力强弱不同,所表现的病状亦有差异。一般分为最急性、急性和慢性三种病型。

(1)最急性型:常见于流行初期,以产蛋高的鸡最常见。病鸡无前驱症状,晚间一切正常,次日发病死在鸡舍内。

(2)急性型:此型最为常见,病鸡主要表现为精神沉郁,羽毛松乱,缩颈闭眼,头缩在翅下,不愿走动,离群呆立。病鸡常有腹泻,排出黄色、灰白色或绿色的稀粪。体温升高到43~44℃,减食或不食,渴欲增加。呼吸困难,口、鼻分泌物增加。鸡冠和肉髯变青紫色,有的病鸡肉髯肿胀,有热痛感。产蛋鸡停止产蛋,最后发生衰竭,昏迷而死亡,病程短的约半天,长的1~3天。

(3)慢性型:由急性不死转变而来,多见于流行后期。以慢性肺炎、慢性呼吸道炎和慢性胃肠炎较多见。病鸡鼻孔有黏性分泌物流出,鼻窦肿大,喉头积有分泌物而影响呼吸。经常腹泻。病鸡消瘦,精神委顿,冠苍白。有些病鸡一侧或两侧肉髯显著肿大,随后可能有脓性干酪样物质,或干结、坏死、脱落。有的病鸡有关节炎,常局限于脚或翼关节和腱鞘处,表现为关节肿大、疼痛、脚趾麻痹,因而发生跛行。病程可拖至1个月以上,但生长发育和产蛋长期不能恢复。

【病理】

(1)最急性型常见本病流行初期,剖检几乎见不到明显的病变,仅冠和肉垂发绀,心外膜和腹部脂肪浆膜有针尖大出血点,肺有充血水肿变化。肝肿大表面有散在小的灰白色坏死点。

(2) 急性型剖检时尸体营养良好，冠和肉垂呈紫红色，嗉囊充满食物。皮下轻度水肿，有点状出血，浆液渗出。心包腔积液，有纤维素心包炎，心外膜出血，尤以心冠和纵沟处的外膜出血，肠浆膜、腹膜、泄殖腔浆膜有点状出血。肺充血水肿有出血性纤维素性肺炎变化。脾一般不肿大或轻度肿大、柔软。肝肿大，质脆，表面有针尖大的灰白色或灰黄色的坏死点，有时见有点状出血。胃肠道以十二指肠变化最明显，为急性、卡他性或出血性肠炎，黏膜肿胀暗红色，有散在或弥漫性出血点或出血斑。肌胃与腺胃交界处有出血斑。产蛋鸡卵泡充血、出血。

(3) 慢性型肉垂肿胀坏死，切开时内有凝固的干酪样纤维素块，组织发生坏死干枯。病变部位的皮肤形成黑褐色的痂，甚至继发坏疽。肺可见慢性坏死性肺炎。

【诊断】根据病鸡流行病学、剖检特征、临床症状可以初步诊断，确诊须由实验室诊断。取病鸡血涂片，肝脾触片经亚甲兰、瑞氏或姬姆萨染色，如见到大量两极浓染的短小杆菌，有助于诊断。进一步的诊断须经细菌的分离培养及生化反应。

【治疗】

(1) 在饲料中加入 0.5%～1% 的磺胺二甲基嘧啶粉剂，连用 3～4 天，停药 2 天，再服用 3～4 天；也可以在每 1000 毫升饮水中，加 1 克药，溶解后连续饮用 3～4 天。

(2) 在饲料中加入 0.1% 的土霉素，连续服用 7 天。

(3) 在饲料中加入 0.1% 的氯霉素，连用 5 天，接着改用喹乙醇，按 0.04% 浓度拌料，连用 3 天。使用喹乙醇时，要严格控制剂量和疗程，拌料要均匀。

(4) 对病情严重的鸡可肌肉注射青霉素或氯霉素。青霉素，每千克体重 4 万～8 万国际单位，早、晚各 1 次；氯霉素，每千克体重 20 毫克。

(5) 服用禽康灵（巴豆霜、乌蛇、明雄按 4∶2∶1 比例，研末混匀）。3月龄鸡每20～50只用药1克,成年鸡每5～10只用1克,均为每天1次服,重者首次可加倍剂量。

【预防】

(1) 切实做好卫生消毒工作,防止病原菌接触到健康鸡。做好饲养管理,使鸡只保持较强的抵抗力。

(2) 在禽霍乱流行严重地区或经常发生的地区,可以进行预防接种。目前使用的主要是禽霍乱菌苗。2月龄以上的鸡,每只肌肉注射2毫升,注射后14～21天可产生免疫力。这种疫苗免疫期仅3个月左右。若在第一次注射后8～10天再注射一次,免疫力可以提高且延长。但这种疫苗的免疫效果并不十分理想。

(3) 在疫区,鸡只患病后,可以采用喹乙醇进行治疗。按每千克体重20～30毫克口服,每天1次,连续服用3～5天;或拌在饲料内投喂,每天1次,连用3天,效果较好。

(4) 肌肉注射水剂青霉素或链霉素,每只鸡每次注射2万～5万国际单位,每天2次,连用2～3天,进行治疗。或在大群鸡患病时,采用青霉素饮水,每只鸡每天5000～10 000国际单位,饮用1～3天为宜。

(5) 利用磺胺二甲基嘧啶、磺胺嘧啶等,以0.5%的比例拌在饲料中进行饲喂。但此法会影响鸡产蛋量。

(6) 病死的鸡要深埋或焚烧处理。

二、大肠杆菌病

鸡大肠杆菌病是由致病性大肠杆菌引起的一种常见多发病,其中包括多种病型,且复杂多样,是目前危害养鸡业重要的细菌性疾病之一。

【病原】大肠埃希杆菌是中等大小杆菌,其大小为(1～3)微米×(0.5～0.7)微米,有鞭毛,无芽孢,有的菌株可形成荚膜,革兰染色阴性,需氧或兼性厌氧,生化反应活泼、易于在普通培养上增殖,适应性强。本菌对一般消毒剂敏感,对抗生素及磺胺类药等极易产生耐药性。

根据抗原结构不同,已知大肠杆菌有菌体(O)抗原170种,表面(K)抗原近103种,鞭毛(H)抗原60种,因而构成了许多血清型。最近菌毛(F)抗原被用于血清学鉴定,最常见的血清型K88、K99,分别命名为F4和F5型。在引起人畜肠道疾病的血清型中,有肠致病性大肠杆菌(简称EPEC)、肠毒素性大肠杆菌(简称ETEC)和肠侵袭性大肠杆菌(间称EIEC)等之分,多数肠毒素性大肠杆菌都带有F抗原。在170种"O"型抗原血清型中约1/2左右对禽有致病性,但最多的是O_1、O_2、O_{78}、O_{35} 4个血清型。大肠杆菌能分解葡萄糖、麦芽糖、甘露醇、木糖、甘油、鼠李糖、山梨醇和阿拉伯糖,产酸和产气。多数菌株能发酵乳糖,有部分菌株发酵蔗糖,产生靛基质。不分解糊精、淀粉、肌醇和尿素。

【发病特点】大肠杆菌是人和动物肠道等处的常在菌,在1克粪便中约含有106个菌。该菌在饮水中出现被认为是粪便污染的指标。禽大肠杆菌在鸡场普遍存在,特别是通风不良,大量积粪鸡舍,在垫料、空气尘埃、污染用具和道路、粪场及孵化厅等处环境中染菌最高。

大肠杆菌随粪便排出,并可污染蛋壳或从感染的卵巢、输卵管等处侵入卵内,在孵育过程中,使禽胚死亡或出壳发病和带菌,是该病传播过程中重要途径。带菌禽以水平方式传染健康禽,消化道、呼吸道为常见的传染门户,交配或污染的输精管等也可经生殖道造成传染。啮齿动物的粪便常含有致病性大肠杆菌,可污染饲料、饮水而造成传染。

本病主要发生密集化养禽场,各种禽类不分品种、性别、日龄均对本菌易感。特别幼龄禽类发病最多,如污秽、拥挤、潮湿通风不良的环境,过冷过热或温差很大的气候,有毒有害气体(氨气或硫化氢等)长期存在,饲养管理失调,营养不良(特别是维生素的缺乏)以及病原微生物(如支原体及病毒)感染所造成的应激等均可促进本病的发生。

【症状】大肠杆菌感染情况不同,出现的病情就不同。

(1)急性败血症:各种日龄的鸡均可发病,病鸡腹泻或呼吸困难,剖检心脏和肝脏表面覆盖一层易剥离的白色纤维素膜(肝周炎、心包炎),肉鸡容易继发腹水症。

(2)雏鸡脐炎:一般是由大肠杆菌和其他细菌混合感染引起,主要发生在出壳鸡,多数在出壳后2～3日内死亡。病雏虚弱,常堆挤在一起,水样腹泻,腹部膨大,脐孔未闭合,呈蓝黑色,有刺激性恶臭味,死亡率10%以上。

(3)卵黄性腹膜炎及输卵管炎:输卵管炎见于产蛋母鸡,输卵管管壁变薄,黏膜充血、出血,内有分泌物或干酪样坏死物,产蛋量减少,蛋壳带血或出现无黄蛋。产蛋鸡的输卵管因感染大肠杆菌而发生炎症,炎症产物使输卵管伞部粘连,卵泡不能进入输卵管而掉入腹腔引发本病。外观腹部肿胀、重坠。

(4)出血性肠炎:埃希氏大肠杆菌正常只寄生在鸡的下部肠道中,但当发生饲养和管理失调,卫生条件不良,各种应激因素存在,使鸡的抵抗力降低,大肠杆菌就会在上部肠道寄生,从而引起肠炎。病鸡羽毛粗乱,翅膀下垂,精神委顿,腹泻。雏鸡由于腹泻糊肛,容易与鸡白痢混淆。

(5)关节炎和滑膜炎:病鸡跛行或卧地不起,一个或一个以上的腱鞘和关节发生肿胀。

(6)气囊炎:表现咳嗽和呼吸困难,呈地方流行性,病死率5%～20%,有时可达50%。

(7)脑炎:部分血清型大肠杆菌能突破鸡的血脑屏障进入脑部而引起鸡的昏睡、神经症状和下痢。

(8)全眼球炎:多为一侧性,少数为两侧性。眼睑封闭,外观肿胀,里面蓄积脓液或干酪样物,眼球发炎。

【病理】

(1)鸡胚和雏鸡早期死亡:该病型主要通过垂直传染,鸡胚卵黄囊是主要感染灶。鸡胚死亡发生在孵化过程,特别是孵化后期,病变卵黄呈干酪样或黄棕色水样物质,卵黄膜增厚。病雏突然死亡或表现软弱、发抖、昏睡、腹胀、畏寒聚集,下痢(白色或黄绿色),个别有神经症状。病雏除有卵黄囊病变外,多数发生脐炎、心包炎及肠炎。感染鸡可能不死,常表现卵黄吸收不良及生长发育受阻。

(2)大肠杆菌性急性败血症:本病常引起幼雏或成鸡急性死亡。特征性病变是肝脏呈绿色和胸肌充血,肝脏边缘钝圆,外有纤维素性白色包膜。各器官呈败血症变化。也可见心包炎、腹膜炎、肠卡他性炎等病变。

(3)气囊病:气囊病主要发生于3~12周龄幼雏,特别3~8周龄肉仔鸡最为多见。气囊病也经常伴有心包炎、肝周炎,偶尔可见败血症、眼球炎和滑膜炎等。病鸡表现沉郁,呼吸困难,有啰音和喷嚏等症状。气囊壁增厚、混浊,有的有纤维样渗出物,并伴有纤维素性心包炎和腹膜炎等。

(4)大肠杆菌性肉芽肿:病鸡消瘦贫血、减食、拉稀。在肝、肠(十二指肠及盲肠)、肠系膜或心上有菜花状增生物,针头大至核桃大不等,很易与禽结核或肿瘤相混。

(5)心包炎:大肠杆菌发生败血症时发生心包炎,心包炎常伴发心肌炎。心外膜水肿,心包囊内充满淡黄色纤维素性渗出物,心包粘连。

(6)坠卵性腹膜炎及输卵管炎:常通过交配或人工授精时感染,多呈慢性经过,并伴发卵巢炎、子宫炎。母鸡减产或停产,呈直立企鹅姿势,腹下垂、恋巢、消瘦死亡,其病变与鸡白痢相似,输卵管扩张,内有干酪样团块及恶臭的渗出物为特征。

(7)关节炎及滑膜炎:表现关节肿大,内含有纤维素或混浊的关节液。

(8)眼球炎：是大肠杆菌败血病一种不常见的表现形式。多为一侧性，少数为双侧性。病初羞明、流泪、红眼，随后眼睑肿胀突起。开眼时，可见前房有黏液性脓性或干酪样分泌物。最后角膜穿孔，失明。病鸡减食或废食，经7～10天衰竭死亡。

(9)脑炎：表现昏睡、斜颈，歪头转圈，共济失调，抽搐，伸脖，张口呼吸，采食减少，拉稀，生长受阻，产卵显著下降。主要病变脑膜充血、出血、脑脊髓液增加。

【诊断】本病常缺乏特征性表现，其剖检变化与鸡白痢、伤寒、副伤寒、慢性呼吸道病、病毒性关节炎、葡萄球菌感染、新城疫、霍乱、马立克病等不易区别，因而根据流行特点、临床症状及剖检变化进行综合分析，只能作出初步诊断，最后确诊需进行实验室检查。

【治疗】

(1)用于表现肠炎症状的大肠杆菌的药物

①肠炎先锋，集中饮水，100～150千克水/瓶，连用3～5天。

②肠毒康，集中饮水，150千克水/瓶，连用3～5天。

③大肠杆菌灭，集中饮水，200千克水/瓶，连用3～5天。

以上药物任选一种配合黄芪多糖或黄芪维他使用。

(2)用于顽固性耐药大肠杆菌、严重的败血症或其他细菌混合感染的药物

①杆菌头孢，集中饮水，100～200千克水/瓶，连用3天。

②头孢先锋，集中饮水，150千克水/瓶，连用3～5天。

③杆菌先锋，全天饮水，150千克/瓶，连用3～5天。

以上药物任选一种配合黄芪多糖或黄芪维他使用。

(3)用于大肠杆菌引起的卵黄性腹膜炎、输卵管炎的药物

①卵炎康，集中饮水，150千克水/瓶，连用3～5天。

②杆菌头孢，集中饮水，100～200千克水/瓶，连用3天。

③头孢先锋,集中饮水,150千克水/瓶,连用3~5天。

④杆菌先锋,集中饮水,150千克/瓶,连用3~5天。

以上药物任选一种,连续使用3~5天,之后配合以下药物使用,疗效更佳。

①超强肽维素,全天饮水,1000千克水/瓶,连用3~5天。

②黄芪维他,全天饮水2500千克水/瓶,连用3~5天。

③东方增蛋散,全天拌料500千克料/袋,连用5~7天。

【预防】

(1)优化环境

①选好场址和隔离饲养,场址应建立在地势高燥、水源充足、水质良好、排水方便、远离居民区(最少500米),特别是要远离其他禽场、屠宰或畜产加工厂。生产区与生产区及经营管理区分开,饲料加工、种鸡、育雏、育成鸡场及孵化厅分开(相隔500米)。

②科学饲养管理:禽舍温度、湿度、密度、光照、饲料和管理均应按规定要求进行。

③搞好禽舍空气净化:降低鸡舍内氨气等有害气体的产生和积聚是养鸡场必须采取的一项非常重要的措施。常用方法如下。

饲料内添加复合酶制剂:如使用含有β-葡聚糖的复合酶,每吨饲料可按1千克添加,可长期使用。

饲料内添加有机酸:如延胡索酸、柠檬酸、乳酸、乙酸及丙醇等。

使用微生态制剂:赐美健;FM制剂(国产商品名称为"亿安")。

药物喷雾:0.3%过氧乙酸,按30毫升/立方米喷雾,每周1~2次,对发病鸡舍每天1~2次;多聚甲醛,在25平方米垫料中加入4.5千克多聚甲醛,它可和空气中氨中和,氨浓度很快下降到$5×10^{-6}$,但21天后应重新使用。

惠康宝:该制剂是由丝兰科植物茎部提取物,主要成分是沙皂素。

寡聚糖：糖萜素，蛋鸡 $400×10^{-6}$（配以25％大蒜素 $50×10^{-6}$），肉仔鸡 $(400～450)×10^{-6}$ 拌料；速达菌毒清，肉仔鸡保健程序，1～10日龄、21～30日龄、31～40日龄及41～50日龄各阶段饮用4～5天，每毫升速达菌毒清加水1千克饮用。蛋鸡保健程序，每隔10天饮水4天，其他同上。

机械清除：及时清粪，并堆积密封发酵，及时通风换气。

重视环境治理：饲养场地绿化，种草植树。

（2）加强消毒工作

①种蛋、孵化厅及禽舍内外环境要搞好清洁卫生，并按消毒程序进行消毒，以减少种蛋、孵化和雏鸡感染大肠杆菌及其传播。

②防止水源和饲料污染：可使用颗粒饲料，饮水中应加酸化剂（唬利灵）或消毒剂，如含氯或含碘等消毒剂；采用乳头饮水器饮水，水槽料槽每天应清洗消毒。

③灭鼠、驱虫。

④禽舍带鸡消毒有降尘、杀菌、降温及中和有害气体作用。

（3）加强种鸡管理

①及时淘汰处理病鸡。

②进行定期预防性投药和做好病毒病、细菌病免疫。

③采精、输精严格消毒，每鸡使用一个消毒的输精管。

（4）提高禽体免疫力和抗病力

①疫苗免疫：可采用自家（或优势菌株）多价灭活佐剂苗。一般免疫程序为7～15日龄、25～35日龄、120～140日龄各1次。

②使用免疫促进剂：如维生素E $300×10^{-6}$，左旋咪唑 $200×10^{-6}$。维生素C按0.2％～0.5％拌饲或饮水；维生素A 1.6～2万单位/千克饲料拌饲；电解多维按0.1％～0.2％饮水连用3～5天；亿妙灵可以用于细菌或细菌病毒混合感染的治疗，提高疫苗接种免疫效果，对抗免疫抑制和协同抗生素的治疗。使用时预防用

2000倍液,治疗用1000倍,加水稀释,每天1次,1小时内饮完,连用3天(预防)及5天(治疗)。

③搞好其他常见病毒病的免疫。

④控制好支原体、传染性鼻炎等细菌病,可做好疫苗免疫和药物预防。

三、鸡白痢

鸡白痢是由鸡白痢沙门菌引起的传染性疾病,世界各地均有发生,是危害养鸡业最严重的疾病之一。

【病原】鸡白痢指由鸡白痢沙门菌引起的禽类感染。鸡白痢沙门菌具有高度宿主适应性。本菌为两端稍圆的细长杆菌($(0.3\sim0.5)$微米$\times(1\sim2.5)$微米),对一般碱性苯胺染料着色良好,革兰染色阴性。细菌常单个存在,很少见到两菌以上的长链,在涂片中偶尔可见到丝状和大型细菌。本菌不能运动,不液化明胶,不产生色素,无芽孢,无荚膜,兼性厌氧。分离培养时应尽量避免使用选择性培养基,因为某些菌株特别敏感。对外界环境中有一定的抵抗力,常用消毒药可将其杀死。

【发病特点】经卵传染是雏鸡感染鸡白痢沙门菌的主要途径。病鸡的排泄物是传播本病的媒介,饲养管理条件差,如雏群拥挤,环境不卫生,育雏室温度太高或者太低,通风不良,饲料缺乏或质量不良,较差的运输条件或者同时有其他疫病存在,都是诱发本病和增加死亡率的因素。

【症状】本病在雏鸡和成年鸡中所表现的症状和经过有显著的差异。

(1)雏鸡:雏鸡和雏火鸡两者的症状相似。潜伏期4~5天,故出壳后感染的雏鸡,多在孵出后几天才出现明显症状。7~10天后雏鸡群内病雏逐渐增多,在第二、三周达高峰。发病雏鸡呈最急性者，无症状迅速死亡。稍缓者表现精神委顿，绒毛松乱，两翼下垂，缩头颈，闭眼昏睡，不愿走动，拥挤在一起。病初食欲减少，而后停食，多数出现软嗉症状。同时腹泻，排稀薄如浆糊状粪便，肛门周围绒毛被粪便污染，有的因粪便干结封住肛门周围，影响排粪。由于肛门周围炎症引起疼痛，故常发生尖锐的叫声，最后因呼吸困难及心力衰竭而死。有的病雏出现眼盲，或肢关节呈跛行症状。病程短的1天，一般为4～7天，20天以上的雏鸡病程较长。3周龄以上发病的极少死亡。耐过鸡生长发育不良，成为慢性患者或带菌者。

(2)中鸡(育成鸡)：该病多发生于40～80天的鸡，地面平养的鸡群发生此病较网上和育雏笼育雏育成发生的要多。从品种上看，褐羽产褐壳蛋鸡种发生率高。另外育成鸡发病多有应激因素的影响，如鸡群密度过大，环境卫生条件恶劣，饲养管理粗放，气候突变，饲料突然改变或品质低下等。本病发生突然，全群鸡只食欲、精神尚可，总见鸡群中不断出现精神、食欲差和下痢的鸡只，常突然死亡。死亡不见高峰而是每天都有鸡只死亡，数量不一。该病病程较长，可拖延20～30天，死亡率可达10%～20%。

(3)成年鸡：成年鸡白痢多呈慢性经过或隐性感染。一般不见明显的临床症状，当鸡群感染比较大时，可明显影响产蛋量，产蛋高峰不高，维持时间亦短，死淘率增高。有的鸡表现鸡冠萎缩，有的鸡开产时鸡冠发育尚好，以后则表现出鸡冠逐渐变小，发绀，病鸡有时下痢。仔细观察鸡群可发现有的鸡寡产或根本不产蛋。极少数病鸡表现精神委顿，头翅下垂，腹泻，排白色稀粪，产蛋停止。有的感染鸡因卵黄囊炎引起腹膜炎，腹膜增生而呈"垂腹"现象，有时成年鸡可呈急性发病。

【病理】

(1)雏鸡：在日龄短、发病后很快死亡的雏鸡，病变不明显。肝肿大，充血或有条纹状出血。其他脏器充血，卵黄囊变化不大。病期延长者卵黄吸收不良,其内容物色黄如油脂状或干酪样;心肌、肺、肝、盲肠、大肠及肌胃肌肉中有坏死灶或结节。有些病例有心外膜炎,肝或有点状出血及坏死点,胆囊肿大,脾有时肿大,肾充血或贫血,输尿管充满尿酸盐而扩张,盲肠中有干酪样物堵塞肠腔,有时还混有血液,肠壁增厚,常有腹膜炎。在上述器官病变中,以肝的病变最为常见,其次为肺、心、肌胃及盲肠的病变。死于几日龄的病雏,见出血性肺炎,稍大的病雏,肺可见有灰黄色结节和灰色肝变。

(2)成年鸡:慢性带菌的母鸡,最常见的病变为蛋变形、变色、质地改变以及蛋呈囊状,有腹膜炎伴以急性或慢性心包炎。受害的蛋常呈油脂或干酪样,卵黄膜增厚,变性的蛋或仍附在卵巢上,常有长短粗细不一的卵蒂(柄状物)与卵巢相连,脱落的蛋深藏在腹腔的脂肪性组织内。有些蛋则自输卵管逆行而坠入腹腔,有些则阻塞在输卵管内,引起广泛的腹膜炎及腹腔脏器粘连。可以发现腹水,特别见于成年鸡。心脏变化稍轻,但常有心包炎,其严重程度和病程长短有关。轻者只见心包膜透明度较差,含有微混的心包液。重者心包膜变厚而不透明,逐渐粘连,心包液显著增多,在腹腔脂肪中或肌胃及肠壁上有时发现琥珀色干酪样小囊包。

成年公鸡的病变,常局限于睾丸及输精管。睾丸极度萎缩,同时出现小脓肿。输精管管腔增大,充满稠密的均质渗出物。

【诊断】鸡白痢的诊断主要依据本病在不同年龄鸡群中发生的特点以及病死鸡的主要病理变化。但只有在鸡白痢沙门菌分离和鉴定之后,才能做出对鸡白痢的确切诊断。

【治疗】以下药物交替使用,可提高疗效。

(1)每千克饲料加入呋喃唑酮200~400毫克(即2~4片)拌匀喂鸡,连用7天,停3天,再喂7天。幼雏对呋喃唑酮比较敏感,应用时必须充分混合,以防中毒。

(2)按每千克鸡体重用土霉素(或金霉素、四环素)200毫克喂服(每片药含量250毫克);或每千克饮料加土霉素2～3克(即8～12片)拌匀喂鸡,连用3～4天。

(3)每只鸡每天用青霉素2000国际单位拌料喂服,连用7天。

(4)每千克饲料加入磺胺脒(或碘胺嘧啶)10克(即20片)或磺胺二甲基嘧啶5克(即10片)拌料喂鸡,连用5天;也可用链霉素或氯霉素按0.1%～0.2%加入饮水中喂鸡,连用7天。

【预防】

(1)通过对种鸡群检疫,定期严格淘汰带菌种鸡,建立无鸡白痢种鸡群是消除此病的根本措施。

(2)搞好种蛋消毒,做好孵化厅、雏鸡舍的卫生消毒,初生雏鸡以每立方米15～20毫升福尔马林,加7～10毫克的高锰酸钾进行熏蒸消毒。

(3)育雏鸡时要保证舍内恒温做好通风换气,鸡群密度适宜,喂给全价饲料,及时发现病雏鸡,隔离治疗或淘汰,杜绝鸡群内的传染等。

(4)目前雏育鸡阶段,都在1日龄开始投予一定数量的生物防治制剂,如促菌生、调痢生、乳康生等,对鸡白痢效果常优于一般抗菌药物,对雏鸡安全,成本低。此外也可用抗生素药类,连用4～6天为一疗程,常用药物有氯霉素0.2%拌料,连给4～5日,呋喃唑酮0.02%拌料,连服6～7天,诺氟沙星或吡哌酸0.03%拌料或饮水。

四、鸡伤寒和副伤寒病

鸡伤寒是由鸡伤寒沙门菌所引起的败血性传染病,主要危害6月龄以下的鸡,也会引起雏鸡发病。副伤寒病的流行、症状等与鸡伤寒病十分相似,其特征是下痢和各种器官的灶状坏死。

【病原】鸡伤寒病是由禽伤寒沙门菌引起的主要发生于鸡的

消化道传染病;禽副伤寒是由多种沙门菌引起的,其中以鼠伤寒沙门菌最常见,其次为德尔俾沙门菌、海德堡沙门菌、纽波特沙门菌和鸭沙门菌。

【发病特点】鸡伤寒、副伤寒病病菌的抵抗力不强,常用的消毒方法即能杀灭。病原主要侵害消化系统、各器官和生殖系统,它们的传播和鸡白痢沙门菌相同,除种蛋垂直传播外,病菌污染孵化器、栏舍、饮水、饲料等也是传播的重要途径。

【症状】和鸡白痢基本相同,主要采食减少,下痢,饮水增加,精神不振,羽毛蓬乱,冠贫血苍白并缩小等。

【病理】鸡伤寒病急性病例肝、肾肿大,暗红色。亚急性和慢性病例肝肿大,青铜色。脾脏肿大,表面有出血点,肝和心肌有灰白色粟粒状坏死灶,心包炎。小肠黏膜弥漫性出血,慢性病例盲肠内有土黄色栓塞物,肠浆膜面有黄色油脂样物附着。雏鸡感染见心包膜出血,脾轻度肿大,肺及肠呈卡他性炎症。成年鸡感染后,卵巢和卵黄都与鸡白痢相似。

副伤寒雏禽最急性病例,没有任何症状和病变而突然死亡。急性和亚急性病例卵黄凝固,肝、脾脏充血肿大,有条纹状或针尖状出血点和坏死灶。肺、肾充血,心包炎和心包粘连,出血性肠炎,盲肠内有干酪样物。

【诊断】要确切诊断,必须分离和鉴定鸡沙门菌。鸡群的历史、症状和病变能为本病提供重要线索,对生长鸡与成熟鸡的血清学检测结果有助于做出初步诊断。

【治疗】用磺胺二甲基嘧啶治疗,能有效地减少死亡。用呋喃唑酮治疗也有效,其用量和用法与鸡白痢同。每只鸡每日以氯霉素200毫克内服,或每千克饲料含2.6~5.2克氯霉素,对初发病的鸡有很好的疗效。

【预防】同鸡白痢。

五、葡萄球菌病

鸡葡萄球菌病是由葡萄球菌所引起的一种传染病,一般认为金黄色葡萄球菌是主要的致病菌,该病有多种类型,给养鸡业造成较大损失。

【病原】本病的病原主要是金黄色葡萄球菌,呈圆形或卵圆形,常单个、成对或呈葡萄状排列,革兰染色阳性。本菌在自然界广泛存在,抵抗力强,对干燥、热和0.9%氯化钠有抵抗力,在脓性渗出物中可长期存在。反复冻融30次仍能存活。70℃1小时或煮沸可将其杀死。

【发病特点】本菌广泛存在于自然界和健康动物及家禽的皮肤和羽毛上,主要通过破损的皮肤或黏膜的伤口感染。造成的原因有鸡群感染新城疫,刺种时不消毒、啄伤、脐带感染等。鸡群拥挤,通风不良,鸡舍氨气过浓,缺乏维生素和无机盐都可促使本病的发生。

本病一年四季均可发生,以雨季、潮湿时节发生较多。但鸡的发病日龄以40~60日龄的鸡发病最多。平养和笼养都有发生,以笼养发病最多。

【症状】临诊表现为急性败血症状、关节炎、雏鸡脐炎、皮肤(包括翼尖)坏死和骨膜炎。雏鸡感染后多为急性败血病的症状和病理变化,中雏为急性或慢性,成年鸡多为慢性。雏鸡和中雏死亡率较高。

(1)急性败血型:病鸡出现全身症状,精神不振或沉郁,不爱跑动,常呆立一处或蹲伏,两翅下垂,缩颈,眼半闭呈嗜睡状。羽毛蓬松零乱,无光泽。病鸡饮、食欲减退或废绝。少部分病鸡下痢,排出灰白色或黄绿色稀粪。较为特征的症状是捉住病鸡检查时,可见腹胸部,甚至波及嗉囊周围,大腿内侧皮下浮肿,潴留数量不等的血样渗出液体,外观呈紫色或紫褐色,有波动感,局部羽毛脱落,或用手一摸即可脱掉。其中有的病鸡可见自然破溃,流出茶色或紫红色液体,与周围羽毛粘连,局部污秽,有部分病鸡在头颈、翅膀背侧及腹面、翅尖、尾、脸、背及腿等不同部位的皮肤出现大小不等的出血、炎性坏死,局部干燥结痂,暗紫色,无毛;早期病例,局部皮下湿润,暗紫红色,溶血,糜烂。这些表现是葡萄球菌病常见的病型,多发生于中雏,病鸡在2～5天死亡,快者1～2天呈急性死亡。

(2)关节炎型:病鸡可见到关节炎症状,多个关节炎性肿胀,特别是趾、跖关节肿大为多见,呈紫红或紫黑色,有的见破溃,并结成污黑色痂。有的出现趾瘤,脚底肿大,有的趾尖发生坏死,黑紫色,较干涩。发生关节炎的病鸡表现跛行,不喜站立和走动,多伏卧,一般仍有饮、食欲,多因采食困难,饥饱不匀,病鸡逐渐消瘦,最后衰弱死亡,尤其在大群饲养时较为明显。此型病程多为10余天。有的病鸡趾端坏疽,干脱。如果发病鸡群有鸡痘流行时,部分病鸡还可见到鸡痘的病状。

(3)脐带炎型:是孵出不久雏鸡发生脐炎的一种葡萄球菌病的病型,对雏鸡造成一定危害。由于某些原因,鸡胚及新出壳的雏鸡脐环闭合不全,葡萄球菌感染后,即可引起脐炎。病鸡除一般病状外,可见腹部膨大,脐孔发炎肿大,局部呈黄红紫黑色,质稍硬,间有分泌物,常称为"大肚脐"。脐炎病鸡可在出壳后2～5天死亡。因本病多死亡,见"大肚脐"雏鸡后立即烧掉是一个果断的作法。当然,其他细菌也可以引起雏鸡脐炎。

(4)眼型葡萄球菌病:表现为上下眼睑肿胀,闭眼,有脓性分泌物黏闭,用手掰开时,则见眼结膜红肿,眼内有多量分泌物,并见有肉芽肿。时间较久者,眼球下陷,后可见失明。有的见眼的眶下窦肿突。最后病鸡多因饥饿、被踩踏、衰竭死亡。眼型发病约占总病鸡30%左右,占死亡20%左右。

(5)肺型葡萄球菌病:主要表现为全身症状及呼吸障碍,死亡率10%左右。

【病理】

(1)急性败血型:特征性的肉眼变化是胸部的病变,可见死鸡胸部、前腹部羽毛稀少或脱毛,皮肤呈紫黑色浮肿,有的自然破溃则局部沾污。剪开皮肤可见整个胸、腹部皮下充血、溶血,呈弥漫性紫红色或黑红色,积有大量胶冻样粉红色或黄红色水肿液,水肿可延至两腿内侧、后腹部,前达嗉囊周围,但以胸部为多。同时,胸腹部甚至腿内侧见有散在出血斑点或条纹,特别是胸骨柄处肌肉弥散性出血斑或出血条纹为重,病程久者还可见轻度坏死。肝脏肿大,淡紫红色,有花纹或驳斑样变化,小叶明显。在病程稍长的病例,肝上还可见数量不等的白色坏死点。脾亦见肿大,紫红色,病程稍长者也有白色坏死点。腹腔脂肪、肌胃浆膜等处,有时可见紫红色水肿或出血。心包积液呈黄红色半透明,心冠状沟脂肪及心外膜偶见出血。有的病例还见肠炎变化,腔上囊无明显变化。在发病过程中,也有少数病例,无明显眼观病变,但可分离出病原。

(2)关节炎型:可见关节炎和滑膜炎。某些关节肿大,滑膜增厚,充血或出血,关节囊内有或多或少的浆液,或有浆性纤维素渗出物。病程较长的慢性病例,后变成干酪样性坏死,甚至关节周围结缔组织增生及畸形。

(3)幼雏以脐炎为主的病例:可见脐部肿大,紫红或紫黑色,有暗红色或黄红色液体,时间稍久则为脓样干性坏死物,肝有出血点。卵黄吸收不良,呈黄红或黑灰色,液体状或内混絮状物。病鸡体表不同部位见皮炎、坏死,甚至坏疽变化。如有鸡痘同时发生时,则有相应的病变。

(4)眼型病例:可见与生前相应的病变。

(5)肺型病例:肺部则以淤血、水肿和肺实变为特征。甚至见到黑紫色坏疽样病变。

【诊断】鸡葡萄球菌病的诊断主要根据发病特点、发病症状及病理变化作出初步诊断,最后确诊还需要结合实验室检查作综合诊断。内容包括采取病料涂片、染色、镜检可直接见到葡萄球菌,作出初步诊断。必要时,进行细菌的分离培养与鉴定。

【治疗】一旦鸡群发病,要立即全群给药治疗。

(1)庆大霉素:如果发病鸡数不多时,可用硫酸庆大霉素针剂,按每只鸡每千克体重3000～5000国际单位肌肉注射,每日2次,连用3天。

(2)卡那霉素:硫酸卡那霉素针剂,按每只鸡每千克体重1000～1500国际单位肌肉注射,每日2次,连用3天。

(3)氯霉素:可按0.2%的量混入饲料中喂服,连服3天。如用针剂,按每只鸡每千克体重20～40毫克计算,1次肌肉注射,或配成0.1%水溶液,让鸡饮服,连用3天。

(4)红霉素:按0.01%～0.02%药量加入饲料中喂服,连续3天。

(5)土霉素、四环素、金霉素:按0.2%的比例加入饲料中喂服,连用3～5天。

(6)链霉素:成年鸡按每只10万国际单位肌肉注射,每日2次,连用3～5天。或按0.1%～0.2%浓度饮水。

(7)磺胺类药物:磺胺嘧啶、磺胺二甲基嘧啶按0.5%比例加入饲料喂服,连用3～5天,或用其钠盐,按0.1%～0.2%浓度溶于水中,供饮用2～3天。磺胺-5-甲氧嘧啶或磺胺-6-甲氧嘧啶按0.3%～0.5%浓度拌料,喂服3～5天。0.1%磺胺喹噁啉拌料喂服3～5天。或用磺胺增效剂与磺胺类药物按1:5混合,以0.02%浓度混料喂服,连用3～5天。

【预防】葡萄球菌病是一种环境性疾病,预防本病的发生,主要是做好经常性的预防工作。

(1)防止发生外伤:创伤是引起发病的重要原因,因此,在饲养过程中,尽量避免和消除使鸡发生外伤的诸多因素,如笼架结构要规范化,装备要配套、整齐,自己编造的笼网等要细致,防止铁丝等尖锐物品引起皮肤损伤的发生,从而堵截葡萄球菌的侵入和感染。

(2)做好皮肤外伤的消毒处理:在带翅号(或脚号)、剪趾及免疫刺种时,要做好消毒工作。除了发现外伤要及时处理外,还需针对可能发生的原因采取预防办法,如避免刺种免疫引起感染,可改为气雾免疫法或饮水免疫;鸡痘刺种时作好消毒。进行上述工作前后,采用添加药物进行预防等。

(3)适时接种鸡痘疫苗:预防鸡痘发生从实际观察中表明,鸡痘的发生常是鸡群发生葡萄球菌病的重要因素,因此,平时作好鸡痘免疫是十分重要的。

(4)搞好鸡舍卫生及消毒工作:做好鸡舍、用具、环境的清洁卫生及消毒工作,这对减少环境中的含菌量,消除传染源,降低感染机会,防止本病的发生有十分重要的意义。

(5)加强饲养管理:喂给必需的营养物质,特别要供给足够维生素和矿物质;禽舍内要适时通风、保持干燥;鸡群不易过大,避免拥挤;有适当的光照;防止互啄现象。这样,就可防止或减少啄伤的发生,并使鸡只有较强的体质和抗病力。

(6)做好孵化过程的卫生及消毒工作:要注意种蛋、孵化器及孵化全过程的清洁卫生及消毒工作,防止工作人员(特别是雌雄鉴别人员)污染葡萄球菌,引起雏鸡感染或发病,甚至散播疫病。

(7)预防接种:发病较多的鸡场,为了控制该病的发生和蔓延,可用葡萄球菌多价苗给20日龄左右的雏鸡注射。

六、传染性鼻炎

鸡传染性鼻炎是由副鸡嗜血杆菌引起的鸡的一种急性呼吸道传染病,以鼻腔和鼻窦发炎、喷嚏和脸部肿胀为主要特征。本病呈世界性分布,可在育成鸡和产蛋鸡群中发生,由于淘汰鸡数的增多和产蛋的明显减少而引起巨大经济损失。

【病原】副鸡嗜血杆菌是一种革兰阴性、两极浓染、没有运动性、容易形成丝状的小杆菌。分离培养需用鲜血琼脂培养基或巧克力琼脂培养基。该菌相当脆弱,在宿主体外会很快死亡,排泄物中的病原菌在自来水中仅能存活4小时,生理盐水中22℃仅24小时内有感染性,本菌培养物在45~55℃的环境下2~10分钟内死亡,该菌一般分为三个血清型,各型之间交叉免疫保护性差。

【发病特点】鸡是副鸡嗜血杆菌的主要宿主,各种年龄的鸡均可感染,但4周龄以上的鸡易感性增强。育成鸡、产蛋鸡最易感,本病多发生在成年鸡。

慢性病鸡和康复后的带菌鸡是主要的传染源,本病主要通过被污染的饲料和饮水经消化道而感染。鸡舍通风不良,氨气浓度过高,鸡舍密度过大,营养水平不良以及气候的突然变化等均可增加本病的严重程度。与其他禽病如霉形体病传染性支气管炎、传染性喉气管炎等混合感染可加重病程,增加死亡率,不同日龄的鸡群混养也常导致本病的爆发。

本病在寒冷季节多发,一般秋末和冬季可发生流行,具有来势猛、传播快、发病率高、死亡率低的特点。

【症状】潜伏期短,通常为1~3天。病鸡较明显的症状是颜面肿胀,鼻腔和鼻窦内有浆液性黏液性分泌物,结膜炎,一侧眼眶周围组织肿胀,严重的造成失明,肉髯明显水肿,上呼吸道炎症蔓延到气管和肺部时,呈现呼吸困难和杂音。成年鸡病初厌食,闭目似睡,不愿走动,流浆性鼻液,而后眼睑和面部出现一侧性或两侧性水肿,鼻腔内有脓性分泌物。育成鸡主要表现为开产延迟,幼龄鸡生长发育受阻。产蛋鸡群在发病后约5~6天,产蛋量明显下降,处在产蛋高峰期的鸡群产蛋量下降更加明显,可由70%降至20%~30%,一般平均下降25%左右。在本病的发生早期鸡只很少死亡,但当全群精神状态好转,产蛋量开始回升时,鸡群死淘率增加。病程一般为4～18天,死亡率约为20%,并发其他病时,死亡率增加。

【病理】主要病理变化是鼻腔和鼻窦发生急性卡他性炎症,黏膜充血肿胀,表面有大量黏液及炎性渗出物凝块。严重时气管黏膜也有同样的炎症,偶尔发生肺炎和气囊炎。眼结膜充血发炎,面部和肉髯的皮下组织水肿。病程较长的病鸡,可见鼻窦、眶下窦和眼结膜囊内蓄积干酪样物质,蓄积过多时常使病鸡的眼显著肿胀和向外突出,严重的引起巩膜穿孔和眼球萎缩破损,眼睛失明。

【诊断】本病和慢性呼吸道病、慢性鸡霍乱、禽痘以及维生素缺乏症等的症状相类似,故仅从临诊上来诊断本病有一定困难。此外,传染性鼻炎常有并发感染,在诊断时必须考虑到其他细菌或病毒并发感染的可能性。如群内死亡率高,病期延长时,则更须考虑有混合感染的因素,须进一步做出鉴别诊断。

【治疗】本病治疗可用泰龙进行全群饮水,同时配以0.5%磺胺噻唑或复方新诺明拌料,连用5天,能取得非常满意的效果。红霉素、土霉素及喹诺酮类药物也是常用治疗药物。

【预防】本病的预防主要是消除传染源,改善饲养管理条件,发病严重的地区同时还应进行免疫接种。目前,国内应用的疫苗主要是传染性鼻炎灭活油乳苗,分别在8～10周龄和12～14周龄进行两次免疫注射,每次0.5毫升,可获得一定的免疫效果。

七、曲霉菌病

曲霉菌病是鸡的一种常见霉菌病,特别是幼雏,往往呈急性群发,可造成大批死亡。本病的特征是肺和气囊发生炎症和小结节,故又称曲霉菌性肺炎。

【病原】一般认为曲霉菌属中的烟曲霉是常见的致病力最强的主要病原,黄曲霉、构巢曲霉、黑曲霉和土曲霉等也有不同程度的致病性,偶尔也可从病灶中分离到青霉菌、白霉菌等。这些霉菌和它产生的孢子,在自然界中分布很广,如稻草、谷物、木屑、发霉的饲料以及墙壁、地面、用具和空气中都可能存在。

曲霉菌的形态特征是分生孢子呈串珠状,在孢子柄膨大形成烧瓶形的顶囊,囊上呈放射状排列。烟曲霉的菌丝呈圆柱状,色泽由绿色、暗绿色至熏烟色,在沙堡弱氏葡萄糖琼脂培养基上,菌落直径3~4厘米,扁平,最初为白色绒毛状结构,逐渐扩延,迅速变成浅灰色、灰绿色、熏烟色以及黑色。

霉菌在常温下能存活很长时间,在温暖、潮湿的适宜条件下24~30小时即产生孢子。孢子对外界环境理化因素的抵抗力很强,在干热120℃1小时,煮沸5分钟才能杀死。对化学药品也有较强的抵抗力。在一般消毒药物中,如2.5%福尔马林、3%的烧碱、水杨酸、碘酊等,需经1~3小时才能灭活。

【发病特点】曲霉菌的孢子广泛分布于自然界,当垫料和饲料发霉,污染了育雏室的空气和设备、用具时,曲霉菌的孢子被鸡吸入而感染。各种年龄的鸡都有易感性,但以4~12日龄的幼雏易感性最高。在阴暗、潮湿的条件下,如果育雏室通风不良,饲养密度又大,易引起本病的爆发。

【症状】自然感染的潜伏期为2~7天。1~20日龄雏鸡多呈急性经过,青年鸡和成年鸡为慢性经过。病雏精神不振,两翅下垂,对外界反应淡漠,随后可见到呼吸困难,常伸脖张口吸气,有气管啰音,有时连续打喷嚏,呈现腹式呼吸。冠和肉髯颜色发绀,后期发生腹泻,最后窒息死亡。有的病例有神经症状,头向背仰,运动失调。病程约一周,若采取的措施不力,死亡率可达50%以上。

【病理】主要病变在肺和气囊。肺脏肿大,有粟粒大至豆粒大的灰白色或灰黄色真菌结节,触之柔软有弹性,似橡皮样,切开后呈轮层状同心圆结构,中心为干酪样物,内含大量菌丝体。孢子在气囊膜萌发引起炎症,气囊膜呈点状和局灶性混浊、增厚,散在有黄白色真菌结节。肝、脾、肾、卵巢等处也可见到数量不等的圆形,稍突起,中心凹陷,中间绿色,边缘白色,表面呈绒毛状的真菌斑块。

【诊断】临诊上有诊断意义的是由呼吸困难所引起的各种症状,但应注意和其他呼吸道疾病相区别。单凭临诊诊断还有困难,所以在鸡场中诊断本病还要依靠流行病学调查,主要是呼吸道感染,不卫生的环境条件,特别是发霉的垫料、饲料和病理剖检(特征是肺和气囊膜有大小不等的结节性病灶,或伴有肺炎)。本病的确切诊断,可以采取病禽肺或气囊上的结节病灶,作为压片镜检或分离培养鉴定。

【治疗】确诊为本病后,对发病禽群,针对发病原因,立即更换垫料或停喂和更换霉变饲料,清扫和消毒禽舍,给病禽群用链霉素饮水或饲料中加入土霉素等抗菌药物,防止继发感染,这样,可在短时期内降低发病和死亡,从而控制本病。

目前尚无特效的治疗方法。据报道,用制霉菌素防治有一定效果。剂量为每100只雏鸡用50万单位,拌料喂服,日服2次,连用2~3天。或用克霉唑(三苯甲咪唑),每100只雏鸡用1克,拌料喂服,连用2~3天。两性霉素B也可试用。

【预防】不使用发霉的垫料和饲料是预防本病的关键措施。育雏室保持清洁、干燥;防止用发霉垫料,垫料要经常翻晒和更换,特别是阴雨季节,更应翻晒,防止霉菌生长;育雏室每日温差不要过大,按雏禽日龄逐步降温;合理通风换气,减少育雏室空气中的霉菌孢子;保持室内环境及用物的干燥、清洁,饲槽和饮水器具经常清洗,防止霉菌滋生;注意卫生消毒工作;加强孵化的卫生管理,对孵化室的空气进行监测,控制孵化室的卫生,防止雏鸡的霉菌感染;育雏室清扫干净,用甲醛液熏蒸消毒和0.3%过氧乙酸消毒后,再进雏饲养等。

八、链球菌病

鸡链球菌病是由一定血清型的链球菌引起鸡的一种急性败血性或慢性传染病，又称嗜眠症或鸡链球菌败血症。多呈地方性流行，但亦常散在发生，或继发于其他疾病。该病在世界各地均有发生，有的呈毁灭性流行，死亡率0.5%~50%不等。

【病原】链球菌属的细菌，种类较多，在自然界分布很广。引起鸡链球菌病的病原为鸡链球菌，通常为血清群C群和D群的链球菌引起。该菌抵抗力较弱，对热和一般消毒药均较敏感。

【发病特点】家禽中鸡、鸭、火鸡、鸽和鹅均有易感性，其中以鸡最敏感。传染源是带菌禽或病禽，受污染的饲料、饮水、空气可传播本病，经蛋壳污染禽胚。本病的发生往往与一定的应激因素有关，如气候变化、温度降低等。本病多发生在禽舍卫生条件差，阴暗、潮湿，空气混浊的禽群。本病发生无明显的季节性。一般为散发或地方流行。发病率有差异，死亡率多在10%~20%或以上。

【症状】根据病鸡的临诊表现，分为急性和亚急性或慢性两种病型。

(1)急性：表现败血症症状。精神委顿，缩颈，怕冷，高热，羽毛松乱，闭目昏睡，呼吸困难，胸部皮肤黄绿色，冠紫色或苍白，腹泻呈绿黄色或灰白色，行走摇摆，痉挛，有时腿和翅麻痹。多见于雏鸡。

(2)亚急性或慢性：精神委顿，废食，嗜睡，喜伏，冠、肉髯紫色或苍白，有时水肿。腹泻，消瘦，跛行。头部震颤，或仰于背部，嘴朝天，或头藏于翅下或背部羽毛中，多见于成年禽，死亡率高达50%。有的病禽脚软组织炎，跗、趾关节肿大，局部组织坏死，跛行。有的病例眼结膜炎，肿胀，流泪，有纤维蛋白膜覆盖在结膜上，重症失明。有的病禽一侧或双侧翅肿胀、坏死、腐烂,有恶臭液,有时形成瘘管。部分禽有转圈等神经症状。

【病理】剖检主要呈现败血症变化。皮下、浆膜及肌肉水肿,心包内及腹腔有浆液性、出血性或浆液纤维素性渗出物。心冠状沟及心外膜出血。肝脏肿大、瘀血,暗紫色,见出血点和坏死点,有时见有肝周炎;脾脏肿大,呈圆球状,或有出血和坏死;肺淤血或水肿;有的病例喉头有干酪样粟粒大小坏死,气管和支气管黏膜充血,表面有黏性分泌物;肾肿大;有的病例发生气囊炎,气囊混浊、增厚;有的见肌肉出血;多数病例见有卵黄性腹膜炎及卡他性肠炎;少数腺胃出血或肌胃角质膜糜烂。

慢性病例主要是纤维素性关节炎、腱鞘炎、输卵管炎和卵黄性腹膜炎、纤维素性心包炎、肝周炎。实质器官(肝、脾、心肌)发生炎症、变性或梗死。

【诊断】链球菌病根据其流行情况、发病症状、病理变化,结合涂(触)片检查可以做出初步诊断,涂(触)片检查是采用血涂片或病变的心瓣膜或其他病变组织作触片,进行镜检,可见到典型的链球菌。进一步确诊需要通过细菌分离鉴定。

【治疗】由于该菌的菌型不同,药物疗效亦有差异。须用临床筛选药物治疗,并应用最大剂量。可用青霉素、红霉素、土霉素、新生霉素、金霉素、四环素、氨苄青霉素、新霉素、庆大霉素、卡那霉素等进行治疗。通过口服或注射途径连续用药4~5天可控制该病的流行。磺胺嘧啶按 0.2%~0.4% 拌料,连用3天,疗效也不错。急性病例时用药效果较好,慢性病例则效果较差,建议淘汰处理。

【预防】

(1)链球菌在自然环境中、养鸡环境中和鸡体肠道内普遍存在。本病主要发生于饲养管理差,有应激因素或鸡群中有慢性传染病存在的养鸡场。因此,本病的防治原则主要是减少应激因素,预防和消除降低鸡体抵抗力的疾病和条件。

(2) 认真做好饲养管理工作，供给营养丰富的饲料，精心饲养；保持鸡舍的温度，注意空气流通，提高鸡体的抗病能力。

(3) 认真贯彻执行兽医卫生措施，保持鸡舍清洁、干燥，定期进行鸡舍及环境的消毒工作；勤捡蛋，粪便沾污的蛋不能进行孵化；入孵前，孵化房及用具应清洗干净，并进行消毒；入孵蛋用甲醛液熏蒸消毒。

(4) 对鸡舍及环境进行清理和消毒，带鸡消毒是常采用的有效措施。通过消毒工作，减少或消灭环境中的病原体，对减少发病和疫情控制有良好作用，应作为一种防疫制度坚持执行。

九、绿脓杆菌病

绿脓杆菌病是由绿脓杆菌引起的以败血症、关节炎、眼炎等为特征的传染性疾病。近年来，随着养鸡业的不断发展，鸡的绿脓杆菌病经常发生，且多见雏鸡发病。

【病原】绿脓杆菌为革兰阴性小杆菌，两端钝圆，菌体一端有一根鞭毛，能运动，单条或成双排列，偶有短链。细菌在培养基上生长时可产生绿脓素和荧光素。该菌广泛存在于环境中，加热至55℃经1小时可灭活，干燥条件下2~3天死亡，潮湿环境中存活2~3周。一般消毒药可将其杀死。

【发病特点】绿脓杆菌在自然界中分布广泛，土壤、水、肠内容物、动物体表等处都有本菌存在。鸡、火鸡是最常见禽类宿主，浸蛋溶液中可能也会污染此菌。腐败鸡蛋在孵化器内破裂，可能是雏鸡暴发绿脓杆菌感染的一个来源。近年来我国发现的雏鸡绿脓杆菌病，主要由于注射马立克疫苗而感染绿脓杆菌所致。当气温较高，或再经长途运输，会降低雏鸡机体的抵抗力，从而发病。

本病一年四季均可发生，但以春季出雏季节多发。雏鸡对绿脓杆菌的易感性最高，随着日龄的增加，易感性越来越低。

【症状】雏鸡精神沉郁,食欲降低或废绝,体温升高(42℃以上),腹部膨胀,两翅下垂,羽毛逆立,排黄白色或白色水样粪便。有的病例几乎看不到临床症状而突然死亡,死亡率可达70%～90%。有的病例出现眼球炎,表现为上下眼睑肿胀,一侧或双侧眼睁不开,角膜白色浑浊,膨隆,眼中常带有微绿色的脓性分泌物。时间长者,眼球下陷后失明,影响采食,最后衰竭而死亡。也有的雏鸡表现神经症状,奔跑、动作不协调,站立不稳,头颈后仰,最后倒地而死。

若孵化器被绿脓杆菌污染,在孵化过程中会出现爆破蛋,同时出现孵化率降低,死胚增多。

【病理】脑膜有针尖大的出血点,脾脏淤血,肝脏表面有大小不一的出血斑点。头、颈部皮下有大量黄色胶冻样渗出物,有的可蔓延到胸部、腹部和两腿内侧的皮下,颅骨骨膜充血和出血,头颈部肌肉和胸肌不规则出血,后期有黄色纤维素样渗出物。腹腔有淡黄色清亮的腹水,后期腹水呈红色,肝脏、法氏囊浆膜和腺胃浆膜有大小不一的出血点,气囊浑浊增厚。绿脓杆菌静脉接种,引起心包炎与化脓性肺炎。卵黄吸收不良,呈黄绿色,内容物呈豆腐渣样,严重者卵黄破裂形成卵黄性腹膜炎。侵害关节者,关节肿大,关节液浑浊增多。死胚表现为颈后部皮下肌肉出血,尿囊液呈灰绿色,腹腔中残留较大的尚未吸收的卵黄囊。

【诊断】雏鸡患绿脓杆菌病,往往发生在注射马立克氏苗后的当天深夜或第二天;发病急,且死亡率高,可根据疾病的流行病学特点和病雏的临床症状及病理变化做出初步诊断。要做出确切诊断,必须进行病原菌的分离培养和鉴定。

【治疗】药物可用氟哌酸混饲,每1千克饲料加药0.5克,连用3～5天;庆大霉素肌注,雏鸡每只2000～5000国际单位,育成鸡1万～2万国际单位,每日2次,连用5天;多黏菌素E肌注,每1千克体重3～8毫克,每日2次,连用3天。硫酸妥布霉素肌注每1千克体重3~5毫克对本病有高效,与羧苄青霉素合用治疗本病,有协同作用。

【预防】防治本病的发生,重要的是搞好孵化的消毒卫生工作。孵化用的种蛋在孵化之前可用福尔马林熏蒸(蛋壳消毒)后再入孵,并防止孵化器内出现腐败蛋。对孵出的雏鸡进行马立克疫苗免疫注射时,要注意注射针头的消毒卫生,避免通过此途径将病原菌带入鸡体内。

十、李氏杆菌病

鸡李氏杆菌病又称禽单核细胞增多症,是由李氏杆菌引起禽类的一种散发性传染病。鸡感染后主要表现为单核细胞增生性脑膜脑炎、坏死性肝炎和心肌炎等症状。李氏杆菌还易感染家畜和人,重者表现为脑膜脑炎、流产、败血症和单核细胞增多,轻者表现为结膜炎。鸡李氏杆菌病引起鸡散发性败血症,死亡率通常较低,但有时也可高达52%~100%。本病死亡率高低常与是否存在其他疾病混合感染有关。

【病原】李氏杆菌是一种球杆菌,具有较强的抵抗力,秋冬时期,在土壤中能保存5个月以上,在冰块内保存3~5个月。本菌对高温抵抗力比较强,100℃经15~30分钟,70℃经30分钟死亡。

【发病特点】本病易感动物种类甚广,鸡、鸭、火鸡、鹅和金丝雀等对本病易感,其中以各种不同年龄的鸡更易感,多呈败血经过。

患病禽类和带菌者是本病的传染源。在禽类粪便和鼻分泌物中可检出此菌,但在蛋内不含此菌。

本病的传播途径尚不完全了解。可通过消化道、呼吸道、眼结膜及受伤的皮肤感染。污染的饲料、饮水和吸血昆虫可能是主要的传播媒介。李氏杆菌可在土壤中存活1~2年,并能抵抗反复冻融,接触污染土壤也可感染本病。李氏杆菌在禽类粪便和鼻黏膜中均可短期存在,通常因接触病禽而迅速传播此病。

本病的流行特点为散发型,偶尔呈地方性流行,发病率低,致死率高(52%～100%)。发病季节多在3～5月份,冬季亦有发生。各种年龄的禽类都易感,但幼龄比成年禽易感,发病也较急,多呈败血经过。在冬季缺乏青饲料、营养不良,气候骤变,黏膜抵抗力低下,寄生虫或沙门菌感染、维生素A和维生素B缺乏时,均可构成本病诱因。

【症状】李氏杆菌自然感染的潜伏期很不一致,一般为2～3周。本病主要危害2月龄以下的雏鸡,发病前无明显临诊症状,突然发病。病初精神委顿,羽毛粗乱,离群独偶,下痢,食欲不振,鸡冠、肉髯发绀,病禽严重脱水,皮肤呈暗紫色。随病程发展,两翅下垂,两腿软弱无力,行动不稳,卧地不起,倒地侧卧,两腿不停划动。有的则表现为无目的地乱跑、尖叫,头颈侧弯、仰头,腿部发生阵发性抽搐,神志不清,最终死亡,病程1～3周,死亡率可高达85%以上。鸡的李氏杆菌病多与寄生虫病、鸡白痢、鸡白血病等合并发生,可使症状复杂化。

【病理】剖检可见败血症变化。脑膜和脑血管明显充血。心肌有坏死灶,心包积液,心冠脂肪出血。肝脏呈土黄色,肿大,并有黄白色坏死点和深紫色淤血斑,质脆易碎。脾脏肿大,呈黑红色。腺胃、肌胃和肠黏膜出血,黏膜脱落呈卡他性炎症。有的腹腔内含有大量血样物。肾亦肿大、炎症变化。

显微镜检查,在变性或坏死的区域可观察到大量的单核细胞浸润,坏死区及其周围可见革兰阳性杆菌。脑组织变化,神经胶质细胞增生以及大脑髓质形成血管套。在败血症时,常见肝化脓灶及心肌变性。肝、脑病变区以淋巴细胞、巨噬细胞和浆细胞浸润为特征。

【诊断】从内脏器官如肝、脾、心肌和血液中经常分离到李氏杆菌，有时也从脑中分离到。此外，也可以用10日龄鸡胚的尿囊腔接种分离本细菌。分离所得革兰阳性、不形成芽孢、有鞭毛的细菌，根据其培养特性和生化特性，即可做出诊断。

【治疗】发病后，要选用敏感药物。氨基青霉素和苄基青霉素对本病菌有抑制作用。链霉素有较好治疗作用，但易产生抗药性。有报道使用四环素粉剂，按0.06%～0.1%混入配合饲料内，连续用药3～5天。庆大霉素注射液用生理盐水稀释后每只雏鸡5000～10 000国际单位，肌注，每天1次，连续用药2～3天，有较好治疗作用。同时也要重视其他病毒性、细菌性疾病的合并感染，做好早期预防工作。

【预防】预防李氏杆菌病，需加强饲养管理，禽舍定期消毒。本病对幼龄雏危害较大，因此加强育雏期的管理，提高机体抵抗力是预防本病的主要措施。同时，注意环境卫生，做好防疫消毒工作，及时发现清除死鸡，隔离治疗病鸡。场地、用具等用3%石炭酸、3%来苏儿、2%火碱、5%漂白粉等严格消毒。注意周围的疫病信息，防止把病畜禽带入场内。

十一、念珠菌病

禽念珠菌病俗称鹅口疮，又称真菌性口炎、酸臭嗉囊病等，是由白色念珠菌引起的禽类消化道传染病，主要发生在鸡、鹅和火鸡。其特征为上部消化道口腔、喉头、食道、嗉囊黏膜形成白色假膜和溃疡。本病近年来很少发生。

【病原】病原为白色念珠菌，鸡吃了污染病原菌的饲料、饮水或与污染环境接触都能感染发病。

白色念珠菌在自然界广泛存在，可在健康畜禽及人的口腔、上呼吸道和肠道等处寄居。各地不同禽类分离的菌株其生化特性有较大差别，该菌对外界环境及消毒药有很强的抵抗力。

【发病特点】幼龄鸡发病率和死亡率均比成年鸡高,往往发病率较高,死亡率较低。卫生条件不良、饲料配合不当、维生素缺乏及饲养管理差等,都是促使本病发生和流行的重要因素,潮湿阴雨天气更易发生。

【症状】病鸡精神不振,饮食欲减少,羽毛松乱,嗉囊胀大,用手触摸时有痛感,嗉囊柔软松弛。眼睑、口角见有痂样病变,口腔、舌、咽喉黏膜可见黄白色假膜附着,有的病鸡可见伸颈张口呼吸,多数病鸡排带有消化不全饲料的灰白色或褐色稀便。病情严重者,则因窒息或不能采食逐渐消瘦而死。

【病理】剖检病鸡可见口腔、咽部、上颌裂隙形成黄白色干酪样物或假膜,易剥离,剥离后留有斑痕。嗉囊壁增厚,黏膜层有灰白色附着物。腺胃膨大,乳头肿胀,挤压有脓性分泌物溢出。有的肌胃角质膜溃烂,不易剥离。肠黏膜出血和溃疡。

【诊断】一般根据流行病学特点,典型的临诊症状和特征性的病理变化可做出初步诊断。确切诊断必须采取病变器官的渗出物作抹片检查,观察酵母状的菌体和菌丝,或是进行霉菌的分离培养和鉴定。

【治疗】

(1)病鸡口腔的溃疡灶可刮除,然后用碘甘油或5%甲紫涂擦。

(2)每千克饲料添加制霉菌素50~100毫克,连喂1~3周。

(3)用0.1%结晶紫饮水,或用制霉菌素或土霉素,每千克料各1片,连喂3天,治愈率达95%。

【预防】改善饲养管理及环境卫生条件,防止饲料霉变,舍内保持干燥及良好通风,勤换垫草,种蛋消毒。

(1)本病的传播途径是由发霉变质的饲料、垫料或污染饮水等在鸡群中间传播。因此不用霉变饲料与垫料,有良好的卫生措施,保持鸡舍清洁、干燥、通风能有效防止本病。

(2)潮湿雨季,在鸡的饮水中加入0.02％结晶紫或在饲料中加入0.1％赤霉素,每周喂2次可有效预防本病。

(3)本病菌抵抗力不强,用3％～5％来苏儿溶液对鸡舍、垫料消毒,能有效地杀死该菌。

十二、弧菌性肝炎

鸡弧菌性肝炎又称鸡弯曲杆菌性肝炎、传染性肝炎,部分省市俗称"烂肝病",本病以肝出血、坏死性肝炎伴有脂肪浸润,高发病率、低死亡率,呈慢性经过为主要特征。

【病原】由空肠弯曲杆菌引起。

【发病特点】本病见于小鸡和成年鸡,亦可见于山鸡等。病鸡、带菌鸡是主要传染源,常随粪便排出病原菌,污染垫料、饲料、饮水,使易感禽经口感染发病。未证实是否可以垂直传播。有证据认为本病的发生有较明显的条件性,与饲养环境恶劣因素有关。

【症状】病鸡表现精神委顿,冠髯萎缩,消瘦,下痢,急性死亡或慢性发病死亡,死亡率达到15％左右。成年鸡还可能表现产蛋量下降,或产蛋率不能达到高峰值。

【病理】剖检病鸡,主要病理变化在肝脏。肝脏肿胀,色淡,或肝脏肿大,质地变脆易碎,表面有灰白色至灰黄色、"雪花样"坏死灶,或有斑点状的出血灶。部分病例肝脏被膜破裂导致大量出血。

【诊断】根据流行病学、临床症状、剖解变化以及实验室检查进行确诊,并注意与鸡马立克病、沙门菌病、淋巴白血病等(肝肿大但不出血病例)和脂肪肝综合征、肝中毒等(肝破裂出血病例)相区别。

【治疗】发病后治疗隔离病鸡加强消毒的同时,选用以下药物进行治疗(任选其中1种):恩诺沙星饮水,每升水50毫克,1日2次,连饮3～5天。丁胺卡那霉素,每千克体重20毫克,肌肉注射,

1日2次,连用3天。罗红霉素饮水,每升水20毫克,1日2次,连饮3～4天。强力霉素按200克/吨浓度拌料,连喂5天。一般认为本菌对青霉素、杆菌肽等药物有耐药性。病重的患鸡可采用上述两种或多种药物联合治疗。有条件做药敏试验的养鸡场,可选择高敏药物进行治疗;无条件的,应根据平时用药习惯,尽量避免重复用药。在治疗的同时,可在饮水中适当添加复合维生素粉,以减轻各种应激反应。

【预防】注意搞好环境卫生,防止粪便污染饲料、饮水,及时清除带菌的可疑病鸡。注意预防寄生虫病、支原体病等消耗性疾病和传染性法氏囊病、马立克病等免疫抑制性疾病,搞好饲养管理,提高机体抵抗力。

十三、慢性呼吸道病

鸡慢性呼吸道病,由于其发病较慢,病程长,在鸡群中反复蔓延,造成鸡只生长不良,饲料报酬下降,鸡群抵抗力减弱,并发继发性感染等,严重威胁鸡的生产效益,应引起十分重视。

【病原】慢性呼吸道病又称鸡霉形体病。病原是败血霉体,革兰染色呈弱阴性,病原对外界环境的抵抗力不强,一般消毒药都能很快有效地杀灭。

【发病特点】各种年龄的鸡群都能感染本病,但以1～2月龄雏鸡多见,在寒冷季节、鸡群拥挤、鸡舍通风不良等应激因素影响下,最易发生流行,且使病情加重,死亡增加。带菌鸡与正常鸡的直接接触和排出体外的飞沫,污染的饮水和饲料是传播本病的主要途径,也能通过蛋传递。本病多呈慢性经过,病程一般长达1个月以上,病的严重程度差异很大,如果并发大肠杆菌或其他疫病感染,病情可很严重,死亡率可达到30%以上。

【症状】病鸡首先流浆液或黏液性鼻涕,打喷嚏,鼻孔周围的羽毛常被沾污,随着病情发展,出现咳嗽,呼吸困难,有呼吸啰音,病鸡食欲不振,精神委顿,生长停滞,逐渐消瘦,病情严重的鸡只鼻腔和眼腔下窦中累积干酪样渗出物,使眼睑肿胀,眼球突出,甚至失明。在成年鸡,症状表现为轻度的呼吸困难,咳嗽,产蛋量略有下降。

【病理】剖检病鸡常见鼻腔、气管、支气管中有一些黏液性渗出物,胸腹部气囊浑浊、增厚、囊腹膜上有大量干酪样渗出物,如并发大肠杆菌感染,还可见到心脏、腹腔有大量纤维素性渗出物,腹腔和心包膜大量积液。

【诊断】根据临床症状及病理变化及鸡胚、雏鸡接种的典型病变可初步诊断,但要注意与传染性支气管炎、传染性喉气管炎和传染性鼻炎的区别。进一步确诊可用人工培养分离病原及血清学检查。

【治疗】鸡败血支原体对链霉素比较敏感,对土霉素、四环素、金霉素、红霉素次之,治疗本病都有疗效。链霉素的剂量成年鸡为每只肌肉注射0.2克;5~6周龄幼鸡为60~100毫克。要早期治疗,连续注射3~5天。大群治疗时,可在饲料中加土霉素0.2%~0.4%(每千克饲料加土霉素2~4克),充分混合连喂1周。现已发现有些鸡败血支原体菌株对链霉素具有抗药性。此外,本病的药物治疗效果与有无并发感染的关系很大,病鸡如果同时并发其他病毒病(如新城疫、传染性喉气管炎等),疗效即不明显。用壮观霉素治疗效果很好,治愈率达80%以上。用量每千克体重肌肉或皮下注射0.1~0.2毫升,连注3~5天。

【预防】一般来说,扑灭本病最有效的办法是全群淘汰,另建立健康鸡群。因初期感染的鸡不易检出,常成为继续感染的媒介。防治本病必须以预防为主。

(1)为防止经蛋传给孵化的雏鸡,对成年鸡可肌肉注射链霉素,每只200毫克,每日1次。

(2)搞好环境卫生,加强饲料管理,注意鸡舍通风等,以增强机体抵抗力。

(3)严密观察鸡群,对成鸡的死亡原因、淘汰原因、生产性能等情况应详细记录。

(4)在育种的鸡场,种鸡群可用链霉素每千克体重50~200毫克治疗,每只鸡每月最少注射1次。各个鸡群所产的蛋须分别孵化。所有孵化的种蛋在孵化前须经福尔马林消毒,然后再浸入100~1000毫克/千克的链霉素或红霉素、四环素溶液中,处理后再孵化。孵化的雏鸡,出壳后应用福尔马林蒸汽或链霉素喷雾处理,并分群饲养。

(5)新引进的种鸡必须隔离观察2个月,进行血清学检查,并在6个月内复查两次。

(6)发现病鸡群的鸡舍要彻底消毒,病鸡隔离饲养,及时投药,病鸡蛋不可作孵化用。

十四、禽梭菌性疾病

(一)坏死性肠炎

鸡坏死性肠炎又称肠毒血病,是由魏氏梭杆菌A型或C型引起的一种毒性传染病。

【病原】鸡坏死性肠炎的病原是C型魏氏梭菌,而直接致病因素是由魏氏梭菌所产生的毒素。

【发病特点】魏氏梭菌在自然界广泛存在,如水、土壤、饲料以及动物的肠道内都含本菌。魏氏梭菌为革兰阳性菌,两端粗大钝圆,能产生荚膜。在厌氧条件下,能在鲜血琼脂平板上形成大而圆的菌落,并有溶血。该菌无鞭毛,不能运动。

本病一年四季均可发生,但在炎热潮湿的季节多发。多种动物都可感染本病,在禽类中仅有鸡能自然感染,常发生于2～12周龄的鸡,但3～6个月的鸡也有发生。传播途径主要是经消化道摄入致病菌。当饲养管理不当、肠道机能降低、病原体及其肠毒素对肠黏膜造成损伤时可诱发该病。一些学者认为球虫感染是使魏氏梭菌感染和发病的主要原因。受污染的尘埃、污物、垫料、饲喂的变质动物蛋白质都是本病的传染源。

【症状】以突然发病、急性死亡为特征。有的病雏表现为精神沉郁,羽毛松乱,两眼闭合,食欲减退或废绝,贫血,排红色乃至黑褐色煤焦油样粪便,有的粪便混有血液和肠黏膜组织。多数病雏不显任何症状而突然死亡。疾病在鸡群中持续5～10天,死亡率2%～50%。慢性病鸡生长发育受阻,排灰色稀粪,最后衰竭而死,耐过鸡多发育不良,肛门周围常被粪便污染。

【病理】病变主要在小肠,尤其是空肠和回肠。可见小肠有严重的弥漫性黏膜坏死。表现为肠管肿大,肠腔内充满气体,肠壁充血、出血或因附着黄褐色伪膜而肥厚、脆弱。剥去伪膜可见肠黏膜由卡他性炎到坏死性炎的各阶段变化。肠内容物少而呈白色、黄白色或灰色,有的呈血样、黑红色并有恶臭味。盲肠内有陈旧血样内容物。慢性病例多在肠黏膜形成伪膜。

【诊断】临床上可根据症状及典型的剖检及组织学病变作出诊断。进一步确诊可采用实验室方法进行病原的分离和鉴定及血清学检查。

【治疗】由于魏氏梭菌主要存在于粪便、土壤、灰尘、污染的饲料、垫料以及肠内容物中。为了迅速控制本病,在施用高敏药物的同时,还必须做好勤换垫料,及时清扫粪便;勤喂少添饲料,搞好栏舍及周围的清洁消毒;对病死鸡只及时认真做好无害处理,病鸡及时隔离饲养与治疗。

(1)青霉素:雏鸡每只每次2000国际单位,成年鸡每只每次2万～3万国际单位,混料或饮水,每日2次,连用3～5天。

(2) 杆菌肽：雏鸡每只每次 0.6～0.7 毫克，青年鸡 3.6～7.2 毫克，成年鸡 7.2 毫克，拌料，每日 2～3 次，连用 5 天。

(3) 红霉素：每日每千克体重 15 毫克，分两次内服；或拌料，每千克饲料加 0.2～0.3 克，连用 5 天。

(4) 林可霉素：拌料，每千克体重 15～30 毫克，每日 1 次，连用 3～5 天。

【预防】做好日常的卫生工作，场舍、用具要定期消毒，粪便、垫草要勤清理，以减少病原扩散造成的危害。禽舍加强通风，避免养殖密度大。优质动物性蛋白合理添加，保证饲料品质；换料至少要经过 3 天的过渡期，以减少应激等不良因素的刺激。有效控制球虫病的发生，对预防本病有积极作用。健康鸡要采取药物（如多抗速补、速溶金维他、禽六福等）预防措施，控制本病发生。

(二)坏疽性皮炎

坏疽性皮炎是一种细菌性散发病，可引起鸡的皮肤、皮下组织及肌肉的坏死。

【病原】坏疽性皮炎的主要病原为腐败梭菌、A 型魏氏梭菌及金黄色葡萄球菌，后两者分别在葡萄球菌病及坏死性肠炎中叙述，在此主要介绍腐败梭菌。

腐败梭菌为专性厌氧菌，呈细长的两端钝圆的大杆菌，其大小为 $(3～10)$ 微米$×(0.6～1.0)$ 微米，在肝脏表面触片的标本中，本菌呈长丝状或长链状，在组织内侧呈膨大的柠檬状。芽孢呈卵圆形，位于菌体中央或近端，有鞭毛，能运动，无荚膜，革兰染色阳性。

此菌繁殖型的抵抗力不大，常用浓度的普通消毒剂在短时间内可将其杀死。但芽孢的抵抗力强大，在腐败尸体中可存活 3 个月，在土壤中可以保持 20～25 年不失去活力，煮沸 2 分钟即可杀死，0.2% 升汞、3% 福尔马林在 10 分钟内可将其杀死，对磺胺类及青霉素敏感。

【发病特点】17天到20周龄的鸡常爆发坏疽性皮炎,而4～8周龄的肉鸡更为多发,土壤、粪便、灰尘、污染的垫料和饲料以及肠道内容物中均有梭菌分布,金黄色葡萄球菌更是无处不在,正常鸡的皮肤、黏膜、养禽场舍、畜产品加工厂以及各种用具均有金黄色葡萄球菌分布。所有这些及患病禽、带菌禽均可成为传染源。

本菌常继发于某些引起机体抵抗力或免疫力降低的疾病,如传染性法氏囊病、腺病毒感染、呼肠孤病毒感染及鸡贫血因子等。机体免疫功能低下是诱发坏疽性皮炎的一个重要条件。

【症状】发病自然病例常无典型临床症状,一般表现不同程度的精神沉郁、腿软、共济失调或运动障碍、厌食等。病程短,多在24小时内,常不表现任何明显症状而呈急性死亡。死亡率1%～60%不等。

【病理】常见翅下、胸、腹、腰部、腿部及末梢部位皮肤呈现黑色湿性坏疽,患部皮下呈血样水肿,或有气体产生,病变深部肌肉呈灰色或灰褐色,肌束间有水肿或气体。少数病例表现肝脏病变,肝呈浅绿色或棕色,并可见有白色的灶性坏死区。

其特征性组织学病变为皮肤及皮下组织水肿、气肿、坏死,并伴有大量嗜碱性大杆菌,有时也可见小球菌。骨骼肌常见充血、严重出血和坏死。肝脏有时可见凝固性灶性坏死,在坏死组织中可检出病原菌。

【诊断】根据症状及剖检变化可做出初步诊断,必要时可进行病原分离与鉴定。

【治疗】在饮水中加入适量的氯霉素、土霉素、红霉素、青霉素及硫酸铜,或饲料中拌加氯霉素、呋喃唑酮等,对坏疽性皮炎可起到有效的预防和治疗作用。

【预防】坏疽性皮炎常继发于某些能导致家禽免疫力降低的疾病,有效地预防和控制这些疾病,可减少坏疽性皮炎的发生。

十五、禽结核病

禽结核病是由禽结核杆菌引起的一种慢性传染病,特征是引起鸡组织器官形成肉芽肿和干酪样钙化结节。

【病原】禽结核分枝杆菌是一种细长、笔直或微弯,两端钝圆,不产生芽孢或荚膜,也不能运动的细菌,最大的特征具有抗酸染色性。革兰阳性菌。本菌对干燥和湿冷的抵抗力强,对热抵抗力差,60℃ 30 分钟即死亡。对常用消毒药约经 4 小时方可杀死,而在 70%酒精或 10%漂白粉中很快死亡。该菌与人、牛结核菌有异。

【发病特点】潜伏期长达 2~12 个月。禽结核病在家禽中以鸡最为敏感。从病禽肠道排出的粪便,被污染的环境都是主要的传染源,当病变在气管黏膜时,呼吸道也是一个潜在的感染来源。传播途径主要是呼吸道和消化道或损伤的皮肤、黏膜,也可以通过种蛋来传播。

【症状】本病早期看不到明显症状,仅有贫血,消瘦,产蛋下降,随着病程的发展,病禽表现羽毛发暗,蓬松,鸡冠、肉垂、耳垂苍白贫血,肌肉萎缩,尤以胸肌明显。患关节炎和骨髓结核的病禽呈现一侧跛行,跳跃式步态行走。有时一只翅膀下垂,腹泻、消瘦,最后衰竭死亡,也有因肝、脾破裂而突然死亡者。患脑膜结核时有呕吐、兴奋、抑制等神经症状。肝脏受损时表现黄疸。产蛋下降或停产。肠道有结核性溃疡,可见严重下痢。患有肺结核时表现咳嗽,呼吸快且粗。皮肤结核是头部皮肤有结核结节。

【病理】脾、肝肿大,灰黄色,有结节,大小不一,结节内为干酪样物。肠道结节由粟粒到豌豆大小,切面为干酪样坏死物,或见肠系膜成典型的"珍珠病"。严重时,肺、肾、心包、食道、气囊、嗉囊、卵巢、腹膜壁等器官有结核结节,界限明显,坚韧如软骨,呈单个或多发弥散性存在,切开结节可见内容物呈黄白色干酪样坏死,结节周围有一层纤维素性包囊,一般不钙化。有的病例骨骼和骨髓也受到侵害。

【诊断】剖检时,发现典型的结核病变,即可做出初步诊断,进一步确诊需进行实验室检查。

【治疗】本病一旦发生,通常无治疗价值。如若治疗可在严格隔离状态下进行,药物可选择异烟肼(30毫克/千克)、乙二胺二丁醇(30毫克/毫升)、链霉素等进行联合治疗,可使病禽临床症状减轻。建议疗程为18个月,一般无毒副作用。

【预防】禽结核杆菌对外界环境因素有很强的抵抗力,其在土壤中可生存并保持毒力达数年之久,一个感染结核病的鸡群即使是被全部淘汰,其场舍也可能成为一个长期的传染源。因此,消灭本病的最根本措施是建立无结核病鸡群。

(1)淘汰感染鸡群,废弃老场舍、老设备,在无结核病的地区建立新鸡舍。

(2)引进无结核病的鸡群。对养禽场新引进的禽类,要重复检疫2~3次,并隔离饲养60天。

(3)检测小母鸡,净化新鸡群。对全部鸡群定期进行结核检疫(可用结核菌素试验及全血凝集试验等方法),以清除传染源。

(4)禁止使用有结核菌污染的饲料。淘汰其他患结核病的动物,消灭传染源。

(5)采取严格的管理和消毒措施,限制鸡群运动范围,防止外来感染源的侵入。

此外,已有报道用疫苗预防接种来预防禽结核病,但目前还未作临床应用。

十六、禽伪结核病

禽伪结核病是由伪结核耶氏菌引起的家禽和野禽的一种接触性传染病,以发生与结核结节类似的干酪样结节为特征,故又叫伪结核病,常为散发。

【病原】本病病原为伪结核耶森杆菌。

【发病特点】本病幼禽易感,感染率可达80%。感染主要经消化道,皮肤伤口也可感染。

【症状】本病临床表现差异很大,最急性病例往往无任何先驱症状而突然死亡,或在首发症状后存活数小时或几天,这类病例通常以突发腹泻和急性败血性变化为主;多数情况下,病例常呈慢性经过,病程延至2周以上,这类病例死前2~4天出现症状,表现为虚弱、羽毛颜色暗淡而蓬乱、呼吸困难,有些病例往往出现腹泻症状;还有些病例病程会拖得更长,病鸡出现消瘦、极度虚弱或麻痹、行走困难、强直、嗜睡、便秘等。慢性病例的早期,病鸡可能采食正常,但通常在死前1~2天食欲完全丧失。

【病理】对于早期死亡的病例,仅可能观察到肝、脾肿大和肠炎。病程稍长的病例,肝脏、脾脏和肌肉可观察到粟粒大小的坏死灶,心脏、肺脏和肾脏有时可见到小出血点。肠炎从卡他性到出血性,程度不同,有时浆膜腔内含有多量液体。

【诊断】本病和禽霍乱、禽结核病、鸡白痢在病理变化上具有相似之处,确诊只能依靠病原菌的分离鉴定来确诊。

【治疗】治疗药物中,一般用氯霉素、硫酸链霉素,连饮2天后,再次用四环素饮水,可减少死亡。

【预防】本病目前尚无疫苗可以预防,故只能采取一般预防措施,如加强饲养管理、定期消毒等。同时应消灭珍禽舍内的鼠类,减少传播因素。

十七、鸡冠癣

鸡冠癣又称头癣或黄癣,是由头癣真菌引起的一种传染病,其显著特征是在头部无毛处尤其是在鸡冠上长有黄白色鳞片状的顽癣。

【病原】冠癣的病原是鸡小孢子菌即鸡毛癣菌,也是一种霉菌。菌丝长分枝,大分生孢子为椭圆形,大多4～6个细胞,小分生孢子数量多,单细胞,呈棒状或梨状。

【发病特点】该病多发于多雨潮湿的天气,一般多是通过皮肤伤口传染或接触传染。在鸡群拥挤、通风不良以及卫生条件较差等情况下均可加剧该病的发生与传播。该病各种年龄的鸡都能感染,通常情况下,6月龄以内的鸡较少发病,重型品种鸡较易感染。库蠓是该病的主要传播媒介。

【症状】鸡冠病变部有白色或黄白色的圆斑或小丘疹,皮肤表面有一层麦麸状的鳞屑,好像撒落的面粉。由冠部逐渐蔓延至肉髯、眼睛四周以及头部无毛部分的皮肤和躯体,羽毛逐渐脱落。随着病情的发展,鳞屑增多,形成厚痂,使病鸡痒痛不安、体温升高、精神萎靡、羽毛松乱、流涎、行走不便、排黄白色或黄绿色稀粪。

【病理】剖检时,严重病例可见上呼吸道和消化道黏膜有点状坏死,形成一种坏死结节和淡黄色的干酪样沉着物,偶见肺脏及支气管发生炎症变化。在临床上,该病的主要特征是在患病鸡的头部无毛处,尤其是在鸡冠上长有黄白色鳞片状的顽癣。

【诊断】根据患部的病变特征即可做出诊断。必要时可取表皮鳞片用10％氢氧化钠处理1～2小时后进行观察,如发现短而弯曲的线状菌丝体及孢子群即可确诊。

【治疗】发现病鸡及时隔离治疗,重病鸡必须作淘汰加工处理。轻者先将患部用肥皂水清洗皮肤表面的结痂和污垢,然后用以下药物治疗:

(1)10％水杨酸、酒精或油膏适量,擦患部,每天或隔天1次。

(2)10％福尔马林软膏适量,擦患部,每天1次。

(3)制霉菌素2万～3万国际单位,1次内服,每天3次,连用3～5天。

(4)10%福尔马林1份,凡士林20份,凡士林水浴溶化,加入福尔马林,震摇,凝固后成软膏,患部用肥皂水洗净后涂布。

【预防】预防本病的主要措施是扑灭传播媒介库蠓。流行季节对鸡舍内外每周喷撒杀虫药,可用0.01%的敌百虫或0.03%的蝇毒磷溶液喷洒。同时还可在鸡饲料中添加泰灭净等药物进行预防。搞好环境卫生,饲养密度适当,并保证良好的通风换气。此外,在购买鸡时应加强检疫,确保不引进患有该病的鸡。

十八、螺旋体病

螺旋体病是一种以波斯锐喙蜱和鸡刺皮螨传播,由螺旋体科的鹅包柔氏螺旋体引起的鸡败血性传染病。国内养鸡场时常有报道。

【病原】该病病原为鹅包柔氏螺旋体,是螺旋体科疏螺旋体的一员,呈螺旋弯曲,疏松不规则排列5~8个螺旋;易着染,厌氧,能运动,属寄生菌,病原存在血液中。螺旋体对外界环境抵抗力不强。

【发病特点】鸡、鸭、鹅、麻雀等均可自然感染,鸽有较强抵抗力,各日龄禽类均易感。由蜱和吸血昆虫叮咬后传播,蜱可通过卵将本病垂直传递给其后代。鸡螨和虱能机械传播,多发于4~7月炎热季节。康复禽不携带病原菌,随病痊愈该菌在血液和组织中同时消亡。也经皮肤伤口和消化道感染,死亡率较高。

【症状】潜伏期5~9天。

(1)急性:突然发病,体温升高,精神不振,此刻做血涂片镜检,可见到较多螺旋体。这时排浆液绿色稀粪,贫血,黄疸,消瘦,抽搐,很快死亡。

(2)亚急性:鸡多见,体温时高时低,呈弛张热。随体温升高,血液中连续数日查到螺旋体。

(3)一过性：较少见，发热，厌食，1~2天体温下降，血中螺旋体消失，不治可康复。

【病理】主要病理变化为脾脏明显肿大，呈淤斑状出血，外观如斑点状。肝脏肿大，有出血点和坏死灶。有时见肾脏肿大。肠道为卡他性肠炎。

【诊断】临诊上如若怀疑本病，可在病禽发病初期采集血液制成湿片，在暗视野显微镜下观察，当发现疏螺旋体即可确诊。螺旋体在血中的出现与体温升高有直接关系，螺旋体检出率与体温升高成正比，具有重要诊断价值。此外，采集病料接种鸡胚尿囊腔，2~3天后在尿囊液中可看到病原体。我国学者曾用琼脂扩散和凝集试验进行诊断。

【治疗】据报道，土霉素是治疗鸡疏螺旋体病的高效药物，治愈率达96.7%，土霉素还有较好的预防作用。青霉素亦有一定疗效，但治疗后血中螺旋体仍有再现现象，治愈率较低。另外，通过药敏试验，发现中药石榴皮对螺旋体有较好的致死作用，其次为黄连和大蒜。

【预防】本病的预防主要是消灭该病的传播媒介，除采用喷洒、药浴方法消灭禽体上的蜱外，还应注意消灭在禽舍内外栖息的蜱。此外，加强饲养管理，增强家禽抗病力，特别是对引进禽只做好检疫，是预防本病不可忽视的问题。

第三节 常见寄生虫病的防治

常见寄生虫病包括球虫病、吸虫病、绦虫病、鸡住白细胞原虫病、组织滴虫病、鸡虱、螨等。

一、球虫病

鸡球虫病是由艾美尔属的各种球虫寄生于鸡肠道引起的疾病,对雏鸡危害极大,死亡率高,是鸡生产中的常见多发病,在潮湿闷热的季节发病严重,是养鸡业一大危害。

【病原】球虫病是由艾美尔球虫引起的,艾美尔球虫有9种,以柔嫩艾美尔和毒害艾美尔球虫的致病力最强,其余的致病力较小,各种艾美尔球虫寄生在肠的不同区域的肠上皮细胞内,当他们大量繁殖时,破坏了肠黏膜的完整性,引起肠管发炎和上皮细胞的崩解,消化机能发生障碍,营养物质吸收不良,而且大量出血,崩解的上皮细胞会产生毒素,引起自体中毒,并因肠黏膜的完整性破坏,其他病原微生物易于侵入,引起继发感染。

【发病特点】各个品种的鸡均有易感性,15～50日龄的鸡发病率和致死率都较高,成年鸡对球虫有一定的抵抗力。病鸡是主要传染源,凡被带虫鸡污染过的饲料、饮水、土壤和用具等,都有卵囊存在。鸡感染球虫的途径主要是吃了感染性卵囊。人及其衣服、用具等以及某些昆虫都可成为机械传播者。

饲养管理条件不良,鸡舍潮湿、拥挤,卫生条件恶劣时,最易发病。在潮湿多雨、气温较高的梅雨季节易暴发球虫病。

球虫虫卵的抵抗力较强,在外界环境中一般的消毒剂不易破坏,在土壤中可保持生活力达4～9个月,在有树荫的地方可达15～18个月。卵囊对高温和干燥的抵抗力较弱。当相对湿度为21%～33%时,柔嫩艾美尔球虫的卵囊,在18～40℃温度下,经1～5天死亡。

【症状】

(1)急性型:急性型病程为2～3周,多见于雏鸡。发病初期精神沉郁,羽毛松乱,不爱活动;食欲废绝,鸡冠及可视黏膜苍白,逐渐消瘦；排水样稀便，并带有少量血液。若是盲肠球虫，则粪便呈棕红色，以后变成血便。雏鸡死亡率高达100%。

(2)慢性型：慢性型多见于2~4个月龄的雏鸡或成鸡，症状类似急性型，但不大明显。病程长达数周或数月，病鸡逐渐消瘦，产蛋减少，间歇性下痢，但较少死亡。

【病理】病鸡消瘦，鸡冠与黏膜苍白，内脏变化主要发生在肠管，病变部位和程度与球虫的种别有关。

柔嫩艾美尔球虫主要侵害盲肠，两支盲肠显著肿大，可为正常的3~5倍，肠腔中充满凝固的或新鲜的暗红色血液，盲肠上皮变厚，有严重的糜烂。

毒害艾美尔球虫损害小肠中段，使肠壁扩张、增厚，有严重的坏死。在裂殖体繁殖的部位，有明显的淡白色斑点，黏膜上有许多小出血点。肠管中有凝固的血液或有胡萝卜色胶冻状的内容物。

巨型艾美尔球虫损害小肠中段，可使肠管扩张，肠壁增厚；内容物黏稠，呈淡灰色、淡褐色或淡红色。

堆型艾美尔球虫多在上皮表层发育，并且同一发育阶段的虫体常聚集在一起，在被损害的肠段出现大量淡白色斑点。

哈氏艾美尔球虫损害小肠前段，肠壁上出现大头针头大小的出血点，黏膜有严重的出血。

若多种球虫混合感染，则肠管粗大，肠黏膜上有大量的出血点，肠管中有大量的带有脱落的肠上皮细胞的紫黑色血液。

【诊断】生前用饱和盐水漂浮法或粪便涂片查到球虫卵囊，或死后取肠黏膜触片或刮取肠黏膜涂片查到裂殖体、裂殖子或配子体，均可确诊为球虫感染，但由于鸡的带虫现象极为普遍，因此，是不是由球虫引起的发病和死亡，应根据临诊症状、流行病学资料、病理剖检情况和病原检查结果进行综合判断。

【治疗】

(1)球痢灵，按饲料量的0.02%~0.04%投服，以3~5天为一疗程。

(2)氨丙啉,按饲料量的 0.025% 投服,连续投药 5~7 天。

(3)克球粉(可爱丹),用量用法同球痢灵。

(4)氯苯胍,按饲料量的 0.0033% 投服,以 3~5 天为一疗程。

(5)盐霉素(沙利诺麦新),剂量为 70 毫克/千克,拌饲料中,连用 5 天。

(6)青霉素,每天每只雏鸡按 4000 单位计算,溶于水中饮服,连用 3 天。

(7)三字球虫粉(磺胺氯吡嗪钠),治疗量饮水按 0.1% 浓度,混料按 0.2% 比例,连用 3 天。同时对细菌性疾病也有效。

(8)马杜拉霉素(加福),预防量为 5 毫克/千克,长期应用。

【预防】

(1)鸡舍要每天打扫,保持清洁干燥。水槽、食槽、鸡笼等用具都应定期彻底清扫冲洗,墙壁、地面也要使用 30% 生石灰水进行消毒,饲养管理人员出入鸡舍应更换鞋子,避免鸡舍之间互相感染,从而减少球虫卵囊的发育,这对控制球虫病的发生具有重要意义。

(2)通常球虫卵囊随粪便排出后,在一定条件下需 1~3 天才能发育成有感染性的孢子卵囊,因此,鸡场中的粪便要在当天或次日打扫清除,并运到远处进行堆积发酵处理,利用发酵产生的热和氨气杀死卵囊,防止饲料和饮水被污染。

(3)要坚持幼鸡与成鸡分开饲养。另外,对于不同批次的雏鸡也要严禁混养,最好实行全进全出制以切断传染源。在饲养期间,每天注意雏鸡吃食、饮水、精神、排便等情况,有病及时隔离治疗,或淘汰病重者。

(4)初期往往看不到血粪,等到大量的血粪出现时,病情已经严重。因此,在血粪出现之前,能判断球虫病即将发生就显得特别重要。球虫病出现的前 1~2 天采食量明显增多,一部分鸡排的粪便水分偏多,少量鸡伴有巧克力色的粪便。脱落的羽毛比正常多,出现这些现象时就要开始用药。

(5)采用交替使用或联合使用数种抗球虫药,以防球虫对化学合成药产生抗药性。种鸡投药时要特别注意,有些球虫药对种鸡产蛋有影响,要慎重使用。

二、吸虫病

(一)前殖吸虫病

前殖吸虫病是由前殖科前殖属的多种吸虫寄生于鸡、鸭、鹅等禽、鸟类的直肠、泄殖腔、腔上囊和输卵管内引起的,常导致母禽产蛋异常,甚至死亡。

【病原】前殖吸虫种类很多,能感染鸡的有卵圆前殖吸虫、楔形前殖吸虫、透明前殖吸虫、鸭前殖吸虫等。虫体小,有吸盘和小棘。

【发病特点】前殖吸虫病多呈地方性流行,其流行季节与蜻蜓的出现季节相一致,多发生在春季和夏季。家禽感染多因到水池岸边放牧时,捕食蜻蜓而引起;同时,含虫卵的粪便落入水中,造成病原散播。

【症状】感染初期,患禽外观正常,但蛋壳粗糙或产薄壳蛋、软壳蛋、无壳蛋,或仅排蛋黄或少量蛋清,继而患禽食欲下降,消瘦,精神萎靡,蹲卧墙角,滞留空巢,或排乳白色石灰水样液体,有的腹部膨大,步态不稳,两腿叉开,肛门潮红、突出,泄殖腔周围沾满污物,严重者因输卵管破坏,导致泛发性腹膜炎而死亡。

【病理】输卵管发炎,黏膜充血、出血,极度增厚,后期输卵管壁变薄甚至破裂。腹腔内有大量浑浊的黄色渗出液或脓样物。

【诊断】根据症状,结合查到粪便中虫卵,或剖检有输卵管病变并查到虫体可确诊。

【治疗】驱虫可用下列药物：

(1)六氯乙烷：以每千克体重0.2～0.3克,混入饲料中喂给,每天1次,连用3天。

(2)丙硫苯咪唑(抗蠕敏)：每千克体重80～100毫克,一次内服。

(3)吡喹酮：每千克体重30～50毫克,一次内服。

【预防】勤清除粪便,堆积发酵,杀灭虫卵,避免活虫卵进入水中；圈养家禽,防止吃入蜻蜓及其幼虫；及时治疗病禽,每年春、秋两季有计划地进行预防性驱虫。

(二)棘口吸虫病

棘口吸虫病是由棘口科棘口属的吸虫寄生于鸡、鸭、鹅等禽、鸟类直肠和盲肠内引起的。

【病原】棘口吸虫种类很多,我国已发现棘口科吸虫近120种。常见的有卷棘口吸虫、宫川棘口吸虫、接睾棘口吸虫、强壮棘口吸虫、鸭棘口吸虫、曲领棘缘吸虫、鸡棘缘吸虫、似锥低颈吸虫等,寄生在鸡,尤其是鸭、鹅的肠道。棘口科吸虫的主要特征是：新鲜虫体呈淡红色或淡黄色,虫体窄长呈叶形,长5～10毫米,宽1～2毫米,具有发达的头冠,头冠上有一或二排头棘,口、腹吸盘相距较近,腹吸盘大于口吸盘。两个睾丸长椭圆形或略有分叶,前后排列于虫体中部或中后部。卵巢位于睾丸前方,子宫盘曲在卵巢和腹吸盘之间,卵黄腺发达,分布在腹吸盘后虫体两侧。虫卵多为椭圆形,内含许多卵黄细胞和一个较大的胚细胞,虫卵稍尖的一端有一卵盖。

【发病特点】棘口吸虫病在我国各地普遍流行,对雏禽的危害较为严重。家禽感染主要是采食浮萍或水草饲料,因为螺与蝌蚪多与水生植物一起滋生。

【症状】轻度感染仅引起轻度肠炎和腹泻。严重感染时引起下痢,贫血,消瘦,生长发育受阻,甚至发生死亡。

【病理】剖检可见出血性肠炎,肠黏膜上附着有大量虫体,黏膜损伤和出血。

【诊断】生前检查粪便发现虫卵并结合症状可确诊;死后剖检在肠道内发现虫体可确诊。

【治疗】驱虫可用下列药物:

(1)氯硝柳胺:每千克体重100~200毫克,一次内服。

(2)硫双二氯酚(别丁):每千克体重150~200毫克,一次内服。

(3)槟榔煎剂:槟榔粉50克,加水1000毫升,煮沸至750毫升槟榔液,鸡每千克体重10~15毫升,用细胶管插入食道内灌服或嗉囊内注射。

【预防】勤清除粪便,堆积发酵,杀灭虫卵;对患禽群定期驱虫;用化学药物消灭中间宿主。

三、线虫病

鸡线虫病种类很多,我国已知有45种。如寄生于消化道的蛔虫、异刺线虫、毛细线虫、华首线虫,寄生于呼吸道的比翼线虫,寄生于眼的吸吮线虫等,这些线虫的寄生给鸡带来严重危害,甚至造成大批死亡。

(一)蛔虫病

鸡蛔虫分布广,感染率高,对雏鸡危害性很大,严重感染时常发生大批死亡。

【病原】鸡蛔虫病是鸡体内寄生虫的一种,呈线条状,黄白色,身上有乳白色横纹。雌雄异体,雄虫体长30~70毫米,雌虫体长

70～110毫米。

【发病特点】蛔虫卵是流行传播的传染源。成熟的雌虫在鸡的肠道内产卵,卵随粪便排出体外,污染环境、饲料、饮水等,在适宜的条件下,经过1～2周时间卵发育成小幼虫,具备感染能力,这时的虫卵称感染性虫卵。健康鸡吞食了被这种虫卵污染了的饲料、饮水、污物,就会感染蛔虫病。

【症状】患蛔虫病的鸡群,起病缓慢,开始阶段鸡群不断出现贫血、瘦弱的鸡。持续1～2周后,病鸡迅速增多,主要表现为贫血,冠脸黄白色,精神不振,羽毛蓬松,消瘦,行走无力。患病鸡群排出的粪便,常有少量消化物、稀薄,有颜色多样化的特征,其中以肉红色、绿白色多见。同时,鸡群中死鸡迅速增多,死鸡十分消瘦。

【病理】病鸡宰杀时血液十分稀薄,十二指肠、空肠、回肠甚至肌胃中均可见到大小不等的蛔虫,严重者可把肠道堵塞。

【诊断】根据临床症状,剖检时发现蛔虫即可确诊。

【治疗】用药一般在傍晚时进行,次日早上把排出的虫体、粪便清理干净,防止鸡再啄食虫体又重新感染。

(1)驱蛔灵(哌嗪、磷酸哌哔嗪):每千克体重0.3克,1次性口服。

(2)左旋咪唑:每千克体重10～15毫克,1次性口服。

(3)驱虫净:每千克体重10毫克,1次性口服。

(4)抗蠕敏:每千克体重25毫克,1次性口服。

(5)驱虫灵:每千克体重10～25毫克,1次性口服。

(6)丙硫苯咪唑:每千克体重10毫克,混饲喂药。

【预防】

(1)防治本病的关键是搞好鸡舍环境卫生,及时清理积粪和垫料,堆积发酵。

(2)大力提倡与实行网上饲养、笼养,使鸡脱离地面,减少接触粪便、污物的机会,可有效预防蛔虫病的发生。

(3)不同年龄的鸡要分开饲养,定期驱虫。

(二)异刺线虫病

异刺线虫病又称盲肠虫病,是由异刺科异刺属的异刺线虫寄生于鸡、鸭、鹅等禽、鸟类的盲肠内引起的一种线虫病。本病在鸡群中普遍存在。

【病原】异刺线虫细小,呈白色,头端略向背面弯曲,食道末端有一膨大的食道球。雄虫长7~13毫米,尾直,末端尖细;两根交合刺不等长、不同形;有一个圆形泄殖腔前吸盘。雌虫长10~15毫米,尾细长,阴门位于虫体中部稍后方。虫卵呈灰褐色,椭圆形,大小为(65~80)微米×(35~46)微米,卵壳厚,内含一个胚细胞,卵的一端较明亮,可区别于鸡蛔虫卵。

【发病特点】异刺线虫是鸡体内很常见的一类线虫,其虫卵在潮湿的土壤中可生存9个月以上。蚯蚓可充当保虫宿主,蚯蚓吞食感染性异刺线虫卵后,二期幼虫在蚯蚓体内可保持生活力1年以上。鼠妇类昆虫吞食异刺线虫卵后,能起机械传播作用。鸡终年均可感染,但感染高峰期在7~8月份。

【症状】患禽消化机能障碍,食欲不振或废绝,下痢,贫血,雏禽发育停滞,消瘦甚至死亡。成禽产蛋量下降或停止。

【病理】尸体消瘦,盲肠肿大,肠壁发炎和增厚,有时出现溃疡灶。盲肠内可查见虫体,尤以盲肠尖部虫体最多。

【诊断】检查粪便发现虫卵,或剖检在盲肠内查到虫体均可确诊,但应注意与蛔虫卵相区别。

【治疗】可用下列药物进行治疗:
(1)噻苯唑500毫克/千克饲料,混入饲料中一次口服。
(2)丙硫苯咪唑40毫克/千克饲料拌入饲料中一次口服。
(3)甲苯唑30毫克/千克饲料拌入饲料中一次口服。
(4)康苯咪唑50毫克/千克饲料拌入饲料中一次口服。

(5)左旋咪唑35毫克/千克饲料拌入饲料中一次口服。

(6)硫化二苯胺(酚噻嗪)中雏0.3～0.5克/只,成年鸡0.5～1.0克/只拌入饲料中口服。

【预防】

(1)保持鸡舍内外的清洁卫生,及时清扫粪便并进行堆积发酵。保持饲槽、饮水器的清洁,并定期消毒。

(2)将雏鸡与成年鸡分开饲养,防止成年鸡带虫传播给雏鸡。

(3)加强饲养管理,饲料中应保持足够的维生素A、维生素B和动物性蛋白。

(4)定期进行驱虫,幼鸡每两个月驱虫一次,成年鸡每年驱虫2～4次。

(5)夏天应每隔10～15天用开水或热碱水烫洗地面、饲养槽以及其他一切用具一次。

(三)胃线虫病

禽胃线虫病是由华首科华首属和四棱科四棱属的线虫寄生于禽类的食道、腺胃、肌胃和小肠内引起的。

【病原】

(1)斧钩华首线虫:虫体前部有4条饰带,两两并列,呈不整齐的波浪形,由前向后延伸,几乎达到虫体后部,但不折回亦不相互吻合。雄虫长9～14毫米,雌虫长16～19毫米。虫卵呈淡黄色,椭圆形,卵壳较厚,内含一个"U"型幼虫,虫卵大小为(40～45)微米×(24～27)微米。寄生于鸡和火鸡的肌胃角质膜下。中间宿主为蚱蜢、象鼻虫和赤拟谷盗。

(2)旋形华首线虫:虫体常卷曲呈螺旋状,前部的4条饰带呈波浪形,由前向后,在食道中部折回,但不吻合。雄虫长7～8.3毫米,雌虫长9～10.2毫米。虫卵形态结构同斧钩华首线虫卵,大小为(33～40)微米×(18～25)微米。寄生于鸡、火鸡、鸽和鸭的腺胃和食道,偶尔可寄生于小肠。中间宿主为鼠妇虫,俗称"潮湿虫"。

(3)美洲四棱线虫:虫体无饰带,雄虫和雌虫形态各异。雄虫纤细,长5～5.5毫米。雌虫血红色,长3.5～4毫米,宽3毫米,呈亚球形,并在纵线部位形成4条纵沟,前、后端自球体部伸出,形似圆锥状附属物。虫卵大小为(42～50)微米×24微米,内含一幼虫。寄生于鸡、火鸡、鸽和鸭的腺胃内。中间宿主为蚱蜢和德国小蜚蠊。

【发病特点】成熟雌虫在寄生部位产卵,卵随粪便排到外界,被中间宿主吃入后,在其体内约经20～40天发育成感染性幼虫,家禽因吃入带有感染性幼虫的中间宿主而感染。在禽胃内,中间宿主被消化而释放出幼虫,并移行到寄生部位,约经27～35天发育为成虫。

【症状】虫体寄生量小时症状不明显,但大量虫体寄生时,患禽消化不良,食欲不振,精神沉郁,翅膀下垂,羽毛蓬乱,消瘦,贫血,下痢。雏禽生长发育缓慢,成年禽产蛋量下降。严重者可因胃溃疡或胃穿孔导致死亡。

【病理】死鸡皮下肌肉苍白,心冠脂肪水肿。肌胃肌肉有高粱大及豌豆大小的结节,尤其以前囊处严重;结节表面不平整、质地如橡胶,切开后发现有少量干酪样坏死;每个结节中有1～4条虫体不等,虫体暗红色且盘曲于结节深处,因此分离时较困难。切开肌胃可见胃壁发炎增厚,肌纤维溶解和坏死,所以颜色变浅。角质层剥离正常,角质层下散在绿豆大小的灰白色坏死灶,与坏死灶相对应处的肌胃黏膜下层有出血性炎症和溃疡灶,并且有数量不等的线虫寄生,较容易分离。腺胃壁肥厚,黏膜面坏死,胃腔内发现大量草绿色虫体布满于腺胃乳头,其形状与肌胃中发现的一样。其他脏器无明显病变。

【诊断】检查粪便查到虫卵,或剖检发现胃壁发炎、增厚,有溃疡灶,并在腺胃腔内或肌胃角质层下查到虫体可确诊。

【治疗】左旋咪唑按每千克体重 20～30 毫克，混入饲料中喂给，或配成 5％水溶液嗉囊内注射；或用噻苯唑按每千克体重 300～500 毫克，一次内服。

【预防】加强饲料和饮水卫生；勤清除粪便，堆积发酵；消灭中间宿主，可用 0.005％敌杀死或 0.0067％杀灭菊酯水悬液喷洒禽舍四周墙角、地面和运动场；满 1 月龄的雏禽可预防性驱虫 1 次。

(四)毛细线虫病

禽毛细线虫病是由毛首科毛细线虫属的有轮毛细线虫、鸽毛细线虫、膨尾毛细线虫、鹅毛细线虫、鸭毛细线虫、捻转毛细线虫等寄生于禽类消化道引起的。我国各地均有发生。严重感染时，可引起家禽死亡。

【病原】虫体细小，呈毛发状。常见的有以下几种。

(1)膨尾毛细线虫：寄生于火鸡、珍珠鸡、雉鸡、鸽、鹌鹑等的小肠黏膜。雄虫长 9～14 毫米，尾部侧面各有一个大而明显的伞膜，交合刺很细。雌虫长 14～26 毫米，虫卵椭圆形，两端呈瓶口状，具卵塞。蚯蚓是中间宿主。轮毛细线虫(环形毛细线虫或有轮优鞘线虫)：寄生于鸡、雉鸡、珍珠鸡、火鸡、鹌鹑的食道和嗉囊内。虫体前端有一个球状角皮膨大，雄虫长 15～25 毫米，雌虫长 25～60 毫米。蚯蚓是中间宿主。

(2)鸽毛细线虫(封闭毛细线虫)：寄生于鸽、雉鸡、珍珠鸡、鹌鹑、火鸡等小肠和盲肠。雄虫长 8.6～10 毫米，尾部两侧有铲状的交合伞，雌虫长 10～12 毫米，虫卵大小为(48～53)微米×24 微米，为直接发育型。鸭毛细线虫：寄生于火鸡、雉鸡、鸭、鸡等盲肠，有时在小肠。雄虫长 7～16 毫米，尾部有两个侧叶；雌虫长 16.4～24.8 毫米；虫卵大小为(50～65)微米×(27～32)微米，不对称。

(3)捻转毛细线虫(捻转绳状线虫)：寄生于火鸡、鸡、鸭、珍珠鸡、雏鸡、鹌鹑的嗉囊和食道内。雄虫长 14.3～16.6 毫米,雌虫长 28～70 毫米,虫卵大小为(46～70)微米×(24～28)微米。

【发病特点】成熟雌虫在寄生部位产卵,虫卵随禽粪便排到外界,直接型发育史的毛细线虫卵在外界环境中发育成感染性虫卵,其被禽类宿主吃入后,幼虫逸出,进入寄生部位黏膜内,约经 1 个月发育为成虫。间接型发育史的毛细线虫卵被中间宿主蚯蚓吃入后,在其体内发育为感染性幼虫,禽啄食了带有感染性幼虫的蚯蚓后,蚯蚓被消化,幼虫释出并移行到寄生部位黏膜内,约经 19～26 天发育为成虫。

【症状】患禽精神萎靡,头下垂,食欲不振,常做吞咽动作,消瘦;下痢,严重者,各种年龄的禽均可发生死亡。

【病理】虫体在寄生部位掘穴,造成机械性和化学性的刺激。轻度感染时,嗉囊和食道壁只有轻微炎症和增厚;严重感染时,则增厚与发炎变为显著,并有黏液脓性分泌物和黏膜的溶解、脱落或坏死等病变;食道和嗉囊壁出血,黏膜中有大量虫体。在虫体寄生部位的组织中有不明显的虫道。淋巴细胞浸润,淋巴滤泡增大,形成伪膜,并导致腐败是常见的病变。

【诊断】用粪便检查法发现虫卵或剖检死禽发现虫体和相关病变做出诊断。

【治疗】治疗时选用下列药物均有良好疗效:

(1)左旋咪唑:按每千克体重 20～30 毫克,一次内服。

(2)甲苯咪唑:按每千克体重 20～30 毫克,一次内服。

(3)甲氧啶:按每千克体重 200 毫克,用灭菌蒸馏水配成 10% 溶液,皮下注射。

【预防】搞好环境卫生;勤清除粪便并作发酵处理;消灭禽舍中的蚯蚓;对禽群定期进行预防性驱虫。

(五)比翼线虫病

比翼线虫病是由比翼科比翼属的线虫引起的,虫体寄生于禽类(主要是鸡)的喉头、气管。患禽张口呼吸,故又名开嘴虫病。本病全国各地均有发生,呈地方性流行。主要危害雏禽,死亡率可达100%,成年鸡受害不大。常见的种类有斯克里亚宾比翼线虫、气管比翼线虫。

【病原】

(1)斯克里亚宾比翼线虫雄虫长2~4毫米,雌虫长9~25毫米,口囊底部有6个齿。虫卵椭圆形,大小为90微米×49微米,两端有厚卵盖。

(2)气管比翼线虫雄虫长2~4毫米,雌虫长7~20毫米,口囊底部有6~10个齿。虫卵大小为(78~110)微米×(43~46)微米,两端有厚卵盖,卵内含16个卵细胞。

【发病特点】感染性虫卵或幼虫常污染饲料和饮水,对外界抵抗力较弱。但在蚯蚓体内可保持感染力4年,在蛞蝓和蜗牛体内可存活1年以上。一些野鸟任何年龄都有易感性而不出现症状,是本虫的天然宿主,这些野鸟体内排出的虫卵,通过蚯蚓体内发育后,对鸡的感染力增强,成为鸡的重要感染源。在家禽中常感染的禽是鸡,其他易感禽类还有雉鸡、松鸡、鹧鸪等。

【症状】幼虫移行时,可引起肺脏出血、水肿、大叶性肺炎。成虫吸附在气管黏膜上吸血,刺激了气管黏膜,使宿主发生卡他性、黏液气管炎,贫血。雏鸡对比翼线虫耐受性低,少量感染便出现症状。病鸡伸颈,张嘴呼吸,咳嗽,头部下垂,闭眼蹲坐,呼吸有哨音,左右甩头,有时可甩出虫体。口腔内充满泡沫状液体。雏鸡初期精神食欲不振,贫血消瘦,后出现呼吸困难,窒息而死亡。成年鸡症状轻微或无症状。

【病理】幼虫移经肺脏,可见肺淤血,水肿和肺炎病变。成虫期可见气管黏膜上有虫体附着及出血性卡他性炎症,气管黏膜潮红,表面有带血黏液覆盖。

【诊断】根据症状,结合粪便或口腔黏液检查见有虫卵,或剖检病鸡在气管或喉头附近发现虫体可确诊。

【治疗】丙硫咪唑按每千克体重30～50毫克,或噻苯唑按每千克体重500毫克,一次内服,均有较好治疗效果。将噻苯唑按0.05%～0.1%比例混入饲料中喂服,亦有良效。

【预防】勤清除粪便,发酵消毒;保持禽舍和运动场卫生、干燥,杀灭蛞蝓、蜗牛等中间宿主,流行区对禽群体进行定期预防性驱虫;发现病禽及时隔离并用药治疗。

四、绦虫病

绦虫病是由绦虫寄生于鸡肠道而引起的一类寄生虫病。

【病原】绦虫病是由赖利属的多种绦虫寄生于鸡的十二指肠中引起的,常见的赖利绦虫有棘沟赖利绦虫、四角赖利绦虫和有轮赖利绦虫等三种。

【发病特点】家禽的绦虫病分布十分广泛,危害面广且大。感染多发生在中间宿主活跃的4～9月份,各种年龄的家禽均可感染,但以雏禽的易感性更强,25～40日龄的雏禽发病率和死亡率最高,成年禽多为带虫者。饲养管理条件差、营养不良的禽群,本病易发生和流行。

【症状】由于棘沟赖利绦虫等各种绦虫都寄生在鸡的小肠,用头节破坏了肠壁的完整性,引起黏膜出血,肠道炎症,严重影响消化机能。病鸡表现为下痢,粪便中有时混有血样黏液。轻度感染造成雏鸡发育受阻,成鸡产蛋量下降或停止。寄生绦虫量多时,可使肠管堵塞,肠内容物通过受阻,造成肠管破裂和引起腹膜炎。绦虫代谢产物可引起鸡体中毒,出现神经症状。病鸡食欲不振,精神沉郁,贫血,鸡冠和黏膜苍白,极度衰弱,两足常发生瘫痪,不能站立,最后因衰竭而死亡。

【病理】十二指肠发炎,黏膜肥厚,肠腔内有多量黏液,恶臭,黏膜贫血,黄染。感染棘沟赖利绦虫时,肠壁上可见结核样结节,结节中央有米粒大小的凹陷,结节内可找到虫体或填满黄褐色干酪样物质,或形成疣状溃疡。肠腔中可发现乳白色分节的虫体。虫体前部节片细小,后部的节片较宽。

【诊断】在粪便中可找到白色米粒样的孕卵节片,在夏季气温高时,可见节片向粪便周围蠕动,取此类孕节镜检,可发现大量虫卵。对部分重病鸡可做剖检诊断,剪开肠道,在充足的光线下,可发现白色带状的虫体或散在的节片。如把肠道放在一个较大的带黑底的水盘中,虫体就更易辨认。

【治疗】

(1)硫双二氯酚100~200毫克/千克饲料,拌入饲料中喂服,4天后再喂服一次。

(2)丙硫苯咪唑20毫克/千克饲料,拌入饮料中一次喂服。

(3)氯硝柳胺100~150毫克/千克饲料,拌入饮料中一次喂服。

(4)甲苯咪唑30毫克/千克饲料,拌入饲料中一次喂服。

(5)氢溴酸槟榔素以3毫克/升配成0.1%水溶液喂服。

【预防】对鸡绦虫病的防治应采取综合性措施。

(1)定期驱虫:在流行地区或鸡场,应定期给雏鸡驱虫。丙硫苯咪唑对赖利绦虫等有效,剂量按15毫克/千克体重,小群鸡驱虫可制成药丸逐一投喂,大群鸡则可混料一次投服。

(2)消灭中间宿主:鸡舍、运动场中的污物、杂物要彻底清理,保持平整干燥,防止或减少中间宿主的滋生和隐藏。

(3)及时清理粪便:每天清除鸡粪,进行堆沤,通过生物热灭杀虫卵。

五、住白细胞原虫病

鸡住白细胞原虫病又称白冠病,是由住白细胞原虫引起的以出血和贫血为特征的寄生虫病,主要危害蛋鸡特别是产蛋期的鸡,导致产蛋量下降,软壳蛋增多,甚至死亡。

【病原】危害鸡的住白细胞原虫主要有卡氏住白细胞原虫和沙氏住白细胞原虫,其中又以卡氏住白细胞原虫分布最广、危害最大。

【发病特点】鸡住白细胞原虫必须以吸血昆虫为传播媒介,卡氏住白细胞原虫由库蠓传播,沙氏住白细胞原虫由蚋传播。一般气温在20℃以上时,库蠓和蚋繁殖快、活动力强,流行也就严重,有明显的季节性,南方多发生于4~10月份,北方多发生于7~9月份。各个年龄的鸡都能感染,8~12月龄的成年鸡较雏鸡更易感,死亡率不高。但雏鸡的发病率较成年鸡高。公鸡的发病率较母鸡高。

【症状】小鸡感染12~14天后,急性发病的鸡卧地不起,咯血,呼吸困难而突然倒地死亡,死前口流鲜血。亚急性发病的鸡精神沉郁、食欲减退或不食,羽毛蓬乱;贫血,鸡冠和髯苍白,拉黄绿色稀粪,呼吸困难,常在2天内死亡。成鸡和产蛋鸡多为慢性经过,感染发病后精神较差,鸡冠苍白,腹泻,粪便呈白色和绿色水样,含多量黏液,体重下降;育成鸡发育迟缓,产蛋鸡产蛋下降或停止。

【病理】死亡鸡剖检时的特征性病变是口流鲜血,口腔内积存血液凝块,鸡冠苍白,血液稀薄。全身皮下出血,肌肉特别是胸肌和腿部肌肉散在明显的点状或斑块状出血。肝脏肿大,在肝脏的表面有散在的出血斑点。肾脏周围常有大片出血,严重者大部分或整个肾脏被血凝块覆盖。双侧肺脏充满血液,心脏、脾脏、胰脏、腺胃也有出血。肠黏膜呈弥漫性出血,在肠系膜、体腔脂肪表面、肌肉、肝脏、胰脏的表面有针尖大至粟粒大与周围组织有明显界限的灰白色小结节,这种小结节是住白细胞虫的裂殖体在肌肉或组织内增殖形成的集落,是本病的特征病变。

【诊断】根据流行病学资料、临诊症状和病原学检查即可确诊。病原学诊断是使用血片检查法,以消毒的注射针头,从鸡的翅下小静脉或鸡冠采血一滴,涂成薄片,或是制作脏器的触片,再用瑞氏或姬氏染色法染色,在显微镜下发现虫体便可做出诊断。

【治疗】

(1)本病治疗可选用复方泰灭净500毫克/千克混饲连用5～7天。也可选用磺胺二甲氧嘧啶0.04%和乙胺嘧啶4毫克/千克混于饲料连用1周后改用预防量,或0.1%复方新诺明拌料连用3～5天有较好的治疗效果。也可用0.02%复方敌菌净拌料进行治疗。

(2)用安乃近、阿司匹林等解热镇痛药来解热止痛,增加食欲,在饲料和饮水中加入多维来增强机体的抵抗力。

(3)对于肉鸡和产蛋鸡,为了防止由于饲喂时间短药物残留而对人体造成的危害,可采用纯中草药制剂进行预防和治疗。如用球特威(山东大鸡制药有限公司生产),按0.25%进行拌料喂服,对该病防治也能取得较好的效果。

【预防】主要应防止禽类宿主与媒介昆虫的接触。在蠓、蚋活动季节,每隔6～7天,在禽舍内外用溴氰菊酯或戊酸氰醚酯等杀虫剂喷洒,减少昆虫的侵袭。

六、组织滴虫病

组织滴虫病又名盲肠肝炎或黑头病,是由组织滴虫属的火鸡组织滴虫引起的一种急性原虫病。本病的特征是盲肠发炎呈一侧或两侧肿大,肝脏有特征性坏死灶。多发于雏鸡,成年鸡也能感染,但病情较轻。

【病原】由变形鞭毛虫科的黑头组织滴虫引起的一种原虫病。

【发病特点】鸡组织滴虫病的病原为黑头组织滴虫,是一种单细胞原虫,寄生于鸡的盲肠、肝脏。黑头组织滴虫在体内以二分裂方式繁殖,部分虫体随粪便排出体外,在外界由于没有生存的条件,其抵抗力很弱,很快死亡。另一部分虫体沾污饲料、饮水等,当被寄生有鸡异刺线虫的鸡摄食后,黑头组织滴虫就侵入异刺线虫并钻入虫卵内,随粪便排出体外,由于得到卵壳的保护,生存时间较长,一般能生存约10个月,成为重要的传染源。

【症状】潜伏期通常为15~21天,最短的仅为5天。病鸡表现为精神委顿,食欲减退,不爱活动,羽毛松乱,两翅下垂,身体蜷缩,头部插入翅膀下,闭眼呆立,排出淡黄色、淡绿色或灰绿色稀粪。随病程发展,病鸡出现贫血、消瘦,部分病鸡后期行走如踩高跷步态。在急性病例,常见粪便带血或全血便,头部皮肤常呈蓝紫色或黑色,故有"黑头病"之称。病程通常为1~3周,病死率为50%左右,5~6月龄以上的鸡临床症状不明显。

【病理】病变主要在盲肠和肝脏,典型的病例可见一侧或两侧盲肠肿大,触之坚硬,呈香肠状,但粗细不均匀。肠腔内容物坚实干燥,有干硬的干酪样物充塞,横断切开,切面呈同心圆层状,中心是黑红色凝白块,外面包裹着灰白色或淡黄色的渗出物和坏死的肠壁组织。盲肠黏膜坏死和增厚,形成溃疡,表面附有黄绿色半干酪样渗出物。有时盲肠溃疡穿破肠壁,引起腹膜炎。肝脏的病变是肿大,形成特殊的坏死病灶,坏死病灶为圆形或不正圆形,中央稍下陷,边缘略为隆起,呈淡黄色或淡绿色。坏死灶大小不一,有时互相连成大片的溃疡区,有时仅有稀疏的几个。

【诊断】根据流行病学,临床症状及特征性病理变化即可做出初步诊断,确诊需进行实验室检验。鸡球虫病也可引起盲肠病变,在临床上应注意与球虫病的鉴别诊断。

【治疗】

(1)药物治疗:在每千克饲料中加入甲硝唑1000毫克,维生素K_3 15毫克,维生素A 6万国际单位。每天3次,连用5天;对病情严重病例,采用个别填食喂药,疗效令人满意。其方法是用适量的甲硝唑、护肝药磨碎,拌入少许饲料再加入适量的水,拌匀后填入嗉囊内,每天2次,一般2~3天可见明显好转。第7天用左旋咪唑或驱虫净驱除鸡盲肠内的异刺线虫。

(2)控制继发感染:在每千克清水中加入2%的水溶性环丙沙星1克或5%水溶性诺氟沙星2克,搅匀后供病鸡群自由饮用,连用5天。也可用氟苯尼考、阿莫西林和氧氟沙星等拌料饲喂,连喂5天。

(3)加强环境消毒,彻底清除鸡舍粪便,每天1次,并用0.5%百毒杀、1%的菌虫清喷雾消毒,每天1次,连续消毒5天。

(4)在每千克饲料中加入多种维生素600毫克或琥珀酸盐120毫克,连用1周,以消除应激反应,提高病鸡的抗病力,促进病鸡康复。

【预防】

(1)在本病的易发季节,应在饲料中添加甲硝唑、苯胺硫脲等药物;同时也应定期在饲料中添加驱虫净、左旋咪唑、虫克星等药物,驱除鸡盲肠内的异刺线虫,使组织滴虫没有生存环境。

(2)改善饲养环境条件,鸡舍注意通风,保持干燥,搞好环境卫生,及时清除粪便和潮湿的垫料,更换卫生干爽的垫料;将粪便堆积于固定的地方,进行生物热发酵处理,以杀死异刺线虫卵。为防止本病的发生,幼鸡与成年鸡应分开饲养,以减少感染的机会。

七、鸡 虱

虱属于节肢动物门,昆虫纲,食毛目,是鸡、鸭、鹅的常见体外寄生虫。它们寄生于禽的体表或附于羽毛、绒毛上,严重影响禽群健康和生产性能,常造成很大的经济损失。

【病原】羽虱是一类虫体很小的昆虫,长约0.5～0.6毫米,似芝麻粒大。有头、胸、腹3部分组成。体型有扁宽的,也有长形的,口器属咀嚼式。鸡羽虱终生寄生在鸡的体表,在鸡的羽毛间产卵繁殖,每繁殖一代需3～4周,虫卵依靠鸡的体温孵化成幼虱,幼虱再经几次蜕皮发育为成虱,冬季繁殖量较大。

【发病特点】鸡羽虱的传播方式主要是直接接触。秋冬季羽虱繁殖旺盛,羽毛浓密,同时鸡群拥挤在一起,是传播的最佳季节,鸡羽虱不会主动离开鸡体,但常有少量羽毛等散落到鸡舍、产蛋箱上,从而间接传播。

【症状】普通大鸡虱主要寄生在鸡泄殖腔下部,严重感染时可蔓延到胸部、腹部和翅膀下面,除以羽毛的羽小枝为食外,还常损害表皮,吸食血液,因刺激皮肤而引起发痒;羽干虱一般寄生在羽干上,咬食羽毛,导致羽毛脱落;头虱主要寄生在鸡的头部,其口器常紧紧地附着在寄生部位的皮肤上,刺激皮肤发痒,造成鸡秃头。羽虱大量寄生时,患鸡奇痒,不安,影响采食和休息。因啄痒而造成羽毛折断、脱落及皮肤损伤,鸡体消瘦,贫血,生长发育迟缓,产蛋鸡产蛋量下降,严重的引起死亡。

【诊断】在禽皮肤和羽毛上查见虱或虱卵确诊。

【治疗】

(1)烟雾法:用25%的敌虫聚酯通用油剂,按每立方米鸡舍空间0.01毫升的剂量,用带有烟雾发生装置的喷雾器喷烟,喷烟后密闭鸡舍2～3小时。

(2)喷雾法:将25%的敌虫聚酯通用油剂作为原液,用水配制成0.1%的乳剂,直接喷洒于鸡体。

(3)药浴法:用25%的溴氰聚酯加水配制成4000倍液,将药液盛放于水缸或大锅内,先浸透鸡体,再捏住鸡嘴浸一下鸡头,然后捋去羽毛上的药液,置于干燥处晾干鸡体;也可用2%洗衣粉水溶液涂洗全身。

(4)沙浴法:圈养鸡可在鸡运动场上挖一浅池,深约30厘米,长、宽可因鸡只的多少而定。用10份黄沙加1份硫磺粉拌匀,放于池内,任鸡自由进行沙浴。

值得注意的是,上述4种方法无论采用哪种方法,要想达到理想的灭虱效果,彻底杀灭鸡羽虱,最好是鸡体、鸡舍、产蛋箱等同时用药。同时,最好间隔10天再用药1次,这样便可彻底的杀灭鸡羽虱。

【预防】

(1)为了控制鸡虱的传播,必须对鸡舍、鸡笼、饲喂、饮水用具及环境进行彻底消毒。

(2)对新引进的鸡群,要加强隔离检查和灭虱处理,可用5%的氯化钠、0.5%的敌百虫、1%的除虫菊酯、0.05%的蝇毒灵等。

八、鸡 螨

螨又称疥癣虫,是寄生在鸡体表的一种寄生虫。

【病原】螨虫的种类很多,主要有鸡皮刺螨、羽管螨、膝螨和气囊螨。

【发病特点】鸡螨一般白天寄居于鸡舍的墙缝、鸡笼及笼架的缝隙和食槽、水管夹缝等处,夜间侵袭鸡只吸血。螨虫主要集中在鸡体的肛门周围、腹部。笼养鸡发生严重,容易被发现。平养鸡也有发生。螨虫白天隐藏在地板条下或隐秘的地方,应在晚上对鸡体进行检查才可发现。螨虫的传播途径有工具、工人、老鼠、苍蝇。

【症状】螨虫寄生有全身性，寄生在鸡的腿、腹、胸、翅膀内侧、头、颈、背等处，吸食鸡体血液和组织液，并分泌毒素引发鸡皮肤红肿、损伤继发炎症，反复侵袭、骚扰引起鸡不安，影响采食和休息，导致鸡体消瘦、贫血、生长缓慢，严重影响上市品质。

【诊断】用镊子取出病灶中的小红点，在显微镜下检查，见到螨幼虫即可确诊。

【治疗】大群发生刺皮螨后，可用20%的杀灭菊酯乳油剂稀释4000倍，或0.25%敌敌畏溶液对鸡体喷雾，要注意防止中毒。环境可用0.5%敌敌畏喷洒。对于感染膝螨的患鸡，可用0.03%蝇毒磷或20%杀灭菊酯乳油剂2000倍稀释液药浴或喷雾治疗，间隔7天，再重复1次。大群治疗可用0.1%敌百虫溶液，浸泡患鸡脚、腿4~5分钟，效果较好。

【预防】

(1)保持圈舍和环境的清洁卫生，定期清理粪便，清除杂草、污物，堵塞墙缝，粪便集中堆肥发酵等，以减少螨虫数量；定期使用杀虫剂预防，一般在鸡出栏后使用辛硫磷对圈舍和运动场地全面喷洒，间隔10天左右再喷洒1次。

(2)防止交叉感染，新老鸡群分隔饲养严格执行全进全出制度，避免混养，严格卫生检疫，发现感染及时诊治。注意新老鸡群的隔离饲养，建立隔离带，防止交叉感染。

(3)感染鸡群的治疗可用阿维菌素、伊维菌素等拌料内服，用量为每千克饲料用0.15~0.2克。对商品鸡可用灭虫菊酯带鸡喷雾，也可使用沙浴法、药浴法或个体局部涂抹2%的碳酸软膏等。

第四节　常见中毒病的防治

常见中毒病包括一氧化碳中毒、氨气中毒、饲料饼中毒、食盐中毒、黄曲霉毒素中毒、磺胺类药物中毒、呋喃唑酮中毒、高锰酸钾中毒、甲醛中毒、有机磷农药中毒、亚硝酸盐中毒等。

一、一氧化碳中毒

一氧化碳中毒是由于家禽吸入一氧化碳气体所引起的以血液中形成多量碳氧血红蛋白所造成的全身组织缺氧为主要特征的中毒疾病。

【发病特点】鸡舍往往有烧煤保温的病史,由于暖炕裂缝,或烟囱堵塞、倒烟、门窗紧闭、通风不良等原因,都能导致一氧化碳不能及时排出,引起中毒,一般多为慢性。

【症状】

(1)轻度中毒的家禽其体内碳氧血红蛋白达到30%,病禽呈现流泪、呕吐、咳嗽、心动疾速、呼吸困难。此时,如能让其呼吸新鲜空气,不经任何治疗即可得到康复。如若环境空气未彻底改善,则转入亚急性或慢性中毒,病禽羽毛蓬松,精神委顿,生长缓慢,容易诱发上呼吸道和其他群发病。

(2)重度中毒的家禽其体内碳氧血红蛋白可达50%。病鸡不安,不久即转入呆立或瘫痪、昏睡,呼吸困难,头向后伸,死前发生痉挛和惊厥。若不及时救治,则导致呼吸和心脏麻痹死亡。

【病理】尸体剖检可见血管和各脏器内的血液呈鲜红色,脏器表面有小出血点。若病程长,慢性中毒者,则其心、肝、脾等器官体积增大,有时可发现心肌纤维坏死,大脑有组织学改变。

【诊断】根据接触一氧化碳的病史、临诊上群发症状和病理变化即可诊断。如能化验病禽血液内的碳氧血红蛋白则更有助于本病的确诊。

【治疗】发现鸡群中毒后,应立即打开鸡舍门窗或通风设备进行通风换气,同时还要尽量保证鸡舍的温度,饲养人员也要做好自身防护。病鸡吸入新鲜空气后,轻度中毒鸡可自行逐渐康复。对于中毒较严重的鸡皮下注射糖盐水及强心剂,有一定的疗效。为防止继发感染可应用抗生素类药物给全群鸡饲喂。

【预防】鸡舍和育雏室采用烧煤取暖时应通风换气,保证室内空气流通,经常检查取暖设施。防止烟筒堵塞、倒烟、漏烟;舍内要有通风换气设备并定期检查。

二、氨气中毒

禽舍长时间不清除粪便,加上温度、湿度较大,四周和禽舍顶部又密不透风,禽舍中有人难以接受的刺激眼、鼻、喉黏膜的氨气充斥,可以引起氨气中毒。

【发病特点】氨气是鸡的粪尿、雏鸡垫料以及饲料残渣腐败分解后产生的一种有毒气体,当室内空气中含量超过 0.002% 时,便会产生中毒。

【症状】轻度中毒时,鸡有角膜炎和结膜炎,羞明流泪,呼吸加快,粪便变稀,采食量下降,生长发育减缓,消瘦,产蛋率下降。当严重中毒时,鸡羽毛无光泽,食欲降低甚至废绝,鼻流稀薄黏液,稀便、绿便增多。出现严重的呼吸症状,伸颈深呼吸,有的甩头,打呼,呼吸麻痹,头颈后仰或前伸,倒地,突然出现大批死亡。

【病理】尸体松软,不易僵化;冠及颜面发绀,眼结膜炎;皮肤、腿和胸肌苍白,皮下有出血点;血液稀薄;喉头水肿、充血并有渗出物蓄积,气管和支气管黏膜充血、出血,流鼻涕并伴有灰白色分泌物;肺水肿、淤血,深紫色,有坏死,气囊轻度混浊;心包积水,心肌柔软,心冠脂肪有点状出血;肝、脾、肾肿大,有腹水,颜色为淡黄色或红色。

【诊断】根据本病的临床症状和病理变化,结合鸡舍内氨味较浓,人进去后刺鼻刺眼可做出诊断。

【治疗】若初诊为鸡氨气中毒,应及时采取有效措施,消除病因,通风换气,减轻症状,及时治疗并发症或继发症,才能把损失降到最低水平,特别对于有可能恢复正常生产性能的鸡群。

(1)发现鸡群有氨气中毒症状时,要马上打开门窗、排气孔和排气扇等所有通风设备,对鸡舍进行通风换气;要清除鸡舍粪便和垫料,同时用草木灰铺撒地面,有条件的可以把鸡转移至环境较好的另一鸡舍。

(2)当鸡舍内氨气浓度较高而通风不良时,可以向舍内墙、棚壁上喷雾稀盐酸,降低氨气浓度。

(3)饮水中按0.03%浓度加入硫酸铜;全群鸡饮服或灌服1%稀醋酸,每只5~10毫升,或1%硼酸水溶液洗眼,涂擦氯霉素眼膏,并供饮5%糖水,口服维生素C片0.05~0.1克/只,并辅以普康素等免疫增强剂饮水,一般经1~2天即可痊愈;对于已出现诸如咳嗽、拉稀等中毒症状的鸡,饮水中加入适量的环丙沙星,或在饲料中用110~330毫克/千克的北里霉素,以免继发感染。

【预防】对于氨气中毒,应采取防重于治的原则。平时注意在多发季节监测舍内氨气的浓度,采取必要的预防措施,及时消除可能造成氨气产生或蓄积的因素。

(1)及时清除鸡舍中的粪便和垃圾。

(2)要保持鸡舍的干燥和通风。

(3)可在鸡舍内撒一层磷肥,因为磷肥呈酸性,氨气呈碱性,二者能溶合生成磷酸氨盐,既减少了氨气危害,又提高了肥效。撒磷肥的方法是每周一次,每 10 支鸡为 50 克左右过磷酸钙,应均匀地撒在鸡舍的地面上。

三、棉籽饼中毒

生产实践中所见的棉籽饼中毒,多是由于长期不间断地饲喂未经去毒处理的棉籽饼,致使棉酚在体内蓄积而引起。

【发病特点】大量应用或少量连续饲喂未经脱毒处理的棉籽饼,可导致中毒发生。棉籽饼中毒的实质是棉酚及其衍生物中毒,棉酚在棉籽饼内以结合棉酚和游离棉酚两种形式存在,一般认为结合棉酚是无毒的。棉籽饼的毒性与其加工工艺有很大的关系,冷榨棉籽饼的毒性大,而高温高压榨油法,使游离棉酚减少,降低棉籽饼的毒性,即便如此,棉籽饼在饲料中的添加量也不应超过 8%～10%。饲料中维生素 A、钙、铁(棉籽饼缺乏)及蛋白质不足(不宜形成结合棉酚)时,也会促使发生棉酚中毒。

【症状】病初鸡群食欲降低,饮水量增多,精神不振,羽毛松散,结膜呈蓝海紫色,鸡冠稍肿,呈暗紫色,两腿无力,肌肉震颤,急性中毒则出现口、鼻、肛门等天然孔出血,排血色稀粪。蛋鸡产蛋急剧下降,蛋壳粗糙,软壳蛋及畸形蛋数量增加,机体逐渐消瘦,种公鸡睾丸萎缩,精液品质差,种蛋的受精率和孵化率降低。

【病理】皮下胶冻样水肿,腹腔积水,肝脏呈土黄色、实质脆弱,肺充血、水肿、出血,心肌变性,肠黏膜肿胀、出血并有溃疡,内容物呈暗褐色。公鸡睾丸发育不良,母鸡卵巢极度萎缩。

【诊断】根据本病特征性的症状和病理变化,结合有过量或长期饲喂棉籽饼的病史,即可做出诊断。

【治疗】本病无特效治疗方法。发病后,立即停止喂给有棉酚的配合饲料。病鸡用硫酸亚铁以 0.5% 比例均匀拌料喂服,连用 3 天后,剂量减半,再连用 7 天。同时可以使用维生素 E,每千克饲料加 10~20 克，拌匀，连用 15 天，可以加促母鸡产蛋功能的恢复。

【预防】合理利用棉籽饼，可以预防棉籽饼中毒。

(1) 去毒处理。棉籽饼最好经过脱毒处理后再配入饲料内，棉籽饼脱毒的方法有铁剂处理法和干热处理法。铁剂处理法是用 0.1%~0.2% 的硫酸亚铁溶液浸泡数小时即可；干热处理法是将棉籽饼以 80~85℃ 干热 2 小时，也可使其毒性降低。

(2) 限制喂量，间歇饲喂。棉籽饼在雏鸡日粮中不宜超过 2%~3%，蛋鸡不宜超过 5%~7%，经过去毒处理后，肉鸡日粮中可占 15%~20%，否则不宜超过 10%。为防止棉酚在体内蓄积，应在连续投喂 1~2 个月后停喂 2~3 周，使体内残毒排出。

(3) 补充青料或添加多维。青绿饲料可显著增强机体对游离棉酚的解毒能力，并能防止继发性维生素 A 缺乏。

四、菜籽饼中毒

菜籽饼是一种很好的蛋白质饲料，氨基酸比较齐全，但菜籽饼中含有硫葡萄糖甙及芥酸，在机体芥子水解酶的作用下，产生有毒物质，能引起畜禽中毒，尤以家禽较为敏感。

【发病特点】菜籽饼的含毒量与其品种有关，而不同品种的鸡对菜籽饼的耐受能力也有差异。普通菜籽饼在产蛋鸡饲料中的比例占 8%、肉仔鸡后期饲料占 10% 即可引起中毒。

【症状】最初是采食减少，粪便干硬或稀薄、带血等不同的异常变化，生长缓慢、产蛋量下降、软蛋增多、孵化率下降。

【病理】剖检主要是甲状腺肿大，胃黏膜充血或出血，肾肿大，肝脏萎缩有滑腻感，消化道（尤其是胃）内容物稀薄呈黑绿色，肠黏膜脱落出血。

【诊断】根据临床症状、病理学特征结合饲料调查是否过量采食未经适当处理的菜籽饼即可确诊。

【治疗】发现中毒立即停喂含有菜籽饼的饲料,饮用 5% 葡萄糖水,饲料中添加维生素 C。

【预防】

(1)喂量要适当:鸡的日粮中,搭配菜籽饼的比例不宜过高。一般来说,生长鸡用量可占精料的 5%~10%,占干物质量 5%~8%,这样不经去毒也可和其他饲料搭配使用。

(2)进行必要的去毒处理:为了安全利用菜籽饼,尤其是鸡日粮中菜籽饼搭配量超过 10% 时,应该进行必要的去毒处理。常用方法是坑埋法。此法应避开梅雨和高温季节,选择地势高燥、土质较好的地方(不可在树下),挖一宽 0.8 米、深 0.8 米、长度按菜籽饼数量确定的长方形坑,内铺 3 厘米厚的麦草,将粉碎成末的菜籽饼以 1∶1 比例加水拌湿埋入坑内,上铺一薄层麦草,再覆土 40 厘米厚。四周开排水沟,以防雨水渗入。2 个月后,即可开坑利用。注意四周发霉结块的局部不宜作饲料。采用此法无需其他设备,去毒率在 90% 以上。蒸煮法是小规模少量饲喂时,可将粉碎的菜籽饼用温水浸泡 8~12 小时,将水倒去,再加清水煮沸 1 小时,并时时搅拌,即可使毒物蒸发。

(3)增喂青绿饲料:增喂青饲料可改善整个饲料的适口性和减轻菜籽饼的毒害作用,但不宜喂富含芥子酶的十字花科植物,如白菜、萝卜、甘蓝等。

(4)防止中毒:禁用霉变菜籽饼喂鸡,配料时应充分搅拌均匀,以免有些鸡误食菜籽饼过多,引起中毒。

五、食盐中毒

食盐中毒是指家禽摄取食盐过多或连续摄取食盐而饮水不足,导致中枢神经机能障碍的疾病。其实质是钠中毒,有急性中毒与慢性中毒之分。

【发病特点】饲料中添加食盐量过大,或大量饲喂含盐量高的鱼粉,同时饮水不足,即可造成家禽中毒。家禽中以鸡和鸭最常见。正常情况下,饲料中食盐添加量为 0.25%～0.5%。当雏鸡饮服 0.54% 的食盐水时,即可造成死亡;饮水中食盐浓度达 0.9% 时,5 天内死亡 100%。如果饲料中添加 5%～10% 食盐,即可引起中毒;另据资料报道,饲料中添加 20% 食盐,只要饮水充足,不至于引起死亡。饮水充足与否,是食盐中毒的重要原因。饲料中其他营养物质,如维生素 E、钙、镁及合硫氨基酸缺乏时,可增加食盐中毒的敏感性。

【症状】

(1)急性中毒:鸡群突然发病,饮水骤增,大量鸡围着水盆拼命喝水,许多鸡喝得嗉囊十分膨大,水从口中流出也不离开水源,同时出现大量营养状况良好的鸡发生突然死亡,部分病鸡表现呼吸困难、喘息十分明显,中毒死亡的鸡有的从口中流出血水来。中毒鸡群普遍下痢,排稀水状消化不良的粪便,检查鸡群时,可听到病鸡排稀便时发出的响声。

(2)慢性中毒:鸡群起病缓慢,饮水逐渐增多,粪便由干变稀。由于现代化鸡多采用自流给水,有时鸡饮水增多的现象不易被发现,因此粪便变化的特征对于发现食盐的慢性中毒非常重要。随着病程的延长,病重的鸡冠脸变为深红,冠峰黑紫,冠体皱缩耷拉,粪便由稀水状变为稀薄的黄、白、绿色。采食量下降,群中死亡鸡增多,产蛋鸡群产蛋量停止上升或下降,蛋壳变薄,出现砂顶、薄皮、畸形蛋等。由于下痢的刺激,鸡的子宫发生轻重不等的炎症,产蛋时子宫回缩缓慢,发生脱肛、啄肛等并发症。

【病理】

(1)急性中毒死亡的小鸡与青年鸡,营养状况良好,胸部肌肉丰满,但苍白贫血,胸腹部皮下积有多少不等的渗出液,由于皮下水肿,跗部变得十分丰润,肝脏肿大,质地硬,呈现淡白、微黄色或红白相间的、不均匀的淤血条纹;腹腔中积液甚多,心包积水超过正常的2～3倍,心肌有大点状出血;肾脏肿大,肠管松弛,黏膜轻度充血。急性中毒的产蛋鸡,除有上述症状外,卵巢充血、出血十分明显。

(2)慢性食盐中毒的产蛋鸡,肠黏膜、卵巢充血、出血,蛋变性坏死,输卵管炎或腹膜炎。

【诊断】根据鸡的临床症状、病理特征与食盐增加史,必要时可测定饲料食盐含量。

【治疗】发现可疑病鸡,立即停喂原来的饲料,改换新鲜的饮用水和低盐饲料,饮水中加5%葡萄糖水;严重中毒鸡要适当控制饮水,间断地逐渐增加饮水量,同时皮下注射20%安纳咖,成年鸡0.5毫升/只,幼鸡0.1～0.2毫升/只,饮水中加10%葡萄糖水和维生素C,连用数天。

【预防】

(1)严格控制家禽的食盐进量,在饲料中必须搅拌均匀。盐粒应粉细,保证供足水并且不间断。

(2)发现可疑食盐中毒时,首先要立即停用可疑的饲料和饮水,并送有关部门检验,改换新鲜的饮用水和饲料。

(3)给病禽应间断地逐渐增加饮用水,否则,一次大量饮水可促进食盐吸收扩散,反而使症状加剧或会导致组织严重水肿,尤其脑水肿往往预后不良。

六、黄曲霉毒素中毒

黄曲霉毒素是黄曲霉菌的代谢产物,广泛存在于各种发霉变质的饲料中,对畜禽和人类都有很强的毒性,鸡对黄曲霉毒素比较敏感,中毒后以急性或慢性肝中毒、全身性出血、腹水、消化机能障碍和神经症状为特征。

【发病特点】由于采食了被黄曲霉菌或寄生曲霉等污染的含有毒素的玉米、花生粕、豆粕、棉籽饼、麸皮、混合料和配合料等而引起。黄曲霉菌广泛存在于自然界,在温暖潮湿的环境中最易生长繁殖,产生黄曲霉毒素。黄曲霉毒素及其衍生物有 20 余种,引起家禽中毒的主要毒素有 B_1、B_2、G_1、G_2、M_1、M_2,以 B_1 的毒性最强。以幼龄的鸡特别是 2~6 周龄的雏鸡最为敏感。

【症状】

(1)雏鸡:表现精神沉郁,食欲不振,消瘦,鸡冠苍白,虚弱,凄叫,拉淡绿色稀粪,有时带血。腿软不能站立,翅下垂。

(2)育成鸡:精神沉郁,不愿运动,消瘦,小腿或爪部有出血斑点,或融合成青紫色,如乌鸡腿。

(3)成鸡:耐受性稍高,病情和缓,产蛋减少或开产期推迟,个别可发生肝癌,呈极度消瘦的恶病质而死亡。

【病理】

(1)急性中毒:肝脏充血、肿大、出血及坏死,色淡呈黄白色,胆囊充盈。肝细胞弥漫脂肪变性,变成空泡状,肝小叶周围胆管上皮增生形成条索状。肾苍白肿大。胸部皮下、肌肉有时出血,肠道出血。

(2)慢性中毒:常见肝硬变,体积缩小,颜色发黄,并呈白色点状或结节状病灶,肝细胞大部分消失,大量纤维组织和胆管增生,个别可见肝癌结节,伴有腹水;心包积水;胃和嗉囊有溃疡;肠道充血、出血。

【诊断】根据有食入霉败变质饲料的病史、临床症状、特征性剖检变化,结合血液化验和检测饲料发霉情况,可做出初步诊断。确诊则需对饲料用荧光反应法进行黄曲霉毒素测定。

【治疗】发现鸡群有中毒症状后,立即对可疑饲料和饮水进行更换。对本病目前尚无特效药物,对鸡群只能采取对症治疗,如给鸡饮用 5% 葡萄糖水,有一定的保肝解毒作用。灌服高锰酸钾水,破坏消化道内毒素,以减少吸收。同时对鸡群加强饲养管理,有利于鸡的康复。

【预防】

(1)饲料防霉:严格控制温度、湿度,注意通风,防止雨淋。为防止饲粮发霉,可用福尔马林对饲料进行熏蒸消毒;为防止饲料发霉,可在饲料中加入防霉剂,如在饲料中加入0.3%丙酸钠或丙酸钙,也可用克霉或诗华抗霉素等。

(2)染毒饲料去毒:可采用水洗法,用0.1%的漂白粉水溶液浸泡4~6小时,再用清水浸洗多次,直至浸泡水无色为宜。

七、赭曲霉毒素中毒

赭曲霉毒素是对家禽毒性最大霉菌毒素,主要由赭曲霉、硫色曲霉、蜂蜜曲霉、纯绿曲霉等组成,很容易在饲料中形成。

【发病特点】赭曲霉毒素中毒是动物采食了含有赭曲霉毒素的饲料,导致肾脏和肝脏损害为特征的中毒性疾病。

【症状】临床表现因动物品种、年龄及毒素剂量的不同而有差异。

(1)雏禽:表现精神不振,生长发育缓慢,消瘦,食欲大减而喜饮,排粪频繁、稀软,甚至腹泻、脱水。有些随病情发展呈现神经症状,如外周反射机能丧失,站立不稳,多取蹲坐姿势,有的共济失调,腿和颈肌呈阵发性纤维性震颤,甚至休克而死亡,死亡率较高。肉仔鸡可引起骨软弱,随体重增加胫骨直径变粗,易骨折,主要是骨样组织形成缺乏和骨质疏松。

(2)产蛋鸡:表现食欲降低,体重下降,产蛋减少,蛋重减轻,腹泻,肾功能减退,并引起缺铁性贫血。蛋壳出现黄斑,还可引起种蛋孵化时早期胚胎死亡,鸡胚痛风或畸形,影响孵化率,后代生长缓慢。

【病理】剖检主要病变为肾脏肿大、苍白；肝脏、胰腺苍白；输尿管、肾脏、心脏、肝脏和脾脏有白色尿酸盐沉积。

【诊断】根据饲喂霉变饲料的病史，结合多尿、烦渴、腹泻等临床症状和肾脏肿大、苍白等病理变化，可初步诊断。确诊必须对饲料、肾脏、肝脏等样品进行赭曲霉毒素 A 测定，常用的方法有高效液相色谱法、薄层层析法、酶联免疫吸附法等。

【治疗】本病尚无特效疗法。中毒病畜应立即停喂可疑饲料，并禁食，酌情选用人工盐和植物油等泻剂，以清除胃肠中有毒的内容物；或内服鞣酸等保护肠黏膜；供给充足的饮水；然后给予容易消化、富含维生素的新鲜饲料；病情严重者应强心、补液、利尿，并采取保护肝功能和肾功能等措施。

【预防】主要是防止饲料被霉菌污染。玉米、大麦等饲料收割后要晒干，使水分含量低于 12% 以下，同时要使用防霉剂，通常使用的防霉剂有丙酸、霉敌、除霉净等，但这些物质只能防止发霉，但不能消除毒素。

八、磺胺类药物中毒

磺胺类药物是一类化学合成的抗菌药物，有着较广的抗菌谱，对某些疾病疗效显著，性质稳定易于储藏。但是，此类药物的副反应比用抗生素稍多，甚至引起中毒。

【发病特点】磺胺类药物是防治家禽传染病和某些寄生虫病的一类最常用的合成化学药物。用药剂量过大，或连续使用超过 7 天，即可造成中毒。据报道，给鸡饲喂含 0.5% 磺胺二甲基嘧啶（SM2）或磺胺甲基嘧啶（SM1）的饲料 8 天，可引起鸡脾出血性梗死和肿胀，饲喂至第 11 天即开始死亡。复方敌菌净在饲料中添加至 0.036%，第 6 天即引起死亡。维生素 K 缺乏可促发本病。复方新诺明混饲用量超过 3 倍以上，即可造成雏鸡严重的肾肿。

【症状】病鸡急性磺胺类药物中毒的主要症状表现为不食、腹泻、兴奋不安、痉挛和麻痹等。

慢性中毒患鸡表现为精神沉郁,全身虚弱,食欲减少,口渴,腹泻,肉髯、鸡冠苍白,羽毛松乱;生长发育不良;有的病鸡头部肿大呈蓝紫色;成年鸡产蛋量急剧下降,蛋壳变薄且粗糙,褐壳蛋褪色;重病鸡出现贫血、黄疸,血液凝固时间延长。

【病理】剖检可见主要器官均有不同程度的出血。患鸡皮下、冠、眼睑有大小不等的出血斑,尤其胸肌呈弥漫性或涂刷状出血,肌肉苍白或呈淡黄色,大腿内侧肌肉有点状或斑状出血,喉头和气管黏膜也有大小不等的出血点。肝脏淤血稍肿大,呈紫红色或黄褐色,表面有出血斑点或针尖大的坏死灶,胆囊肿大。脾脏肿大、淤血,表面有灰白色结节或斑点。肾肿胀,呈土黄色,表面有出血斑,输尿管扩张,充满白色尿酸盐结晶。腺胃和肌胃交界处黏膜上有紫红色出血斑或条状出血,肌胃角质层下有出血点。肠道浆膜面有出血点,十二指肠黏膜出血明显,盲肠扁桃体肿胀出血,泄殖腔黏膜弥漫性出血,心内膜出血,肺淤血。

【诊断】根据用药史、临床中毒症状和病理剖检变化,结合实验室化验(肝或肾中磺胺类药物含量超过 20 毫克/千克时),可做出诊断。

【治疗】一旦发现中毒症状,应立即停药,供应充足的加 1%～5% 的小苏打水,每千克饲料中加维生素 C 0.2 克、维生素 K 35 毫克,连用 1～2 周。也可使用百毒解,以 0.5%～1% 的浓度饮水,连用 3～5 天。对于中毒不很严重的鸡都有一定的疗效。

【预防】平时使用该类药物时间不宜过长,一般连用不超过 5 天。产蛋禽禁止使用磺胺类药物,多选用高效低毒的磺胺类药物,如复方新诺明、磺胺喹噁啉、磺胺氯吡嗪等。

九、呋喃唑酮中毒

目前临床应用较广的呋喃类药物主要是呋喃唑酮(即痢特灵),是人工合成的广谱抗菌药。由于价格便宜,使用效果较好,被广泛用于鸡白痢、鸡伤寒、副伤寒和球虫等病。但呋喃唑酮毒性较强,特别是雏鸡对其敏感,使用不当,易发生中毒。

【发病特点】呋喃类药物有呋喃唑酮、呋喃西林、呋喃妥因和呋吗唑酮等,尤以呋喃西林的毒性最大。用药剂量过大或连续用药时间过长、药物在饲料中搅拌不均匀等均可引起中毒。呋喃唑酮的预防剂量(拌料)为 0.01%,连用不超过 15 天;治疗剂量为 0.02%,连用不超过 7 天。据报道,饲料中添加量为 0.04%,连用 12~14 天,即可引起鸡中毒;添加量为 0.06%,4~5 天即可中毒;添加量为 0.08%,3~4 天即可中毒。

【症状】

(1)急性中毒:病禽初期精神沉郁,羽毛松乱,两翅下垂,缩头呆立,站立不稳,减食或不食。继而出现典型的神经症状,兴奋不安、转圈、鸣叫、倒地后两腿伸直做游泳姿势、角弓反张,抽搐而死。也有呈昏睡状态,最后昏迷而死。

(2)慢性中毒:呈现腹水症的特征。腹部膨大,按压有波动感。

【病理】

(1)急性中毒:口腔、消化道黏膜及其内容物均呈黄染。肠黏膜充血、出血。肠道浆膜呈黄褐色。心肌变性、发硬、心脏扩张。肝脏肿大呈淡黄色。

(2)慢性中毒:腹腔充满淡黄色的液体,肝脏硬、表面凹凸不平,心包积液,心扩张。

【诊断】根据有过量或连续应用呋喃类药物的病史、典型的神经症状及剖检变化即可诊断。

【治疗】立即停喂呋喃唑酮和含呋喃唑酮的饲料。给鸡群饮用5%葡萄糖水,维生素C粉,每10克加水50千克;维生素B_1,每只鸡每天25毫克,维生素B_{12}针剂,每100只鸡15毫升,让鸡自由饮水,病情严重者用滴管灌服。连续治疗3天。对慢性中毒引起腹水症者,可试用腹水净、腹水消等药物。

【预防】使用呋喃类药物应严格控制剂量,饮水时浓度只应是拌料的一半,因为禽的采食量比饮水量少1倍。呋喃西林水溶性差,不可饮水投药。

十、喹乙醇中毒

喹乙醇又名倍育诺、快育灵、喹酰胺醇,因其具有良好的广谱抗菌效果,尤其是对大肠杆菌、沙门菌等革兰阴性致病菌所致的消化道疾病具有良好的疗效,并具有促进生长、提高饲料转化率等作用而被广泛应用于生产实践,是常用的添加剂之一。该药在正确使用的前提下确能产生良好的效果,特别是在饲养环境较差的场地使用效果更为显著。但由于使用方法不当等问题,在生产实践中喹乙醇中毒现象时有发生,常造成重大损失。

【发病特点】喹乙醇作为家禽生长促进剂,一般在饲料中加入$(25\sim30)\times10^{-6}$($25\sim30$克/吨)。预防细菌性传染病,一般在饲料中添加100×10^{-6}喹乙醇,连用7天,停药7~10天。治疗量一般在饲料中添加200×10^{-6}喹乙醇,连用3~5天,停药7~10天。据报道,饲料中添加300×10^{-6}喹乙醇,饲喂6天,鸡就呈现中毒症状。饲料中添加1000×10^{-6}喹乙醇饲喂240日龄蛋鸡,第三天即出现中毒症状。喹乙醇在鸡体内有较强的蓄积作用,小剂量连续应用,也会蓄积中毒。

【症状】中毒的鸡精神不振,采食减少或停食,鸡冠和肉髯发紫,口腔黏液增多,排稀便。视中毒程度不同,体温降至35.5~

36.2℃不等,畏寒,低温季节更明显。腿肌软弱无力,脚软,早期勉强以关节着地行走,后期则完全瘫痪,飞节红肿,最终因丧失饮食能力而死亡。中毒症状出现时间与喹乙醇摄入量呈正相关,鸡饲料中喹乙醇含量达 700 毫克/千克时可以在 24 小时内出现典型中毒症状,72 小时内可见大批死亡。

【病理】皮肤、肌肉发黑。消化道出血尤以十二指肠、泄殖腔严重,腺胃乳头或(和)乳头间出血,肌胃角质层下有出血斑、点,腺胃与肌胃交界处有黑色的坏死区。心冠状脂肪和心肌表面有散在出血点,心肌柔软。肝肿大有出血斑,色暗红,质脆,切面糜烂多汁,脾、肾肿大,质脆。成年母鸡卵泡萎缩、变形、出血。输卵管变细。

【诊断】根据临床症状和病理变化,结合用药史可做出初步诊断。必要时可送含药饲料进行实验室化验,最终达到确诊。

【治疗】迄今为止,尚未见有关对喹乙醇中毒进行解毒的特效药物。对于已发生中毒的病鸡,除停止使用一切抗生素类药物和含药饲料外,对症疗法一般是采取保护肝脏和促进肾脏排泄、增强机体抵抗力等措施。可在饮水中投入 0.1%～0.15%的碳酸氢钠、6%～8%的蔗糖或 3%～4%的葡萄糖,供病鸡自由饮用,或用 5%的硫酸钠水溶液给鸡连饮 3 天。同时投喂相当于营养需要5～10 倍的复合维生素或 0.1%的维生素 C,有条件时也可煎服具有疏肝、利尿、解毒作用的中草药(但切忌投用抗生素类药物),同时给予充足的饮水。以上措施能减少损失,但严重中毒的鸡只一般预后不良。

【预防】许多临床实践证实,喹乙醇具有中等到明显的蓄积毒性。因此,为了避免喹乙醇中毒,应严格控制用药量和使用时间,家禽要按推荐的喹乙醇混饲浓度(25～35 毫克/千克,即 1000 千克饲料添加喹乙醇原料药粉 25～35 克或 5%的喹乙醇预混剂 500～700 克)进行使用。喹乙醇一般不推荐内服药作治疗用,如非用不可时,内服的最大剂量为雏鸡 30 毫升/千克体重,成鸡 50 毫克/千克体重,每天内服一次,或以同样剂量分 2 次内服(给药间隔为 12 小时),使用时间不得超过 3 天。混料使用时,必须充分搅拌均匀,可采取等量递增混合法,这一方面尤其适用于个体养鸡户自己混料。另外,喹乙醇难溶于水,一般不要采用饮水方式给药。

十一、高锰酸钾中毒

高锰酸钾是鸡常用的消毒药,一般用法是溶解在饮水中喂给,如果剂量掌握不当,浓度过高,极易造成鸡急性中毒而死亡。

【发病特点】由于饮用的高锰酸钾溶液浓度过高,而引起中毒。当在饮水中浓度达到 0.03% 时对消化道黏膜就有一定腐蚀性,浓度为 0.1% 时,可引起明显中毒。成年鸡口服高锰酸钾的致死量为 1.95 克。其作用除损伤黏膜外,还损害肾、心和神经系统。

【症状】口、舌及咽部黏膜发紫、水肿,呼吸困难,流涎,白色稀便,头颈伸展,横卧于地。严重者常于 1 天内死亡。

【病理】剖检中毒死亡的鸡体,可见消化道黏膜,特别是嗉囊黏膜,有严重的出血和溃烂。

【诊断】中毒鸡群有饮服高锰酸钾浓度过高史。观察到病鸡呼吸困难,腹泻,甚至突然死亡;剖检可见口、舌和咽部黏膜变红紫色和水肿,嗉囊、胃肠有腐蚀和出血现象,即可做出诊断。

【治疗】鸡中毒后,立即停用高锰酸钾溶液,并喂服大量清水,这对早期中毒有一定的解毒作用;也可用浓度为 3% 的双氧水 10 毫升加水 100 毫升,喂服洗胃或用牛奶洗胃。此外,喂服蛋清也可解毒。

【预防】

(1)给家禽饮水消毒时,只能用 0.01%~0.02% 的高锰酸钾溶液,不宜超过 0.03%。消毒黏膜、洗涤伤口时,也可用 0.01%~

0.02%的高锰酸钾溶液。消毒皮肤,宜用0.1%浓度。

(2)用高锰酸钾饮水消毒时,要待其全部溶解后再饮用。

十二、甲醛中毒

甲醛作为一种消毒剂,能使蛋白质变性,呈现强大的杀菌作用,这一点早已得到证实和公认,在养禽业已广泛使用多年,主要用于各种物品的熏蒸消毒,也可用于浸泡消毒和喷洒消毒,能杀死繁殖型细菌,且能杀死芽孢、病毒和霉菌。但在实践中,因甲醛使用不当导致鸡群中毒的情况时有发生,常造成重大的经济损失。

【发病特点】养鸡生产中用甲醛熏蒸进行消毒,因熏蒸时甲醛气体能分布到每一个角落,消毒效果好,但甲醛对呼吸道和消化道的黏膜以及眼结膜等具有很强的刺激性和腐蚀性。带鸡熏蒸时每立方米空间用甲醛7毫升为正常浓度,若熏蒸后气体大部未排出或者带鸡熏蒸时浓度使用不当,时间过长,可发生甲醛中毒。

【症状】

(1)急性中毒时,鸡精神沉郁,食欲、饮欲均明显下降,眼流泪、怕光、眼睑肿胀。流鼻涕、咳嗽、呼吸困难,甚至张口喘息,排黄绿色或绿色稀便,往往窒息死亡。

(2)慢性中毒时,鸡精神沉郁,食欲减退,软弱无力,咳嗽,有啰音。

【病理】剖检可见皮下水肿,腹腔积液,肺有散在性、局限性的炎症病灶。

【诊断】根据病史、临床症状及病理解剖即可确诊,但需要与慢性呼吸道病、传染性支气管炎等鉴别诊断。

【治疗】

(1)发现雏鸡甲醛中毒,立即将雏鸡移至新鲜空气处,给予充足的氧气。并给予0.8%的稀氨水蒸气吸入,或2%的碳酸氢钠雾化吸入。用抗生素防治感染时禁用磺胺类药物,以防在肾小管内形成不溶性甲酸盐而导致尿闭。

(2)雏鸡甲醛中毒后要加强饮水,饮水中加入少许尿素,或活性炭、牛奶、豆浆、蛋清等物质,可减轻毒物对黏膜的刺激;同时给予3％的碳酸铵或15％的醋酸铵溶液口服,使甲醛变为毒性较小的乌洛托品(六次甲基四胺)。

(3)眼内用清洁水或2％的碳酸氢钠液冲洗,并用可的松滴眼液滴眼。同时加强饲养管理,精心护理。

【预防】

(1)应在进鸡前7天对鸡舍进行熏蒸消毒,密封消毒1天后,要通风排净余气,提高鸡舍温度,仍无刺激性的气味,方可进雏。

(2)严禁带鸡消毒。

十三、痢菌净中毒

在目前的兽药生产中,因痢菌净效果较好,价格又比较低廉,经常被添加于各种制剂(包括可溶性粉剂和中药散剂等)中,所以,很容易造成剂量过大或长期使用而引起急性和蓄积中毒,从而给广大养殖户造成极大的经济损失。

【发病特点】计量不准确而造成中毒;搅拌不均匀引起该药中毒;用药时间过长而发生中毒;生产厂家生产兽药不注明成分,养鸡户加量使用而发生中毒;经销药品者瞎指挥造成药物中毒。

【症状】病鸡缩颈呆立,翅膀下垂,喙、爪发绀,不喜活动,常呆立,采食减少或废绝。个别雏鸡发出尖叫声,腿软无力,步态不稳,肌肉震颤,最后倒地,抽搐而死。病程随中毒程度不同而不同,本病刚开始中毒的特点是长的越快的鸡死亡率比例越高,观察临床表现时应注意这点。

【病理】死亡后的雏鸡全身脱水,肌肉呈暗紫色,腺胃肿胀,乳头出血,肌胃皮质层脱落、出血、溃疡。肺脏淤血、肿大,肠道有弥漫性小出血点。肝脏肿大,呈暗红色,质脆易碎,肾脏出血,心脏松弛,心内膜及心肌有散在性的出血点。有极个别鸡盲肠壁还出现出血。刚中毒时解剖症状是腺胃和肌胃交接处有暗褐色坏死,到发病后期坏死更严重,有的从外面就能看见。

【诊断】根据用药史、临床表现、病理解剖表现即可诊断。

【治疗】

(1)立即停止饲喂超量的痢菌净拌料和饮水,将已出现神经症状和瘫痪的病鸡予以淘汰。

(2)中毒鸡群使用5%～8%葡萄糖和0.04%的维生素C饮水,连用3天。

(3)每50千克饲料中加维生素A、维生素D_3粉、含硒维生素E粉各50克拌料,连喂5～7天。也可在饮水中加复合维生素制剂,连用3天。

(4)引起腹膜炎及并发其他细菌性感染,在拌料中加0.25%的大蒜素,连用4～6天。

【预防】鸡正常口服量每天5～10毫克/千克体重或2～12周龄时拌料100毫克/千克,若大于此剂量,并长时间饲喂即会出现中毒反应。因此,应选用正规常规厂家生产的产品,并弄清含量,按量用药避免不必要的损失。

十四、有机磷农药中毒

有机磷农药使用最广泛的高效杀虫剂,常用的有1605、1059、3911、乐果、敌敌畏、敌百虫等。这类农药对鸡有很强的毒害作用,稍有不慎即可发生中毒,此外,残留于农作物上的少量有机磷对鸡也有毒害作用。

【发病特点】由于对农药管理或使用不当,致使家禽中毒。如用有机磷农药在禽舍杀灭蚊、蝇或投放毒鼠药饵,被家禽吸入;饮水或饲料被农药污染;防治禽寄生虫时药物使用不当;其他意外事故等。

【症状】最急性中毒往往不见任何症状而突然发病死亡。急性病例,可见不食、流涎、流泪、瞳孔缩小、肌肉震颤、无力、共济失调、呼吸困难、鸡冠与肉髯发绀,腹泻,后期病鸡出现昏迷,体温下降,常卧地不起而衰竭而死。

【病理】由消化道食入者常呈急性经过,消化道内容物有一种特殊的蒜臭味,胃肠黏膜充血、肿胀,易脱落。肺充血水肿,肝、脾肿大,肾肿胀,被膜易剥离。心脏点状出血,皮下、肌肉有出血点。病程长者有坏死性肠炎。

【诊断】根据病史,有与农药接触或误食被农药污染的饲料等情况。发病鸡口流涎量多而且症状明显,瞳孔明显缩小,肌肉震颤痉挛等。胃内容物有异味,一般可初步诊断。必要时进行实验室诊断,做有机磷定性试验。

【治疗】发现中毒病例,消除病因,采取对症疗法。

(1)一般急救措施:清除毒源。经皮肤接触染毒的,可用肥皂水或2%碳酸氢钠溶液冲洗(敌百虫中毒不可用碱性药液冲洗)。经消化道染毒的,可试用1%硫酸铜内服催吐或切开嗉囊排除含毒内容物。

(2)特效药物解毒:常用的有双复磷或双解磷,成禽肌注40~60毫克/千克;同时配合1%硫酸阿托品每只肌注0.1~0.2毫升。

(3)支持疗法:电解多维和5%葡萄糖溶液饮水。

【预防】在用有机磷农药杀灭鸡舍或鸡体表寄生虫及蚊蝇时,必须注意使用剂量,勿使农药污染饲料和饮水。

十五、酸中毒

酸中毒是夏季鸡的一种常发疾病,轻则造成少量死亡,重则可以导致全群覆没。因此,夏季养鸡一定要严防酸中毒。

【发病特点】夏季气温较高,剩食过夜或饲料受潮、受热极易腐败变酸,被鸡采食后会刺激嗉囊壁,引起炎症。若剩食在腐败过程中产酸过多,酸就会通过鸡的嗉囊壁和肠壁进入血液,导致鸡酸中毒。

【症状】鸡发生酸中毒后一般鸡冠发紫、离群呆立、翅膀下垂、羽毛蓬松、食量大减,甚至拒食。用手压嗉囊,有的空虚,有的充满液体,将鸡倒提,则会从其口中淌出泡沫状酸臭的液体,病情严重的鸡还会发生昏迷或死亡。

【病理】消化道广泛充血、出血,嗉囊内有的空虚,有的充满液体,液体酸臭。

【诊断】根据临床症状和鸡采料史即可诊断。

【治疗】鸡一旦发生酸中毒,应立即停喂发热变质的饲料,然后根据其中毒程度的轻重及时治疗。对酸中毒较轻的鸡,配制2%的小苏打水,让其自由饮用;给酸中毒较重的鸡投喂小苏打粉,每天2次,每次5克;对酸中毒严重的鸡应施行小手术,切开嗉囊,清除内容物,再用2%的小苏打水冲洗2~3次,缝合后6~12小时喂少量葡萄糖粉。

【预防】

(1)每次配制或购进的饲料不宜太多,存放饲料的库房应保持干燥、通风、凉爽,避免饲料霉变。

(2)习惯拌湿料喂鸡的农户最好改喂干粉料,可在食槽边放置清水,让鸡自由饮用。

(3)不用发热、发酵的饲料喂鸡,应以少喂勤添、不留剩料过夜为原则,食具经常刷洗,保持清洁。

十六、尿素中毒

尿素中毒是指家禽采食含有尿素的饲料,导致消化道、肝、肾及神经机能障碍的疾病。

【发病特点】由于饲喂了含有尿素的鱼粉、肉骨粉或饼粕类饲料之故。这些饲料原料的尿素是人为加入的,达到提高粗蛋白的含量、以劣充优的目的。鱼粉中尿素的掺入量一般在 4%～8%,最高达 13%。家禽与反刍动物不同,在胃肠内不能够利用尿素,很容易发生中毒。

【症状】精神沉郁,食欲减退,饮欲增强,口腔有黏液,嗉囊软,步态不稳,排灰白色、水样稀便,最终消瘦死亡。

【病理】胃肠壁肿胀、增厚,肠黏膜出血。肝、肾出血,肾肿大。大鸡往往呈现肾、输尿管结石,腹腔浆膜黏附一层灰白色的尿酸盐。

【诊断】根据采食了掺有尿素的鱼粉、肉骨粉或饼粕类饲料、临床特征和相关的实验室检查即可诊断。

【治疗】

(1)立即更换饲料,禁止家禽继续摄入含有尿素的饲料。

(2)对急性中毒,抑制尿酶的活性减少肠道内氨的产生,可用 1% 的食醋溶液连饮 1 天。

(3)促进尿酸盐的排除,消除肾肿,可选用肾肿解毒药或护肾宝,连续饮水 4～5 天。

(4)支持疗法,5% 葡萄糖溶液与电解多维,连续饮水 4～5 天。

【预防】对购进的蛋白类饲料原料进行严格的检测,杜绝使用掺有尿素的饲料原料。

十七、氟中毒

氟中毒是指家禽摄取过多的无机氟化物,而导致以钙代谢障碍为特征的中毒病,有急性中毒与慢性中毒之分。

【发病特点】主要是由于利用含氟量高的磷酸钙、磷酸氢钙或石粉作为饲料原料引起的。国家标准规定磷酸氢钙的含氟量低于0.18%,而劣质的磷酸氢钙含氟量甚至高达4.16%,造成家禽中毒在情理之中。这种劣质的磷酸氢钙是由于不经脱氟处理所致,有些石粉含氟量高达1.12%,也能造成家禽中毒。其次,由于长期饮服含氟量高的水,如西北地区的部分盆地、盐碱地、盐池及沙漠的边缘地下浅层水和部分沿海地区地下深层水等。

【症状】

(1)急性中毒:食欲废绝,呕吐,腹痛,腹泻,呼吸困难,脉搏细数。肌肉震颤,阵发性肌肉痉挛。

(2)慢性中毒:鸭比鸡敏感,幼雏比成禽敏感。雏禽表现站立不稳,两腿向外叉开,呈八字形,跗关节肿大,严重的瘫痪,并有腹泻。最后倒地不起,衰竭死亡。成年家禽采食量下降,羽毛粗乱脱羽,排灰白色水样稀便,病鸡肌肉震颤无力,腿软瘫痪,呈蹲伏状或侧卧,产蛋下降,破损蛋、软壳蛋和畸形蛋明显增加,蛋壳薄而脆,颜色变浅。病程长的生长迟缓、冠苍白、羽毛松乱、无光泽。

【病理】

(1)急性中毒:肠黏膜肿胀、充血、出血。心脏、肝脏和肾脏等出血、变性。

(2)慢性中毒:幼禽消瘦,长骨和肋骨较柔软,易弯曲,肋骨与肋软骨结合部呈串珠样的肿胀。喙质软如橡皮,喙苍白。成年家禽骨骼易折断,骨髓颜色变淡。

【诊断】根据有采食高氟饲料或摄食氟化物的病史、临床特征及解剖病理变化即可诊断。

【治疗】

(1)立即更换饲料,严禁继续摄入高氟饲料。

(2)急性中毒:在饲料中添加0.1%的硫酸铝,饮水中加入0.5%的氯化钙,连用4~5天。

(3)慢性中毒:在饲料中补足家禽需要的钙、磷,并适当增加多维素的用量。

【预防】

(1)严格检测磷酸氢钙、磷酸钙或石粉的氟含量,禁用超标的产品。

(2)在高氟地区,要对饮水进行处理,常用熟石灰或明矾沉淀法。

十八、聚醚类抗生素中毒

聚醚类抗生素中毒是指家禽过量摄入该类抗球虫药物,引起体内阳离子代谢障碍的中毒病。

【发病特点】由于过量应用聚醚离子载体类抗生素所致。该类药物包括牧宁菌素、盐霉素、拉沙里菌素、甲基盐霉素和马杜拉霉素等,是常用的抗球虫药物。牧宁菌素的肉鸡用量为90~110克/吨,后备母鸡用量为100克/吨。饲料中牧宁菌素的浓度达到130~160毫克/千克时,就有瘫痪现象。马杜拉霉素的常规用量是混饲浓度为5毫克/千克,超过6毫克/千克会明显抑制肉鸡生长。混饲浓度达到10毫克/千克连用4天,或20毫克/千克连用2天以上,就会引起中毒。

【症状】轻者精神沉郁,羽毛蓬乱,脚软无力,行走不稳,喜卧食欲降低,饮欲增强,排水样稀便。重者饮食欲废绝,出现神经症状,如颈部扭曲、双翅下垂,或两腿后伸、伏地不起,或兴奋不安、狂蹦乱跳。

【病理】肠道充血、出血,以十二指肠严重;肝脏、心脏有出血斑点;有的肾脏充满尿酸盐。

【诊断】根据有超量使用聚醚离子载体类抗生素的病史、临床特征及剖检变化即可诊断。

【治疗】

(1)立即停喂含聚醚类抗生素的饲料。

(2)用电解多维和5%葡萄糖溶液饮水,4~5天。

【预防】

(1)拌料时,一定搅拌均匀。

(2)不可随意增加用量。

(3)避免多种聚醚类抗生素联合应用。

第五节 常见营养性代谢病的防治

营养代谢病是营养缺乏病和新陈代谢紊乱病的统称,包括糖类、脂肪、蛋白质、维生素、无机盐等营养物质的不足或缺乏;新陈代谢病包括糖类代谢紊乱病、脂肪代谢紊乱病、蛋白质代谢紊乱病、无机盐代谢紊乱病、水盐代谢紊乱病及酸碱平衡紊乱等。

一、维生素 A 缺乏症

维生素 A 缺乏症是由于动物缺乏维生素 A 引起的以分泌上皮角质化和角膜、结膜、气管、食管黏膜角质化、夜盲症、干眼病、生长停滞等为特征的营养缺乏性疾病。

【发病特点】导致维生素 A 缺乏的原因主要有以下几方面。

(1)饲料中多种维生素添加量不足或其质量低劣。

(2)多种维生素配入饲料后时间过长,或饲料中缺乏维生素 E,不能保护维生素 A 免受氧化,而造成失效较多。

(3)以大白菜、卷心菜等含胡萝卜素很少的青绿植物代替多维素。

(4)长期多病,肝脏中储存的维生素 A 消耗很多而补给不足。

(5)饲料中蛋白质含量过低,维生素 A 在鸡体内不能正常转移输送,即使供给充足也不能很好发挥作用。

(6)种鸡缺乏维生素 A,其所产的种蛋孵化率低,孵出的雏鸡也都缺乏维生素 A。

【症状】雏鸡和初开产的鸡常易发生维生素 A 缺乏症。雏鸡一般发生在 1~7 周龄,若 1 周龄的鸡发病,则与母鸡缺乏维生素 A 有关。其症状特点为厌食,生长停滞,消瘦,倦睡,衰弱,羽毛松乱,运动失调,瘫痪,不能站立。黄色鸡种胫喙色素消退,冠和肉垂苍白。病程超过 1 周仍存活的鸡,眼睑发炎或粘连,鼻孔和眼睛流出黏性分泌物,眼睑不久即肿胀,蓄积有干酪样的渗出物,角膜混浊不透明,严重者角膜软化或穿孔失明。口黏膜有白色小结节或覆盖一层白色的豆腐渣样的薄膜,但剥离后黏膜完整无出血溃疡现象。食道黏膜上皮增生和角质化。

成年鸡通常在 2~5 个月内出现症状,一般呈慢性经过。轻度缺乏维生素 A,鸡的生长、产蛋、种蛋孵化率及抗病力受到一定影响,往往不易被察觉,使养鸡生产在不知不觉中受到损失。患鸡食欲不振、消瘦、精神沉郁、鼻孔和眼睛常有水样液体排出,眼睑常常粘合在一起,严重时可见眼内乳白干酪样物质(眼屎),角膜发生软化和穿孔,最后失明。鼻孔流出大量黏稠鼻液,病鸡呈现呼吸困难。鸡群呼吸道和消化道黏膜抵抗力降低,易诱发传染病。继发或并发家禽痛风或骨骼发育障碍所致的运动无力、两腿瘫痪,偶有神经症状,运动缺乏灵活性。鸡冠白有皱褶,爪、喙色淡。母鸡产蛋量和孵化率降低,公鸡繁殖力下降,精液品质退化,受精率低。

【病理】剖检病鸡或重病鸡,可见口腔、咽部及食道黏膜上出现许多灰白色小结节,有时融合连片,称为假膜,为本病的特征性病变,成年鸡比雏鸡明显。同时在内脏气管出现尿酸盐沉积,与内脏型痛风相似,其中最为明显的是肾肿大,颜色变淡,表面有灰白色网状花纹,输尿管变粗,心、肝等脏器的表面也常有白霜样尿酸盐覆盖,雏鸡的尿酸盐沉积通常比成年鸡严重。此外,青年鸡缺乏维生素A时,球虫病、蛔虫病往往异乎寻常地严重,在诊断上具有参考意义。

实验室化验血浆和肝脏中维生素A和胡萝卜素的含量都有明显变化。正常时每100毫升血浆中含维生素A 10微克以上,如降到5微克则可能出现症状。

【诊断】根据临床症状、病理变化和饲料分析等,即可做出诊断。

【治疗】已经发病的鸡只可用添加治疗剂量的饲料治愈,治疗剂量可按正常需要量的3~4倍混料饲喂,连喂约2周后再恢复正常。或每千克饲料5000国际单位维生素A,疗程1个月。

【预防】

(1)在采食不到青绿饲料的情况下必须保证添加有足够的维生素A预混剂,按维生素A最低需要量,雏鸡与育成鸡日粮维生素A的含量应为1500国际单位/千克,产蛋鸡、种鸡为4000国际单位/千克供给。

(2)防止饲料放置时间过久,也不要预先将脂溶性维生素A掺入到饲料中或存放于油脂中,以免维生素A或胡萝卜素遭受破坏或被氧化。

(3)对患维生素A缺乏症的动物,首先应该查明病因,积极治疗原发病,同时改善饲养管理条件,加强护理。其次要调整日粮组成,增补富含维生素A和胡萝卜素的饲料。

(4)治疗时要先消除致病的病因,急性病例必须立即对病禽用维生素 A 治疗,剂量为日维持需要量的 10~20 倍。

二、维生素 B 族缺乏症

(一)维生素 B_1 缺乏症

维生素 B_1 即硫胺素,是鸡体碳水化合物代谢必须的物质,其缺乏会导致碳水化合物代谢障碍和神经系统病变,是以多发性神经炎为典型症状的营养缺乏性疾病。

【发病特点】

(1)饲料中硫胺素含量不足:通常发生于配方失误,饲料碱化、蒸煮等加工处理;饲料发霉或贮存时间太长等造成维生素 B_1 分解损失。

(2)饲料中含有蕨类植物、抗球虫病、抗生素等对维生素 B_1 有拮抗作用的物质,如氨丙啉、硝胺、磺胺类药物。

(3)鱼粉品质差,硫胺素酶活性太高。大量鱼、虾和软体动物内脏所含硫胺素酶也可破坏硫胺素。

【症状】家禽缺乏维生素 B_1 的典型症状是多发性神经炎,成年鸡一般在维生素 B_1 缺乏日粮 3 周后发病。发病时食欲废绝,羽毛蓬乱,体重减轻,体弱无力,严重贫血和下痢,鸡冠发蓝,所产种蛋孵化中常有死胚或逾期不出壳。其特征为外周神经发生麻痹,或初为多发性神经炎,进而出现麻痹或痉挛的症状。开始为趾的屈肌发生麻痹,以后向上蔓延到翅、腿、颈的伸肌发生痉挛,这时病鸡瘫痪,坐在屈曲的腿上,角弓反张,头向背后极度弯曲,后仰呈"观星状"。有的鸡呈进行性的瘫痪,不能行动,倒地不起,抽搐死亡。雏鸡症状大体与成鸡相同,但发病突然,多在 2 周龄以前发生。

【病理】硫胺素缺乏症致死雏鸡的皮肤呈广泛水肿,其水肿的程度决定于肾上腺的肥大程度。肾上腺肥大,雌禽比雄禽更为明显,肾上腺皮质部的肥大比髓质部更大一些。肥大的肾上腺内的肾上腺素含量也增加。病死雏的生殖器官却呈现萎缩,睾丸比卵巢的萎缩更明显。心脏轻度萎缩,右心可能扩大,心房比心室较易受害。肉眼可观察到胃和肠壁的萎缩,而十二指肠的肠腺却变得扩张。在显微镜下观察,十二指肠肠腺的上皮细胞有丝分裂明显减少,后期黏膜上皮消失,只留下一个结缔组织的框架。在肿大的肠腺内积集坏死细胞和细胞碎片。胰腺的外分泌细胞的胞浆呈现空泡化,并有透明体形成。这些变化认为是因为细胞缺氧,致使线粒体损害所造成的。

【诊断】主要根据家禽发病日龄、流行病学特点、临诊上多发性外周神经炎的特征症状和病理变化即可做出诊断。

在生产实际中,应用诊断性的治疗,即给予足够量的维生素 B_1 后,可见到明显的疗效。

【治疗】

(1)硫胺素片:1片(5毫克),一次口服,每天1次,连用3~5天。

(2)维生素 B_1 注射液:5毫克,一次肌肉注射,每日1次,连用数天。

【预防】

(1)防止饲料发霉,不能饲喂变质劣质鱼粉。

(2)适当多喂各种谷物、麸皮和青绿饲料。

(3)控制嘧啶环和噻唑药物的使用,必须使用时疗程不宜过长。

(4)注意日粮配合,在饲料中添加维生素 B_1,满足家禽需要,鸡的需要量为每千克饲料1~2毫克。

(二)维生素 B_2 缺乏症

维生素 B_2 即核黄素,是动物体内十多种酶的辅基,与动物生长和组织修复有密切关系,家禽因体内合成核黄素很少,必须由饲料供应。维生素 B_2 缺乏症的典型症状为卷爪麻痹症。

【发病特点】

(1)饲料补充核黄素不足:常用的禾谷类饲料中核黄素特别缺乏,又易被紫外线、碱及重金属破坏。

(2)药物的拮抗作用:如氯丙嗪等能影响维生素 B_2 的利用。

(3)动物处于低温等应激状态,需要量增加;胃肠道疾病会影响核黄素转化吸收;饲喂高脂肪、低蛋白饲料时核黄素需要量增加。种鸡需要量比非种鸡需要量多。

【症状】雏鸡饲喂缺乏核黄素日粮后,多在1～2周龄发生腹泻,食欲尚良好,但生长缓慢,消瘦衰弱。其特征性的症状是足趾向内蜷曲,不能行走,以跗关节着地,开展翅膀维持身体的平衡,两腿发生瘫痪。腿部肌肉萎缩和松弛,皮肤干而粗糙。病雏吃不到食物而饿死。

育成鸡病至后期,腿躺开而卧,瘫痪。母鸡的产蛋量下降,蛋白稀薄,蛋的孵化率降低。母鸡日粮中核黄素的含量低,其所生的蛋和出壳雏鸡的核黄素含量也就低。核黄素是胚胎正常发育和孵化所必需的物质。孵化蛋内的核黄素用完,鸡胚就会死亡。死胚呈现皮肤结节状绒毛,颈部弯曲,躯体短小,关节变形,水肿、贫血和肾脏变性等病理变化。有时也能孵出雏,但多数带有先天性麻痹症状,体小、浮肿。

【病理】病死雏鸡胃肠道黏膜萎缩,肠壁薄,肠内充满泡沫状内容物。有些病例有胸腺充血和成熟前期萎缩。病死成年鸡的坐骨神经和臂神经显著肿大和变软,尤其是坐骨神经的变化更为显著,其直径比正常大4～5倍。损害的神经组织学变化是主要的,外周神经干有髓鞘限界性变性,并可能伴有轴索肿胀和断裂,神经鞘细胞增生,髓磷脂(白质)变性,神经胶瘤病,染色质溶解。另外,病死的产蛋鸡皆有肝脏增大和脂肪量增多。

【诊断】通过对发病经过、足趾向内蜷缩、两腿瘫痪等特征症状,以及病理变化和日粮分析等情况的综合分析,可做出诊断。

【治疗】发生本病时,可肌注维生素 B_2,雏鸡每天 1~2 毫克/只,成鸡每天 5~6 毫克/只,连用 3 天,同时在饲料中添加维生素 B_2 6~9 毫克每千克饲料,或在饮水中添加适量的复合维生素 B 溶液,连用数天。

【预防】预防本病,应注意在日粮中添加足够的维生素 B_2(每吨饲料中添加 2~3 克核黄素),在饲料加工、贮存、使用过程中避免过量添加碱性物质及避免阳光暴晒。

(三)维生素 B_3 缺乏症

维生素 B_3 又称烟酸、维生素 PP,是由烟酸缺乏引起的,以口炎、下痢和跗关节肿大等为特征的一种营养代谢性疾病,本病又称糙皮病。

【发病特点】

(1)因玉米、高粱中含烟酸较少,鸡长期饲喂以玉米、高粱为主的饲料后,容易引起烟酸的缺乏症。

(2)鸡体内所需的烟酸,既可从饲料中获得,也可由鸡体内的色氨酸转化后获得,转化过程必须有维生素 B_2 和维生素 B_6 的参与。因此,当饲料中色氨酸、维生素 B_2 和维生素 B_6 缺乏时,影响烟酸的合成,如不及时补充,也会引起烟酸缺乏症。

(3)当饲料中胆碱、蛋氨酸缺乏时,鸡对烟酸的需求量也会增加,导致缺乏。

(4)长期使用抗生素或鸡有消化机能障碍时也可能导致本病的发生。

【症状】烟酸缺乏时,家禽的能量和物质代谢发生障碍,皮肤、骨骼和消化道出现病理变化,患鸡以口炎、下痢、跗关节肿大为特征。多见于幼雏,均以生长停滞、羽毛稀少和皮肤角化过度而增厚等为特有症状,发生严重化脓性皮炎,皮肤粗糙,舌发黑色暗,口腔、食道发炎,呈深红色,食欲减退,生长受到抑制,并伴有下痢,胫骨变形弯曲,飞节肿大,呈短粗症状,腿弯曲,脚和爪呈痉挛状。成鸡较少发生缺乏症,其症状为羽毛蓬乱无光、甚至脱落。产蛋量下降,孵化率降低。皮肤发炎,可见到足和皮肤有磷状皮炎。

【病理】病理剖检变化为口腔及食道黏膜有纤维素性坏死性炎症,黏膜表面有干酪样渗出物覆盖。胃肠黏膜充血、出血,十二指肠溃疡,有的病鸡盲肠和结肠黏膜上有豆腐渣样附着物,肠壁增厚,弹性降低。

【诊断】根据本病的主要临床症状如皮肤发炎、口腔、食道黏膜发炎、腿骨短粗等,结合病史调查和饲料化验分析,即可做出诊断。

【治疗】对病鸡可在每千克饲料中加烟酸15~20毫克,连用1周,可收到较好的效果。也可给鸡口服烟酸,每只鸡一次30~40毫克,连用3~5天。

【预防】

(1)避免饲料原料单一,尽可能使用富含B族维生素的酵母、麦麸、米糠和豆饼、鱼粉等,调整日粮中玉米比例。

(2)饲料中添加足量的色氨酸和烟酸,家禽的烟酸需要量雏鸡为每千克饲料26毫克,生长鸡11毫克,蛋鸡为每天1毫克。

(四)维生素B_4缺乏症

本病是由于维生素B_4(胆碱)的缺乏而引起脂肪代谢障碍,使大量的脂肪在鸡肝内沉积所致的脂肪肝病或称脂肪肝综合征。

【发病特点】

(1)日粮中胆碱添加量不足。

(2)叶酸、维生素 B_{12}、维生素 C 和蛋氨酸都可参与胆碱合成,它们不足导致胆碱需要量增加。

(3)胃肠和肝脏疾病影响胆碱吸收和合成;日粮中长期应用抗生素和磺胺类药物能抑制胆碱的合成。

(4)脂肪采食量过高而没有相应提高胆碱的添加量。日粮中维生素 B_1 和胱氨酸增多也促进胆碱缺乏症的发生。

【症状】雏鸡食欲减退生长发育不良,飞节肿大,腿骨短粗,病鸡站立困难,常伏地不起。产蛋鸡产蛋量下降,孵化率降低。

【病理】剖检可见肝肾脂肪沉积,肝大、脂肪变性呈土黄色,表面有出血点,质地脆弱。关节肿大部位有出血点,胫骨变形,腓肠肌脱位,死鸡鸡冠肉垂肌肉苍白,肝包膜破裂,有较大凝血块。

【诊断】根据本病的临床症状,病理变化特征,结合饲料化验即可确诊。

【治疗】若鸡群中已经发现有脂肪肝病变,行步不协调,关节肿大等症状,治疗方法可在每千克日粮中加氯化胆碱 1 克、维生素 E 10 国际单位、肌醇 1 克,连续饲喂;或给每只鸡每天喂氯化胆碱 0.1~0.2 克,连用 10 天,疗效尚好。若病鸡已发生跟腱滑脱时,则治疗效果差。

【预防】本病以预防为主,采取全价日粮饲养。在某些情况下,禽体需要更多胆碱供应时,可在每千克饲料中添加氯化胆碱 1~1.2 克,即可预防本病发生。

(五)维生素 B_5 缺乏症

维生素 B_5 又称泛酸、遍多酸,遍布于一切植物性饲料中,在一般日粮中不易缺乏,但在饲料加工时经热、酸、碱处理等很易破坏,长期饲喂玉米,可引起泛酸缺乏症。

【发病特点】家禽对泛酸的需要量,雏鸡、肉仔鸡、种鸡为 10.0 毫克/千克,产蛋鸡 2.2 毫克/千克,如若供给量不足时,可引起缺乏症。种鸡饲粮中维生素 B_{12} 不足时,对泛酸的需要量增加,有人证明维生素 B_{12} 缺乏的雏鸡,每千克饲料中需要 20 毫克泛酸才能维持正常生长。否则,也可造成泛酸缺乏症。

养禽业中以玉米为主的日粮,需注意泛酸的供给,因为玉米含泛酸量很低,禽类又不能像反刍动物可在瘤胃中合成泛酸,较易引起泛酸缺乏。

【症状】

(1)病鸡头部羽毛脱落,头部、趾间和脚底皮肤发炎,外层皮肤有脱落现象,并产生裂隙,以致行走困难,有时可见脚部皮肤增生角化,有的形成疣状隆凸物。

(2)泛酸缺乏主要损伤神经系统,肾上腺皮质和皮肤。

(3)成鸡产蛋量和孵化率降低,鸡胚皮下出血,严重水肿。雏鸡发生皮炎,羽毛零乱,衰弱消瘦,嘴和眼周围结痂,腿部皮炎。

【病理】剖检时可见腺胃有灰白色渗出物,肝肿大,可呈暗的淡黄色至污秽黄色。脾稍萎缩,肾稍肿。病理组织显微镜检查可见腔上囊、胸腺和脾有明显的淋巴细胞坏死和淋巴组织减少;脊髓神经和髓磷脂纤维呈髓磷脂变性,这些变性的纤维在沿脊髓向下至荐部各节段都可发现。

【诊断】根据临床症状即可做出初步诊断,确诊需检验日粮中的泛酸含量。

【治疗】患禽口服或肌注泛酸钙,每鸡每次 10～12 毫克,每天 2 次,连用 3 天。同时可在饲料中添加正常用量的 2～3 倍的泛酸,并补充多维。

【预防】

(1)饲喂酵母、麸皮和米糠、新鲜青绿饲料等富含泛酸的饲料可以防止本病的发生。

(2)合理配合饲料,添加泛酸钙,每千克饲料蛋鸡需要量为2.2毫克,其他家禽10～15毫克。

(六)维生素 B_6 缺乏症

维生素 B_6 又称吡哆醇,是禽体重要辅酶,家禽不能合成维生素 B_6,必须从饲料中摄取。其缺乏症是以食欲下降、骨短粗和神经症状为特征的营养代谢病。

【发病特点】当日粮中蛋白质含量很高(31%)而吡哆醇含量极低(每千克饲料2.2毫克)时,便会出现神经症状;而若吡哆醇的含量为中等水平(每千克饲料2.5～2.8毫克)时,可引起骨粗短症使骨弯曲,而无神经症状。但若蛋白质含量正常,即使吡哆醇的含量极低,也不会引起神经症状或骨粗短症,甚至不使生长速度变慢,说明饲喂高蛋白日粮时容易发生维生素 B_6 缺乏症。

【症状】维生素 B_6 缺乏时主要引起蛋白质和脂肪代谢障碍,血红蛋白合成受阻以及神经系统的损害,导致家禽生长发育受阻,引起贫血和神经组织变性。

雏鸡在维生素 B_6 缺乏时,生长迟缓,采食量下降,羽毛粗糙,干枯蓬乱,鸡冠苍白,精神兴奋,常痉挛,无目的奔跑,扑翼哀鸣。运动失调,身体向一侧偏倒,头颈和腿脚抽搐,最后衰竭而死。成年鸡产蛋下降,孵化率低,消瘦,贫血,冠和肉垂退化。

【病理】死亡鸡只皮下水肿,内脏器官肿大,脊髓和外周神经变性,有些出现肝变性。

【诊断】根据临床症状、日粮中蛋白质含量过高史及病变,一般可做出诊断。本病与维生素 E 缺乏引起的脑软化症在症状上相似,其区别在于患本病的雏鸡在神经症状发作时运动更为激烈,并可导致衰竭而死。

【治疗】

(1)发生轻度维生素 B_6 缺乏症时,应调整饲料中的蛋白质含量,在日粮中增加糠麸、酵母等含维生素 B_6 丰富的饲料,或喂服维生素 B_6 4~8毫克/只,或每千克饲料中加入维生素 B_6 10~20毫克。

(2)病情严重的成年鸡,则需肌肉注射维生素 B_6,剂量为每只5~10毫升。

【预防】

(1)饲料中添加酵母、麦麸、肝粉等富含维生素 B_6 的饲料,可以防止本病的发生。按标准雏鸡和产蛋鸡是3毫克/千克,种母鸡是4.5毫克/千克。

(2)在使用高蛋白饲料时应增加维生素 B_6 添加量。

(3)应激状态下应额外添加维生素 B_6。

(七)维生素 B_{11} 缺乏症

维生素 B_{11} (叶酸)缺乏症是由于动物体内缺乏叶酸而引起的以贫血、生长停滞、羽毛生长不良或色素缺乏为特征的营养缺乏性疾病。

【发病特点】

(1)使用的商品饲料中添加量太低。

(2)抗菌药物如磺胺类影响微生物合成叶酸。

(3)特殊生理阶段和应激状态下需要量增加。

(4)其他影响叶酸合成吸收的因素如疾病等。

【症状】雏禽贫血,红血球数量减少,比正常者大而畸形,血红蛋白下降,血液稀薄,肌肉苍白,羽毛色素消失,出现白羽,羽毛生长缓慢,无光泽。雏鸡生长缓慢,骨短粗。产蛋鸡产蛋率、孵化率下降,胚胎畸形,出现胫骨弯曲,下颌缺损,趾爪出血,火鸡颈部麻痹,并很快死亡(一般3天内)。

【病理】病死家禽的剖检可见肝、脾、肾贫血,胃有小点状出血,肠黏膜有出血性炎症。

【诊断】根据本病的临床症状、病理变化特征,结合饲料化验及治疗诊断即可确诊。

【治疗】用 5 毫克/千克剂量拌饲或肌肉注射雏鸡 50～100 微克/只,育成鸡 100～200 微克/只,一周内可恢复。配合维生素 B_{12}、维生素 C 进行治疗,效果更好。

【预防】家禽的饲料里应搭配一定量的黄豆饼、啤酒酵母、亚麻仁饼或肝粉,防止单一用玉米作饲料,以保证叶酸的供给可达到预防目的。

(八)维生素 B_{12} 缺乏症

维生素 B_{12} 缺乏症是由于维生素 B_{12} 或钴缺乏引起的恶性贫血为主要特征的营养缺乏性疾病。

【发病特点】

(1)饲料中长期缺钴。

(2)长期服用磺胺类抗生素等抗菌药,影响肠道微生物合成维生素 B_{12}。

(3)笼养和网养鸡不能从环境(垫草等)获得维生素 B_{12}。

(4)长期使用磺胺类药、抗生素等引起肠道菌群失调,鸡体内合成的维生素 B_{12} 减少,引起缺乏。

【症状】病雏鸡表现症状为食欲减退,精神不振,羽毛稀少,蓬乱无光,生长发育缓慢,饲料利用率降低。贫血的主要症状,如鸡冠、肉髯苍白、血液稀薄等。成年母鸡缺乏维生素 B_{12} 时产蛋量下降,蛋变小,孵化率降低,胚胎在孵化的第 17 天发生死亡。

【病理】剖检可见肌胃糜烂,肾上腺肿大,鸡胚腿肌萎缩,有出血点,骨短粗。

【诊断】根据临床症状、血液变化、饲料分析,一般可做出诊断,用维生素 B_{12} 治疗实验有助于确诊。

【治疗】对于发病鸡,可按每吨饲料中添加 10 毫克的剂量添加于饲料中,连用数日。对于病重鸡,可采用肌肉注射的方法,每只成年鸡每天 1 次,每次 2~4 微克,连用 7 天。

【预防】含维生素的饲料,主要是动物性鱼粉、肉屑、肝粉和酵母粉等。在添加时应注意补入氧化钴制剂,以补充合成维生素 B_{12} 的微量元素。添加量为 10~60 日龄雏鸡为 0.015~0.027 毫克/千克,蛋鸡为 0.007 毫克/千克,肉鸡为 0.001~0.007 毫克/千克。

三、维生素 D 缺乏症

维生素 D 缺乏症是鸡的钙、磷吸收和代谢障碍,骨骼、蛋壳形成等受阻,以雏鸡佝偻病和缺钙症状为特征的营养缺乏症。

【发病特点】维生素 D 缺乏症的发生不外乎两个原因:体内合成量不足和饲料供给缺乏。机体消化吸收功能障碍,患有肾肝疾病的鸡只也会发生。

【症状】维生素 D 的缺乏症主要表现为骨骼损害。

雏鸡佝偻病,1 月龄左右雏鸡容易发生,发生时间与雏鸡饲料及种蛋情况有关。最初症状为腿弱,行走不稳,喙和爪软而容易弯曲,以后跗关节着地,常蹲坐,平衡失调。骨骼柔软或肿大,肋骨和肋软骨的结合处可摸到圆形结节(念珠状肿)。胸骨侧弯,胸骨正中内陷,使胸腔变小。脊椎在荐部和尾部向下弯曲。长骨质脆易骨折。生长发育不良,羽毛松乱,无光泽,有时下痢。

产蛋母鸡缺乏时 2~3 个月开始表现缺钙症状。早期表现为薄壳蛋和软壳蛋数量增加,以后产蛋量下降,最后停产。种蛋孵化率下降,胚胎多在 10~16 日龄死亡。喙、爪、龙骨变软,龙骨弯曲,慢性病例则见到明显的骨骼变形,胸廓下陷。胸骨和椎骨结合处内陷,所有肋骨沿胸廓呈向内弧形弯曲的特征。后期关节肿大,母鸡呈现身体坐在腿上"企鹅形"蹲着的特殊姿势,也能观察到缺钙症状的周期性发作。长骨质脆,易骨折,剖检可见骨骼钙化不良。

【病理】雏鸡特征变化是肋骨和脊柱连接处呈链球状,长骨的骨部分钙化不良。成年母鸡的病理变化是骨软而易碎,肋骨内侧面有小球状的突起。

【诊断】根据临床症状如喙、腿骨变软,两腿无力,不愿走动,成年鸡产薄壳蛋、无壳蛋;剖检变化如胸骨弯曲、肋骨与肋软骨连接处有串珠状肿大等,结合实验室化验,血清中的钙明显减少,即可做出诊断。

【治疗】

(1)已经发生缺乏症的鸡可补充维生素D_3:饲料中使用维生素D_3粉或饮水中使用速溶多维,饲料中剂量可为1500国际单位/千克。

(2)雏鸡缺乏维生素D时,每只可喂服2～3滴鱼肝油,每天3次。患佝偻病的雏鸡,每只每次喂给10 000～20 000国际单位的维生素D_3油或胶囊疗效较好。

(3)如有可能,让鸡多晒太阳,对其具有良好的作用。

【预防】

(1)要保证饲料中有足够的维生素D。放养或圈养的鸡,只要有充足的阳光照射,一般不会发生维生素D的缺乏。但室内笼养鸡容易缺乏维生素D,所以在饲料中要补充维生素D制剂或维生素D添加剂,每千克日粮中,雏鸡、育成鸡需200国际单位,产蛋鸡、种鸡需500国际单位。

(2)加入维生素D的饲料要搅拌均匀,且不宜存放太久,特别是加入含硫酸锰、碳酸钙等的饲料,因它们可以破坏维生素D,更不宜久放,应尽快用完。

(3)饲料中的钙、磷含量及比例要适当。钙磷比例失调时,维生素D的需要量要增加。钙、磷比例一般为,雏鸡1.2∶1为宜,蛋鸡4∶1较为合适。

四、维生素E缺乏症

维生素E缺乏症是以脑软化症、渗出性素质、白肌病和成禽繁殖障碍为特征的营养缺乏性疾病。

【发病特点】引起维生素E缺乏的因素常常有以下几种情况。

(1)饲料中不添加多种维生素,也不喂青绿饲料。

(2)饲料中添加较多的鱼肝油但储存时间较长,没有现配现用,出现酸败,或者饲料本来就变质,使维生素E受到破坏。

(3)饲料缺硒,需要较多的维生素E去补偿,但却没有予以补偿,引起缺乏。

(4)球虫病及其他慢性肠道疾病,导致维生素E的吸收利用率降低,有时降低一半以上,如不增加则引起缺乏。

(5)种鸡缺乏维生素E,可造成下一代雏鸡出壳时就缺乏,但这种情况不多见,雏鸡维生素E缺乏症主要是其本身饲料问题引起的。

【症状】成年鸡缺乏维生素E时无明显症状,母鸡基本上照常产蛋,只是公鸡睾丸变小,性欲不强,精液中精子减少甚至无精子;种蛋受精率降低,"弱精蛋"增多而引起早期死胚。如果出现这些现象,可根据饲料情况去分析判断是不是缺乏维生素E,但确诊比较困难。

雏鸡维生素E缺乏症主要发生在15~30日龄,主要表现为肌肉营养不良,脑软化和渗出性素质。

(1)脑软化症:雏鸡头向下挛缩或向一侧扭转,也有的向后仰,步态不稳,时而向前或向侧面冲击,两腿阵发性痉挛抽搐,不完全麻痹,由于很少采食,最后衰弱死亡。

(2)渗出性素质:常由维生素E和硒同时缺乏而引起,发病日龄一般比脑软化症稍晚。其特征是毛细血管的通透性改变,血液成分外渗。病鸡腹部皮下水肿,使两腿向外叉开,水肿部位颜色发青,剪开时流出稍黏稠的蓝绿色液体,剖开体腔,还可见心包积液。

(3)白肌病:由维生素 E 和含硫氨基酸(蛋氨酸、胱氨酸)同时缺乏而引起,多见于 1 月龄前后,病雏鸡消瘦衰弱,行走无力,陆续发生死亡。

【病理】患脑软化症的病雏可见小脑柔软和肿胀,脑膜水肿,小脑表面出血,脑回展平,脑内可见一种呈现黄绿色混浊的坏死区。患渗出性素质的病雏,皮下可见有大量淡蓝绿色的黏性液体,心包内也积有大量液体。白肌病病例,可见肌肉(尤其是胸肌)呈现灰白色条纹(肌肉凝固性坏死所致)。特别是火鸡维生素 E 和硒的缺乏,可导致肌胃和心肌产生严重的肌肉病变。

【诊断】维生素 E 缺乏症有多种表现形式,单凭临床症状不易识别,必须多剖检几只病鸡,根据其特征性病变做出诊断。

【治疗】

(1)雏鸡脑软化症,每只鸡每日一次口服维生素 E 5 国际单位,病情较轻的鸡 1~2 天即明显见效,可连续服 3~4 天。

(2)雏鸡渗出性素质病及白肌病,每千克饲料加维生素 E 20 国际单位或植物油 5 克,亚硒酸钠 0.2 毫克,蛋氨酸 2~3 克,连用 2 周。

(3)成年鸡缺乏维生素 E,每千克饲料加维生素 E 10~20 国际单位,或植物油 5 克,或大麦芽 30~50 克,连用 2~4 周,并酌喂青料。

【预防】

(1)自己配制饲料时宜现配现喂,配制无鱼粉饲料应添加充足的亚硒酸钠和维生素 E。全价饲料应添加抗氧化剂以减少对维生素 E 的破坏。饲料不宜长期存放,较长时间存放后,应适当添加亚硒酸钠-维生素 E 粉。

(2)对生长快的大型肉仔鸡,可在配合料中添加 1 毫克/千克的亚硒酸钠-维生素 E 粉作为预防。

五、维生素 K 缺乏症

维生素 K 缺乏症是以鸡血液凝固过程发生障碍,发生全身出血性素质为特征的营养缺乏疾病。

【发病特点】

(1)集约化饲养条件下,家禽较少或无法采食到青绿饲料,而且体内肠道微生物合成量不能满足需要。

(2)饲料中存在抗维生素 K 物质,如霉变饲料中真菌毒素等会破坏维生素 K。

(3)长期使用抗菌药物,如抗生素和磺胺类抗球虫药,使肠道中微生物受抑制,维生素 K 合成减少。

(4)疾病及其他因素:如球虫病、腹泻、肝病或胆汁分泌障碍,消化吸收不良,环境条件恶劣等均会影响维生素 K 的吸收利用。

【症状】维生素 K 缺乏症发病潜伏期长,一般缺乏维生素 K 在 3 周左右出现症状。

雏鸡发病较多,表现为冠、肉垂、皮肤苍白干燥,生长发育迟缓、腹泻、怕冷,常发呆站立或久卧不起,皮下有出血点,尤其胸腿、腹膜、翅膀和胃肠道明显。血液不易凝固,有时因出血过多死亡。

种鸡缺乏种蛋孵化率降低,胚胎死亡率较高。

【病理】剖检可见肌肉苍白、皮下血肿,肺等内脏器官出血,肝有灰白或黄色坏死灶,脑等有出血点。死鸡体内有积血凝固不完全,肌胃内有出血。

【诊断】根据本病的临床症状,病理变化特征,结合饲料化验可确诊。

【治疗】对病鸡每千克饲料中添加维生素 K3～8 毫克,或肌注 0.5～3 毫克/只,一般治疗效果较好,同时给予钙制剂疗效会更好。应注意维生素 K 不能过量以免中毒。

【预防】应在饲料中添加维生素 K,每千克饲料 1~2 毫克,并配合适量青绿饲料、鱼粉、肝脏等富含维生素 K 及其他维生素和无机盐的饲料,有预防作用。

六、矿物质缺乏症

(一)钙和磷缺乏症

钙、磷在骨骼组成、神经系统、肌肉和心脏正常功能的维持及血液酸碱平衡、促进凝血等方面发挥着重要作用,钙和磷缺乏症是一种以雏禽佝偻病、成禽骨软病为其特征的重要营养代谢症。

【发病特点】

(1)饲料中钙、磷含量不足:鸡生长发育和产蛋期对钙磷需要量较大,如果补充不足,则容易产生钙磷缺乏症。

(2)饲料中钙、磷比例失调:会影响两种元素的吸收,雏鸡和产蛋鸡的饲料中钙磷比应为 2∶1 至 4∶1 之间。

(3)维生素 D 缺乏:维生素 D 在钙磷吸收和代谢过程中起着重要作用。如果维生素 D 缺乏,则会引起钙磷缺乏症的发生。

(4)其他因素:如日粮中蛋白质、脂肪、植酸盐含量过多、环境温度过高、运动少、日照不足及疾病、生理状态等都会影响钙、磷代谢和需要量,引起缺乏症。

【症状】雏禽典型症状是佝偻病。发病较快,1~4 周龄出现症状。早期可见病鸡喜欢蹲伏,不愿走动,食欲不振,病禽生长发育和羽毛生长不良,以后腿软,站立不稳,步态跛瘸。骨质软化,易骨折,关节肿大,跗关节尤其明显,胸骨畸形,肋骨末端呈念珠状小结节,有时拉稀。成禽易发生骨软症,主要是在高产鸡的产蛋高峰期。骨质疏松,骨硬度差,骨骼变形。腿软,卧地不起;爪、喙、龙骨弯曲。产蛋下降，最先发生症状为薄壳蛋、软壳蛋增多。蛋壳表面畸形、沙皮、孵化率下降。

【病理】剖检可见全身骨骼骨密质变薄，骨髓腔变大，易骨折，胸骨和肋骨自然骨折，与脊柱连接处的肋骨局部有珠状突起。肋骨增厚、弯曲，致使胸廓两侧变扁，雏鸡胫骨、股骨头骨骺疏松。

【诊断】根据发病日龄、症状和病理变化可以怀疑本病。喙变软和患珠状肋骨，特别是胫骨变软，易折曲，可以确诊本病。

【治疗】已经发生缺乏症时，应当立即增加饲料中钙、磷水平，调整钙、磷比例，当然最好能够化验饲料。补充钙、磷可用磷酸氢钙、骨粉、贝壳粉等原料。非产蛋鸡缺钙，可将钙水平提高1%，产蛋鸡缺钙，可将钙水平提高3%，并相应提高磷水平。另外，对病禽加喂鱼肝油或补充维生素D。

【预防】预防方面应注意饲料中钙、磷含量要满足禽的需要，而且要保证比例适当，尤其产蛋鸡和雏鸡日粮中要保证钙、磷的正常量，对舍饲笼养家禽，使之得到足够的日光照射。

(二)氯和钠缺乏症

氯和钠缺乏症是由于氯和钠摄入不足引起的机体代谢紊乱等一系列症状的营养缺乏性疾病，其发病症状主要是禽只生长迟缓，肌肉、神经机能障碍，脱水，蛋产量减少等。

【发病特点】饲料中氯和钠主要来源是食盐，鱼粉和肉骨粉中含氯和钠较多，饲料中食盐添加量不足是氯、钠缺乏症的主要病因。

【症状】缺氯家禽生长停滞，脱水，雏禽出现特征性神经症状，易受惊吓而倒地，状态表现为两腿向后伸，不能站立，恢复后又发作，直至死亡。

【病理】剖检可见肾上腺肥大。

【诊断】根据饲料的配合、临床症状、有无胃肠病等继发病，必要时结合血液学检查,组织学变化和 X 光检查,饲料成分分析,可确诊。

【治疗】鸡发生本病时,在饲料中加入 1% 的食盐,搅拌均匀,连用 7 天左右,鸡群即可康复。

【预防】正常情况食盐添加量为 0.3%～0.4%(但不能过量,以防引起中毒),在鱼粉、肉骨粉用量较大时,应酌情减少,但应注意劣质鱼粉的食盐含量会很高。

(三)锰缺乏症

锰缺乏症是因为锰缺乏引起的以骨形成障碍,骨短粗,滑腱症为特征的营养缺乏病。

【发病特点】

(1)日粮内缺乏锰。地区性缺锰的土壤上生长的作物籽实,含锰量很低;饲料原料中玉米、大麦的含锰量较少,糠麸中含量较多,在玉米为主原料的饲料中必须添加无机锰满足家禽对锰的需要。配方不当,无机锰补充量不足。

(2)饲料中钙、磷、铁、植酸盐过量降低锰的吸收利用率。

(3)饲料中 B 族维生素不足增加禽对锰的需要量。

(4)其他影响因素,如鸡患球虫病等胃肠道疾病及药物使用不当等时锰的吸收利用受到影响。

【症状】

(1)病幼禽的特征症状是生长停滞,骨短粗症。胫-跗关节增大,胫骨下端和跗骨上端弯曲扭转,使腓肠肌腱从跗关节的骨槽中滑出而呈现脱腱症状。病禽腿部变弯曲或扭曲,腿关节扁平而无法支持体重,将身体压在跗关节上。严重病例多因不能行动无法采食而饿死。

(2)成年母鸡产的蛋孵化率显著下降,鸡胚大多数在快要出壳时死亡。胚胎躯体短小,骨骼发育不良,翅短,腿短而粗,头呈圆球样,喙短弯呈特征性的"鹦鹉嘴"。

【病理】本病死亡禽的骨骼短粗,管骨变形,骺肥厚,骨板变薄,剖面可见密质骨多孔,在骺端尤其明显。骨骼的硬度尚良好,相对重量未减少或有所增多。

【诊断】根据病史、临诊症状和病理变化可做出诊断。若要做出确切诊断,可对饲料、禽器官组织的锰含量进行测定。

【治疗】发病家禽日粮中每千克添加 0.12~0.24 克硫酸锰,也可用 1:3000 高锰酸钾溶液饮水,每日 2~3 次,连用 4 天。

【预防】为防治雏鸡骨短粗症,可于 100 千克饲料中添加 12~24 克硫酸锰,或用 1:3000 高锰酸钾溶液作饮水,每日更换 2~3 次,连用 2 日,以后再用 2 日。糠麸为含锰丰富的饲料,每千克米糠中含锰量可达 300 毫克左右,用此调整日粮也有良好的预防作用。另外,注意补锰时防止中毒,高浓度的锰(3×10^{-3})可降低血红蛋白和红细胞压积以及肝脏铁离子的水平,导致贫血,影响雏鸡的生长发育。过量的锰对钙和磷的利用有不良影响。

(四)锌缺乏症

锌缺乏症是由于缺乏锌引起以羽毛发育不良,生长发育停滞,骨骼异常,生殖机能下降等为特征的营养缺乏症。

【发病特点】

(1)地方性缺锌:缺锌地区土壤含锌量很少,该地区生长的作物籽实也就缺锌。

(2)配方不当,锌添加量不足以满足家禽的需要,如一般饲料原料如玉米中锌含量很低。

(3)钙、镁、铁、植酸盐过多,不饱和脂肪酸缺乏,影响锌的吸收。

(4)其他因素,如棉酚可与锌结合,使锌失去生物活性等。

【症状】雏鸡发病后表现为生长缓慢,食欲不佳。消化不良,饲料利用率降低;羽毛发育异常,蓬乱无光,易折断,新羽生长缓慢,以翼羽和翅羽最为明显;皮肤过度角化,产生鳞屑,腿和趾上有坏死性皮炎和渗出物,腿脚短粗,关节增大僵硬。

成年母鸡缺乏锌时,羽毛也会受损,产蛋率和孵化率降低,蛋的破损率升高,鸡胚死亡率增高。

【病理】鸡胚畸形,骨骼不能正常发育,缺脊柱、腿或翅,无体壁。

【诊断】根据本病的症状和病变,结合饲料成分分析、治疗试验以及病鸡组织中锌含量的测定,可做出诊断。

【治疗】治疗时在饲料中添加氧化锌或硫酸锌,剂量是每千克饲料中加60毫克,同时采用氧化锌肌肉注射,每只鸡一次5毫克。在补锌的同时,适当补充维生素A等各种维生素,有利于患鸡的康复。

【预防】预防本病的主要措施是注意饲料的合理配比,做到营养全价,保证锌的充足供应,必要时在饲料中添加硫酸锌0.1～0.2克/千克,但应注意不能超量。如果饲料含锌量超过80毫克/千克,就会引起中毒反应,表现为厌食,生长抑制,母鸡产蛋量急剧下降,引起换羽等。其次是积极预防排除可造成锌的吸收和代谢的因素,如防止钙、磷和镁超量过多等。

(五)硒缺乏症

硒缺乏症与维生素E缺乏症有诸多共同之处,也是由于硒和维生素E缺乏引起的以骨骼发育不良、白肌病、渗出性素质为特征的营养缺乏症。

【发病特点】

(1)地方性缺乏:地方性土壤缺硒(含硒量低于0.5毫克/千克),引起作物籽实缺硒,最终造成饲料缺硒。

(2)实用日粮一般应补充硒(除极少数地区)而未补充。

(3)维生素E缺乏也会造成硒缺乏症发生。

(4)其他因素：如硫对硒的拮抗作用等。

【症状】硒缺乏症有一定的地区性、季节性，多集中在冬春两季发生，寒冷多雨是常见发病诱因。

(1)渗出性素质，常以2~3周龄的雏鸡发病为多，到3~6周龄时发病率高达80%~90%，多呈急性经过。病雏躯体低垂，胸腹部皮肤出现淡蓝色水肿样变化，可扩展至全身。排稀便或水样便，最后衰竭死亡。

(2)白肌病以四周龄幼雏易发，表现为全身软弱无力，贫血，腿麻痹而卧地不起，羽毛松乱，翅下垂，衰竭而亡。患禽主要病变在骨骼肌、心肌、胸肌、肝脏、胰脏及肌胃肌肉，其次为肾脏和脑。

(3)脑软化症主要表现为平衡失调、运动障碍和神经紊乱症状。

【病理】剖检的病理变化，主要病变在骨骼肌、心肌、肝脏和胰脏，其次为肾和脑。病变部肌肉变性、色淡、似煮肉样，呈灰黄色、黄白色的点状、条状、片状不等；横断面有灰白色、淡黄色斑纹，质地变脆、变软、钙化。心肌扩张变薄，以左心室为明显，多在乳头肌内膜有出血点，在心内膜、心外膜下有黄白色或灰白色与肌纤维方向平行的条纹斑。肝脏肿大，硬而脆，表面粗糙，断面有槟榔样花纹；有的肝脏由深红色变成灰黄或土黄色。肾脏充血、肿胀，肾实质有出血点和灰色的斑状灶。胰脏变性，腺体萎缩，体积缩小有坚实感，色淡，多呈淡红或淡粉红色，严重的则腺泡坏死、纤维化。

【诊断】根据地方缺硒病史、流行病学、饲料分析、特征性的临诊症状和病理变化，以及用硒制剂防治可得到良好效果等做出诊断。

【治疗】缺乏时，少数患禽可用0.01%亚硒酸钠生理盐水肌注，雏鸡为0.1~0.3毫升，成鸡1毫升，同时喂维生素E油300国际单位。饲料中添加0.1~0.15毫克/千克亚硒酸钠，或用0.1%

的亚硒酸钠饮水,5～7天为一疗程,但应严防中毒。

【预防】本病以预防为主,在雏禽日粮中添加$(1～2)×10^{-7}$的亚硒酸钠和每千克饲料中加入20毫克维生素E。注意要把添加量算准,搅拌均匀,防止中毒。在治疗时,并用0.005%亚硒酸钠溶液皮下或肌肉注射,雏禽0.1～0.3毫升,成年家禽1.0毫升。或者用饮水配制成每升水含0.1～1毫升的亚硒酸钠溶液,给雏禽饮用,5～7天为一疗程。对小鸡脑软化的病例必须以维生素E为主进行防治;对渗出性素质、肌营养性不良等缺硒症则要以硒制剂为主进行防治,效果好又经济。

有些缺硒地区曾经给玉米叶面喷洒亚硒酸钠,测定喷洒后的玉米和秸秆硒含量显著提高,并进行动物饲喂试验取得了良好的预防效果。

第六节 鸡场其他疾病的防治

一、啄癖症

鸡的啄癖症是指由于营养代谢机能紊乱、味觉异常及饲养管理不当等引起的一种非常复杂的多种疾病综合征,是禽类生产养殖中危害较严重的恶癖,同时给养殖户带来较大经济损失。

【发病特点】啄癖发生的原因很复杂,主要包括环境、日粮和疾病等因素。

(1)环境因素:舍内通风不良、有害气体浓度过高,光照太强或光线不适,禽舍湿度、温度过高,家禽下痢时易引发啄肛癖。光色不适也易引起啄癖,灯光过亮或黄光、青光下易引起啄羽、啄肛和斗殴。

(2)日粮因素:日粮中蛋白质含量偏低,日粮氨基酸不平衡而引发啄羽、啄蛋;维生素 B_{12} 缺乏时会影响雏鸡的生长发育,使其生长减慢、羽毛生长不良,引起啄毛或自食羽毛;生物素不足时会影响内分泌腺的分泌活动,引起脚上发生皮炎,头部、眼睑、嘴角表皮质角化而诱发啄癖;烟酸缺乏能引起皮炎与趾骨短粗而诱发啄癖。维生素 D 影响钙磷的吸收,缺乏时会引起脱肛;日粮矿物质元素不足或不平衡,尤其是食盐不足造成家禽喜食带咸性的血迹时,若某鸡受外伤或母鸡产蛋、肛门括约肌暴露在外时,其他鸡就会啄食,形成啄肛癖。硫含量不足等均可引起啄羽、啄肛、异食等恶癖;粗纤维缺乏时,鸡肠蠕动不充分,易引起啄羽、啄肛等恶习。

(3)疾病因素:大肠杆菌、白痢等可引起啄羽、啄肛;鸡患慢性肠炎,营养吸收差时会引起互啄;母鸡输卵管或泄殖腔外翻也会引起啄癖;当鸡发生消化不良或患球虫病时,肛门周围羽毛被污物粘连也可引起啄羽;体表创伤、出血或有炎症等均可诱发啄癖。鸡体表有羽虱、刺皮螨、疥癣虫等寄生虫时,寄生虫刺激皮肤,引起自啄,有时自啄造成外伤出血,引发其他鸡追啄。

【症状】据啄食对象的不同啄癖可分为啄羽癖、啄趾癖、啄肛癖、啄蛋癖及啄食其他异物的异食癖等。

(1)啄羽癖:啄羽有自啄和互啄之分,自啄是维生素、微量元素及饲料钙磷比例失调引起的。互啄是几只鸡围攻一只鸡啄。本病冬季和早春多发,一旦发生会广泛传开。严重被啄者肛门羽毛、尾羽、背羽被全部啄光,其皮肤裸露。

(2)啄肉癖:各年龄的鸡均可发生。鸡互啄羽毛或啄脱落的羽毛,被啄鸡皮肉暴露,出血后,发展为啄肉癖,有的鸡因被啄穿肚子,啄出内脏而死。

(3)啄肛癖:育雏期时最易发生,特别是鸡发生白痢病时,能招致少数或一群鸡争啄,常有鸡因直肠、内脏被啄出而死。另外,产蛋鸡在产蛋或交配,泄殖腔外翻时也会被其他母鸡啄食,造成出血、脱肛甚至死亡。

(4)啄蛋癖:产蛋旺季种鸡容易发生啄蛋癖。啄蛋癖主要发生于产蛋鸡群,尤其是高产鸡群。饲料缺钙或蛋白质含量不足,造成鸡产软壳蛋,软壳蛋被踩破或蛋在巢内及地面被碰破后引发啄食。

(5)啄趾癖:雏鸡易发。啄趾癖多见于雏鸡脚部被外寄生虫侵袭时,阳光直射下,脚趾血管极像小虫会引起鸡群互啄脚趾,引起出血和跛行,有的鸡甚至脚趾被啄光。

(6)异食癖:患各种营养不良时,鸡常啄食一种不能消化的东西,如石灰、粪便、稻草等。鸡消化食物时需要砂粒,如果缺乏,也常引发啄异物癖。

【诊断】根据临床表现即可诊断。

【治疗】

(1)发生啄癖时,立即将被啄的鸡隔离饲养,受伤局部进行消毒处理,可在伤口涂抹机油、煤油、鱼石脂、松节油、樟脑油等具有强烈异味的物质,防止鸡再被啄和鸡群互啄。

(2)在饲料中加入1.5%～2%石膏粉可治疗原因不明的啄羽癖。为改变已形成的恶癖,可在笼内放入有颜色的乒乓球或在舍内插入芭蕉叶等物质,使鸡啄之无味或让其分散注意力。

(3)在饲料中添加1.5%～2.0%的食盐,连喂3～4天,对食盐缺乏引发的啄癖效果明显,但要供给足够的饮水以防食盐中毒。

(4)鸡患寄生虫时,用胺菊酯、溴氢菊酯、苄呋菊酯等对鸡群进行喷雾或药浴以预防或驱杀体表寄生虫。

(5)用盐霉素、氨丙啉等拌料预防和治疗鸡球虫病,同时注意定期消毒。

【预防】防治本病时,应以预防为主,首先应了解发生同类相残的原因并加以排除,进而根据诊断出的病因,采取相应的防治措施。

(1)及时移走互啄倾向较强的鸡只,单独饲养,隔离被啄鸡只,在被啄的部位涂擦甲紫、黄连素和氯霉素等苦味强烈的消炎药物,一方面消炎,一方面使鸡知苦而退。作为预防,可用废机油涂于易被啄部位,利用其难闻气味和难看的颜色使鸡只失去兴趣。

(2)光照不可过强,以每米 3 瓦的白炽灯照明亮度为上限。光照时间严格按饲养管理规程给予,光照过强,鸡啄癖增多。育雏期光照控制不当。

(3)加强通风换气,最大限度地降低舍内有害气体含量。

(4)严格控制温度湿度,避免环境不适而引起的拥挤堆叠,烦躁不安,啄癖增强等。

(5)补喂沙粒,提高消化率。可从河沙中选出坚硬、不易破碎的砂石,雏鸡用小米粒大小,成鸡用玉米粒大小,按日粮 0.5%~1%掺入。

二、中 暑

鸡中暑又称热衰竭,是日射病(源于太阳光的直接照射)和热射病(源于环境温度过高、湿度过大,体热散发不出去)的总称,是酷暑季节鸡的常见病。本病以鸡急性死亡为特征。因此,夏季加强对鸡中暑的预防,发生中暑及时治疗是十分必要的。

【发病特点】温度是影响鸡生产性能的重要指标之一。据测定,鸡最适宜的环境温度在 13~15℃,当温度达到 30℃时,鸡的采食量减少 10%~30%,当温度达到 35℃时,鸡就会出现一系列精神异常反应,出现中暑症状。中暑的情况随温度的升高而加剧,当温度超过 40℃时,造成鸡大批中暑死亡。

【症状】处于中暑状态的鸡主要表现为张口呼吸,呼吸困难,部分鸡喉内发出明显的呼噜声;采食量严重下降,部分鸡绝食;饮水量大幅度增加;精神萎靡,活动减少,部分鸡卧于笼底;鸡冠发绀;体温高达 45℃以上。剖检时往往无特征性病变,但大多数鸡的胸腔呈弥散性出血,肠道往往发生高度水肿,肺及卵巢充血,有些蛋鸡体内尚有成型的待产鸡蛋。

【诊断】根据临床表现及剖检结果,结合通风、气温等因素即可诊断。

【治疗】发现鸡只中暑,应立即将鸡转移到阴凉通风处,在鸡冠、翅翼部扎针放血,同时肌注维生素C 0.1克,灌服十滴水、藿香正气水1~2滴、仁丹3~4粒。一般情况下,多数中暑鸡经过治疗可以很快康复。

【预防】预防鸡中暑的关键措施是降温。同时要加强鸡的饲养管理。在生产中,要想克服高温对鸡产生的不利影响,养殖户可根据自己的具体情况采取以下措施进行综合防治。

(1)人工喷雾凉水,降低空间温度:天气炎热时中午12点以后,可用高压喷雾器将刚从井里打上来的凉水进行空间喷雾,可视舍内温度情况每隔2~4小时喷雾一次,一般可使舍内温度降低4~7℃,可以有效地缓解蛋鸡中暑症状。

(2)地面泼洒凉水,增加蒸发散热:舍温太高的时候,可以向鸡舍地面泼洒一些凉水,但要求必须同时打开门窗,加大对流通风,否则舍内湿度过高同样会加重高温的不利影响。

(3)减少热量入舍,保证舍内凉爽:阳光照射是导致舍温升高的一个重要因素。为了减少照射热的侵入,一是可以在鸡舍离鸡体2米的高处用2厘米左右的白色泡膜塑料做一层天花板,可将大量热空气隔在天花板上面,使舍内温度下降2℃左右;二是可以在鸡舍的屋面上覆盖一层10~15厘米厚的稻草或麦秸,洒上凉水,并保持长期湿润,可以阻止大量热量被吸入舍内;三是可以在窗上搭遮阳棚,阻挡阳光直射入舍。另外应搞好舍外的绿化、种树种草,这样可以通过植物的光合作用吸收热量,降低空气温度。

(4)加强通风散热,降低舍内温度:这也是鸡舍内部降温的一种重要方法,可以加大换气扇的功率,改横向通风为纵向巷道式通风,使流经鸡体的风速加大,及时带走鸡体产生的热量,达到防暑降温的目的,如结合喷水洒水,效果更好。

(5)给予充足饮水,缓解高温影响:鸡在夏季的饮水要比其他季节多,因此要保证供应充足清洁、清凉的深井水或冰水。鸡通过增加饮水,加大粪便排泄量,带走体内更多的热量。

(6)使用饲料添加剂,减缓高温的危害:一是加喂降温饲料,每日每只喂给西瓜皮50克。二是饮用石膏水,并在饮水中加入降暑药物(如冰片、维生素C)或者小苏打、藿香正气水等。三是在日粮内添加适量的维生素C、维生素E、维生素K及杆菌肽锌等添加剂,可有效地减轻高温对鸡的危害,提高鸡的生产性能。四是要保证给予充足的饮水,鸡通过饮用清凉水能加大粪便排泄量,带走体内多余的热量。

(7)强化饲养管理,增强鸡的调温能力:良好的饲养管理,可以增强鸡的体质,提高鸡的体温调节能力,有效地防止或减轻中暑的发生。在生产中,一是要减少日粮容积,增加饲料的营养浓度。高温使鸡食欲降低,采食量下降,如不增加日粮中蛋白质、维生素、矿物质等饲料的比例,会使鸡体蛋白质、维生素、矿物质等营养物质的摄入量严重不足,从而导致生产性能降低,因此,应根据采食量,提高日粮营养浓度,以满足鸡的营养需要。二是要选择适当的饲喂时间。夏季中午温度较高,鸡食欲低,所以最好在早晨、晚上多添料,此时鸡饥饿感强烈,温度适宜,食欲好,可提高采食量,满足鸡体的营养需要,增强鸡的体温调节能力。

三、水 泻

鸡水泻一直以来困扰着鸡场,尤其是在高温季节,随着鸡饮水量的增加,鸡水泻的发生率居高不下,造成产蛋率上升缓慢,甚至停产。

【发病特点】本病为非传染性腹泻,抗生素治疗无效,且病程长、难治愈,造成鸡只抵抗力下降,易导致细菌和病毒的混合感染。其发病原因主要有以下几方面:

(1)初产蛋鸡由于产蛋率上升过快,生理应激较大,引起应激性腹泻。

(2)温度较高时蛋鸡饮水量增加,由于鸡没有汗腺,只能通过排便来排出多余水分,导致水泻的发生。

(3)为保证蛋的质量及产蛋率的上升或稳定,产蛋期饲料富含较高的矿物质和蛋白质,大量的 Ca^{2+}、Mg^{2+} 等离子在肠道内蓄积,导致肠道内渗透压升高,阻止水分吸收;同时肠腔内富集大量的矿物质或蛋白质,以及渗透压的升高,又加快了肠蠕动,缩短了肠道对水分及营养物质的吸收时间,使腹泻进一步恶化。

(4)高温高湿季节,饲料极易霉变,霉菌毒素也是导致蛋鸡水泻的一个重要原因。

(5)滥用抗生素,导致肠道内菌群紊乱,是众多中小养殖场发生蛋鸡水泻的另一个重要因素。

【症状】鸡群精神良好,采食量正常,产蛋率上升缓慢,甚至出现产蛋下降,白壳蛋、软壳蛋数量上升;排水样粪便,粪便中固形物少且颜色发暗、发黄或发白;鸡舍内不断听到"哗哗"的排便声。病程稍长者,粪便中可见到脱落的肠黏膜。严重腹泻的鸡只羽毛逆立、脚爪干燥、精神不振、呆立不动,死亡率较低。病程稍长者常继发新城疫和大肠杆菌感染,导致死亡率增加。

【诊断】根据临床症状即可诊断。

【治疗】泻痢康(250千克料/袋)连用5～6天,杆特(150千克水/瓶)连用3～4天即可收到良好效果。

【预防】

(1)严格控制饲养密度,做好通风、降温工作。

(2)严防饲料霉变,注重减少应激。开产蛋鸡在130～140天,使用"泻痢康（250千克料/袋）"连用5～6天,用"活力金维他（1000千克水/袋）"饮水,可有效防止因饲料霉变及应激等导致的水泻。

(3)注重输卵管炎的预防,开产鸡在130～140天使用"舒通（200千克水/瓶）"饮水,预防输卵管炎。

四、痛 风

家禽痛风是一种蛋白质代谢障碍引起的高尿酸血症,其病理特征为血液尿酸水平增高,尿酸盐在关节囊、关节软骨、内脏、肾小管及输尿管中沉积。

【发病特点】家禽痛风发生的原因目前尚不完全清楚,以下分析及发病机制仅供参考。

(1)主要由于大量饲喂富含核蛋白和嘌呤碱的蛋白质饲料。这些饲料是动物内脏（肝、脑、肾、胸腺、胰腺）、肉屑、鱼粉、大豆、豌豆等。

(2)饲料含钙或镁过高。如有的养殖专业户用蛋鸡料喂肉鸡,引起痛风;有的补充矿物质用石灰石粉,也引起痛风,这是由于含镁量过高而引起。

(3)日粮中长期缺乏维生素A,可发生痛风性肾炎,病鸡呈现明显的痛风症状。若是种鸡,所产的蛋孵化出的雏鸡往往易患痛风,在20日龄时即提前出现病症,而一般是在110～120日龄。如当母鸡维生素A缺乏时,喂以多量的动物性饲料后,其鸡胚即呈现明显的痛风病变。

(4)肾功能不全。凡是能引起肾功能不全（肾炎、肾病等）的因素皆可使尿酸排泄障碍,导致痛风。如磺胺类药中毒,引起肾损害和结晶的沉淀;慢性铅中毒、石炭酸、升汞、草酸、霉玉米等中毒,引起肾病;家禽患肾病变型传染性支气管炎、传染性法氏囊病、禽腺病毒鸡包涵体肝炎和鸡产蛋下降综合征-76(EDS-76)等传染病；患雏鸡白痢、球虫病、盲肠肝炎等寄生虫病；以及患淋巴性白血病、单核细胞增多症和长期消化紊乱等疾病过程，都可能继发或并发痛风。

(5)饲养在潮湿和阴暗的畜舍、密集的管理、运动不足、日粮中维生素缺乏和衰老等因素皆可能成为促进本病发生的诱因。另外，遗传因素也是致病原因之一，如新汉普夏鸡就有关节痛风的遗传因子。

【症状】

(1)一般症状：病禽食欲减退，逐渐消瘦，冠苍白，不自主地排出白色半黏液状稀粪，含有多量的尿酸盐。血液中尿酸水平持久地增高至15毫克/100毫升以上，注意不可单凭此为诊断依据。据有的学者研究，个别正常鸡的尿酸水平最高阶段可达40毫克/100毫升，以后转入到正常范围，而正常变动范围的差异是很大的。成年母鸡产蛋量减少或停止。

(2)内脏型痛风：比较多见，但临诊上通常不易被发现。主要呈现营养障碍、腹泻和血液中尿酸水平增高。此特征颇似家禽单核细胞增多症。

(3)关节型痛风：多在趾前关节、趾关节发病，也可侵害腕前、腕及肘关节。关节肿胀，起初软而痛，界限多不明显，以后肿胀部逐渐变硬，微痛，形成不能移动或稍能移动的结节，结节有豌豆大或蚕豆大小。病程稍久，结节软化或破裂，排出灰黄色干酪样物，局部形成出血性溃疡。病禽往往呈蹲坐或独肢站立姿势，行动迟缓，跛行外，也有本病的一般全身症状。

【病理】因尿酸盐在体内沉积的部位不同，痛风分内脏痛风和关节痛风两种类型。

(1)内脏型痛风：死后剖检的主要病理变化，在胸膜、腹膜、肺、心包、肝、脾、肾、肠及肠系膜的表面散布许多石灰样的白色尖屑状或絮状物质,此为尿酸钠结晶。有些病例还并发有关节型痛风。

(2)关节型痛风:剖检时切开肿胀关节,可流出浓厚、白色黏稠的液体,滑液含有大量由尿酸、尿酸铵、尿酸钙形成的结晶,沉着物常常形成一种所谓"痛风石"。

【诊断】根据病因、病史、特征性症状和病理变化即可诊断。必要时采病禽血液检测尿酸的量,以及采取肿胀关节的内容物进行化学检查,呈紫尿酸铵阳性反应,显微镜观察见到细针状和禾束状尿酸钠结晶或放射形尿酸钠结晶,即可进一步确诊。

【治疗】目前尚没有特别有效治疗方法。可试用阿托方(又名苯基喹啉羟酸)0.2~0.5克,每日2次,口服;但伴有肝、肾疾病时禁止使用。此药是为了增强尿酸的排泄及减少体内尿酸的蓄积和关节疼痛。痛风病例多伴有肝、肾机能不全,因此,病重病例或长期应用皆有副作用。有的试用别嘌呤醇(7-碳-8氯次黄嘌呤)10~30毫克,每日2次,口服。此药化学结构与次黄嘌呤相似,是黄嘌呤氧化酶的竞争抑制剂,可抑制黄嘌呤的氧化,减少尿酸的形成。用药期间可导致急性痛风发作,给予秋水仙碱50~100毫克,每日3次,能使症状缓解。总之,本病必须以预防为主,积极改善饲养管理,减少富含核蛋白日粮,改变饲料配合比例,供给富含维生素A的饲料等措施,可防止或降低本病的发病率。

【预防】坚持科学的饲养管理制度,根据不同日龄鸡的营养需要,合理配备日粮,控制蛋白质和钙的用量等,可以减少本病的发生。不要长期使用或过量使用对肾脏有损害的药物及消毒剂,如磺胺类药物、庆大霉素、卡那霉素、链霉素等。

五、腹水综合征

腹水综合征主要危害快速生长的幼龄肉仔鸡,以3~5周龄多发,发病与肉鸡快速生长有密切的关系,腹水综合征有明显的季节性,冬季发生较多,死亡率也高于其他季节,它的发生与饲养管理环境密切相关,饲养密度过大、通风不良、卫生条件差,舍内二氧化碳、硫化氢、氨气浓度过大,氧气相对不足导致鸡发病。

【发病特点】多在 4 周龄以后的肉仔鸡出现明显症状,最早的 10 多日龄就出现腹部膨大。体况健康、生产快速的鸡发病率高,公鸡比母鸡发病率高,而且症状更为严重,40 日龄以后的鸡发病较少。已发病但未死亡的假定病愈鸡则生长发育受阻,出栏体重比未发病鸡低 0.5~0.7 千克。

【症状】主要症状是食欲减少,体重下降或突然死亡,最典型的症状是腹部膨大,腹部皮肤变薄发亮,用手触压有波动感,病鸡不愿站立,以腹部着地,喜躺卧,行动缓慢,似企鹅走动,羽毛粗乱,两翅下垂,生长缓慢,严重的鸡冠和肉髯呈紫红色,皮肤发绀,抓鸡时可突然抽搐死亡。

【病理】剖检的主要病变集中表现为透明清亮的腹水,腹水量可达 100~500 毫升,有的呈黄褐色或粉红色,还可发现纤维蛋白的凝块,全身淤血明显,心房和心室明显弛缓、扩张;肝脏肿大或缩小、硬化,表面凸凹不平,有弥漫性白斑,肝脏淤血水肿。病区位于接近肋的部位,苍白或灰色,并含血块,大多数病鸡的肺部病变都伴有右侧心脏肿大。腹水不含细菌、病毒或其他微生物。

【诊断】根据发病情况、症状和病变可诊断。

【治疗】发病早、体重小、没有商品价值的腹水鸡及早淘汰为上策。达到上市体重的鸡又不好出售的可采用下列方法治疗。

(1)用碘酊消毒病鸡腹后下部,手术刀切一小口放腹水,切口不缝合,让其自愈。限食不限水,水中加多维抗生素。

(2)三磷酸腺苷针 1 支、肌苷针 1 支、速尿针 1 支混合,胸肌注射 3~5 只鸡,每天 2 次,连用 2~3 天。

(3)双氢克尿噻片 1 片、感冒清片 2 片、三黄片 2 片经口填服,每天 1~2 次,连用 2~3 天。

总之,肉鸡腹水征原因复杂,治疗困难,应及早动手,从多方面、综合性进行预防,才能把腹水征控制在最低限度,相应地减少经济损失,提高养鸡效益。

【预防】肉鸡腹水征一般初期症状不明显,到产生腹水时已是病程后期,治疗困难,故应以防为主,主要从改善饲养环境、科学管理、科学配方等方面考虑。

(1)环境控制:包括鸡舍周围的环境与鸡舍内的环境控制。

①鸡舍周围的环境:建立鸡场或鸡舍时要讲究科学和规范,符合肉鸡的生理要求。选址要求地势高燥,背风向阳,没有空气污染、噪声及水源污染的地方。

②鸡舍建筑:要求结构合理,保温通风良好,采光面积大。如果用旧住房,要进行改造,在不影响建筑结构的情况下,多开几个窗户,以利通风和采光。

③加温设备:冬春气温低,要想养好鸡,必须准备好加温设备。如果在鸡舍内用煤炉加温一定要把煤烟排到室外,否则鸡腹水发病率较高。

④环境卫生:把鸡舍周围的环境打扫干净,每周消毒一次。鸡舍内勤换垫料,网上养殖及时消粪,带鸡消毒,3天1次。消毒剂要选择两种以上不同类型交替使用,以防止产生耐药性。如甲酚皂、百毒杀、三氯乙酸等。

(2)选择优良健康的雏鸡:雏鸡质量不好很难养活。在实践中发现10日龄前后的雏鸡发生腹水征几乎都有卵黄坏死吸收不良的现象,与雏鸡在孵化阶段或种蛋感染有关。建议养殖者要到正规化、规模化的种鸡场或孵化场购买雏鸡,尽可能地签定购销合同,要求场方出示雏鸡检疫合格证,购雏时认真挑选,不合格的雏鸡予以调换或当场淘汰。

(3)加强饲养管理

①温度与通风:在7日龄以内以温度为主,适当通风。随着鸡

的生长,需氧量越来越多,在注意温度不发生急剧变化的前提下逐步增加通风量。肉鸡腹水征的发生与空气质量关系最密切,鸡舍内空气越新鲜,腹水发病率越低。

②光照与采食量的控制:肉鸡生长要求用普通白炽灯泡照明,育雏用40~60瓦,中期25瓦,后期15瓦。适当增加几个蓝色灯泡,节能灯不太适用,并尽可能采用自然光。7日龄以内一般不控制光照和采食,能防止或减少腹水征的发生。具体做法是白天自然光照,根据日龄和鸡数计算出一天的采食量,分2~3次加料,每次吃光后停2小时再添。晚上用一台光控制器,按照所需的光照与黑暗时间进行调整。如开1小时,关3小时等。控光的同时也控制了采食,后期育肥阶段不加控制。

(4)建立科学的免疫程序:实施正确的免疫方法。大型肉鸡常采用4次或5次免疫法,从7日龄开始,每7天防1次。经实践检验,前3次防疫逐只防(滴眼、鼻或注射)比饮水防效果好。逐只防能保证密度达到百分之百,每只鸡得到的抗原数量基本相等,免疫整齐度好。21日龄时鸡个体较大,防疫在晚上进行,用10瓦蓝灯照明,一人保定鸡,一人防疫。饮水免疫时一定要加疫苗保护剂。建议用3倍或4倍量疫苗分上、下午两次饮用,每次各饮一半。饮前断水时间要够,饮时注意驱赶使每只鸡都能饮到足够量的疫苗。防疫工作做得好,鸡体抵抗力强,腹水发生就少。

(5)预防性用药:介绍几个实践中能有效地防止腹水发生的方剂,供大家选择。

①藿香正气水10毫升4支加复方阿司匹林片4片加庆大霉素30万单位(或卡那霉素200万单位)加水1千克,视鸡大小每壶加这种药水1~3千克,每天1次,隔3~5天再饮1次。

②麻黄30克,桂枝15克,黄芩30克,黄柏30克,板蓝根30克,猪苓15克,茯苓15克,泽泻15克,生姜皮30克,大腹皮30克水煎3次滤渣后供50千克体重鸡一天饮用,连用3天。

③腹水消、禽菌灵按治疗量拌料,每天喂一桶药料,连用2～3天。

六、肉鸡猝死综合征

猝死综合征又称翻跳病,是现代家禽养殖业中颇为令人头疼的顽症之一。本病多发生于3～35日龄的肉仔鸡中。

【发病特点】猝死综合征的病因很复杂,有人认为是一种代谢病,遗传、营养和环境因素都可影响本病的发生。最新报道表明,猝死综合征的发生与应激因素密切相关,肉用仔鸡所受到的应激一般包括以下几个方面:

(1)人为因素的应激:如扩栏、免疫接种及更换饲料等,鸡在2周龄时承受以上三种人为管理因素影响最多,所以2周龄猝死综合征的发生率有一个高峰。

(2)环境气候因素方面的应激:如连日阴雨天气、气候变更季节(每年3、10月份),这种情况下猝死综合征发病率较高。

(3)噪音引起的应激:如鞭炮声、音量过大的音乐和拖拉机启动声等都可诱发猝死综合征。

(4)光照骤变的应激:在强光下,鸡的活动增强,对外界反应敏感,容易发生猝死综合征。另外夜里停电后又突然来电,也可引起猝死综合征发生的增加。

【症状】

(1)肉鸡猝死综合征病程短和发病前无任何异状。

(2)多以生长快,发育良好,肌肉丰满的青年鸡突然死亡为特征。

(3)部分猝死鸡只发病前比正常鸡只表现安静,饲料采食量减少,个别鸡只常常在饲养员进舍喂料时,突然失控,翅膀急剧煽动或离地,跳起15～20厘米,从发病至死亡时间约1分钟左右。

(4)死鸡一般为两脚朝天呈仰卧或腹卧姿式,颈部扭曲,肌肉痉挛,个别鸡只发病时发现有突然尖叫声。

【病理】外观体型较丰满,除鸡冠、肉垂略潮红外无其他异常。嗉囊和肌胃内充盈刚采食的饲料,心房扩张,心脏较正常鸡大,心肌松软,肝脏肿大、质脆、色苍白,肺淤血,胸肌、腹肌湿润苍白,少数死鸡偶见肠壁有出血症状。

【诊断】该病诊断过程中,首先应与中毒、传染病相区别。猝死鸡皮肤多为白色,而中毒鸡多呈青色,猝死鸡死亡很快,短者数秒至几分钟,传染病鸡死亡时间一般为1~3天病程最短也在数小时以上;猝死鸡粪便正常,而传染病鸡粪便多有异常,如法氏囊病排蛋清样粪便、鸡新城疫排绿色稀粪、白痢病鸡排石灰乳样粪便等。

【治疗】因本病的病因很复杂,目前还没有有效的治疗方法。

【预防】

(1)限料饲喂:一般从第2周龄开始,适当降低饲料中蛋白质含量(一般以19%~20%为宜),脂肪含量不宜过高。据报道,用植物油代替动物性脂肪可明显降低猝死症的发生。

(2)控制光照:0~3周为12~16小时,22~42日龄为18小时,42日龄后每天光照20小时,光照强度控制在0.5~2勒克斯,以免应激引起猝死。

(3)碳酸氢钾饮水或拌料:饮水每羽0.6克,连用3天,拌料:每吨饲料添加3.6千克。

(4)添加多维:饲料中添加量为常量的1~2倍,同时在饲料中添加可明显减少死亡率。

(5)加强管理:最大限度地控制各种应激,保证鸡群的生存环境。

七、蛋鸡产蛋疲劳症

蛋鸡产蛋疲劳症又称笼养蛋鸡骨质疏松症或笼养鸡瘫痪,是笼养鸡骨骼疫病中最严重的疾病之一,也是现代蛋鸡生产中最突出的代谢病。

【发病特点】发病鸡大多是进笼不久的鸡和高产鸡,夏季易发生(故又称夏季病)。

【症状】产蛋疲劳症主要有最急性型、急性型、慢性型三种表现形式。

(1)最急性型:发病鸡往往突然死亡,初开产的鸡群产蛋率在40%~60%时,死亡最多,死亡前看不出发病症状。以表面观看鸡群健康状况良好,产蛋较好并且白天挑不出病鸡。但第二天早晨可见到蛋鸡死于笼内,越高产的蛋鸡死亡率越高,但常出现病死鸡泄殖腔突出这一典型症状。

(2)急性型:发病鸡则表现长期产蛋后站立困难,常常侧卧,严重时导致瘫痪或骨折。产蛋量、蛋壳质量和蛋的品质通常并不降低,病鸡精神良好,但后期病鸡表现沉郁,常常死于脱水,残废率较低。如从笼内取出瘫鸡单独饲养,多数在2~3天后有明显好转,个别病重鸡可在2周内康复。

(3)慢性型:病鸡主要表现在产蛋日龄较大的鸡,因为日龄增大,对钙摄取和分泌功能下降,造成蛋壳变薄、粗糙、强度差、破损增加、产蛋率明显下降,同时出现慢性死亡现象。

【病理】剖检变化最急性型病鸡剖检后主要表现卵泡充血、肝脏肿大淤血、有出血斑、肺淤血、心脏扩张、输卵管往往有蛋存在。腺胃溃疡、腺胃壁变薄、腺胃乳头流出褐色液体。死亡的鸡体膘较好。

急性型病鸡骨骼易折裂、变软。腿骨、翼骨和胸椎可见骨折。

胸骨常变形,在胸骨和椎骨的结合部位,肋骨特征性地向内弯曲。

【诊断】根据临床症状及病理变化初步诊断。

【治疗】对发病严重的最急性鸡群,晚间 11～12 点开灯使鸡饮水 1 小时,以减少血液黏度,减轻心脏负担。同时挑出瘫在笼内的病鸡,放在阴凉处,并对病鸡加强饲养管理,使之尽可能恢复到健康水平,达到降低死亡率,减少损失的目的。

【预防】本病病因复杂,主要与笼养鸡所处的特定环境条件有关,但对该病的防治要采用综合治疗的方法。

(1)对于育成青年母鸡,在将近成熟时,应提高饲料的营养水平,同时应考虑到对钙、磷的补充,尤其是磷不足时易导致该病的发生。

(2)在产蛋前期和高峰期、鸡饲料中有足够的钙和维生素 D,可利用的磷应保持在 0.40%～0.45%。笼内养鸡数不可过多,为产蛋鸡提供足够的笼底面积。

(3)加强通风换气,缓解热应激,同时应用应激类的药物在产蛋率达到 20% 时和夏初季节按预防量饮用,可预防此病。

附录 鸡的手术

一、公鸡去势术

公鸡阉割后,长肉快、促进肥育、肉质好、节约饲料,而且能混群饲养,既可避免乱配而产生劣种,又有利于选育优良品种。

1. 阉鸡的年龄与时间

阉割公鸡在3月龄左右,体重1千克左右,以能鸣啼者为宜。公鸡过小睾丸也小,不易套取及阉净,阉后也影响发育;公鸡过大,睾丸根部血管粗大,锯断睾丸血管时,常致大出血,甚至死亡。阉鸡最适宜的气温20～30℃,选在无风晴天进行,温度过高或过低施阉鸡术,均会引起伤口感染。

2. 药物

70%酒精棉,冷水1杯。

3. 器材

阉鸡器,包括阉鸡刀、扩创弓、扩创钳、睾丸勺、镊子、睾丸套等。

4. 阉割前的检查和准备

阉鸡前需要观察阉鸡有无疾病,如有疾病不宜阉割。健鸡与患病鸡可从精神、食欲和粪便等表现加以鉴别。如健鸡的鸡冠鲜红,头尾翘立,叫声洪亮,食欲旺盛,精神活泼,粪便呈灰褐色,其上覆有白色尿液。而病鸡冠苍白或紫黑、羽毛松弛、翘尾不垂，食欲差或不吃饲料、呆立、两眼紧闭、精神萎靡，早晨不离栖架或卧缩于角落或卧地不起，呼吸有声，张嘴扬脖，有的口腔有大量黏液，嗉囊充满气体。粪便稀呈黄、绿色，肛门附近粘有粪液等。

阉割前应禁食12～24小时，以防因肠道内容物过多而影响手术的顺利进行。同时，以右手压迫直肠，排出积粪。对大公鸡的阉割需要先喂几勺冷水，使血管收缩，然后再进行阉割，可减少出血死亡。此外，阉割前一天停止饲喂，仅饮水，以减少肠道的内容物有利于睾丸的摘除。

5. 方法及步骤

(1)局部解剖(附图1)：切口部位在右侧倒数一、二肋骨之间与髋关节水平线相交处上下，从外向内为皮肤、肌肉及腹膜，腹膜紧贴腹部气囊和胸后气囊壁。睾丸位于倒数第二、三肋骨头的下面、肾脏的前方，两睾丸之间有主动脉及后腔静脉分布。睾丸一般呈椭圆形或梭形，多为淡黄色，也有呈黑色、灰色或灰黑色的；其体积的大小，随月龄与品种不同而异。睾丸前端自系膜与胸前气囊壁相联系，外侧有系膜与胸后气囊壁相联系，左右睾丸之间有系膜

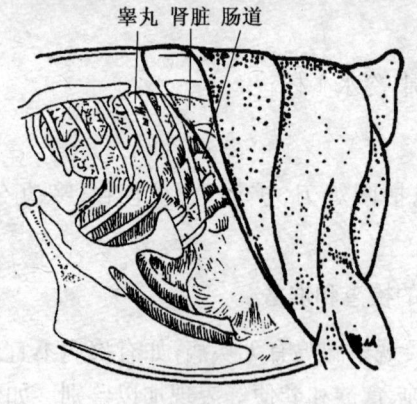

附图1

隔开,故套取睾丸之前,必须首先捣破和断离系膜,才能顺利摘除。

(2)保定:术者坐在小凳上(或蹲着)将公鸡两翅交扣后,两翅踏于术者左脚下,把鸡腿并拢向后拉直,踏于术者右脚下,使公鸡成左侧卧位,背向术者。

(3)术部:从髋关节向前引一水平线,与最后二肋之间的相交处,是切口中点。

(4)术式

①术部处理:先把切口及附近的羽毛全部拔掉,用冷水湿透周围羽毛,充分暴露切口。

②切开术部:用左手拇指按准切口,右手持刀沿左手拇指前缘与肋骨平行作长2～3厘米的切口,下刀至腹膜。

③扩张切口:用扩创器扩开切口,调节扩创器到适当程度。

④捣破腹膜:用睾丸套尖锐的一端朝腹膜向上挑紧,用阉鸡刀划破腹膜,同时分离腹部气囊壁,使切口通向腹腔深部。

⑤寻找与游离睾丸:左手执睾丸勺,将肠管向下向后拨开,即可看到右侧睾丸,如果睾丸大者不拨开肠管也能看见。右手用镊子把睾丸被膜捏离睾丸实质,用睾丸套尖端撕破被膜,使睾丸完全暴露于被膜之外。继之左手持睾丸勺将右侧睾丸附近的肠管向后拨开,即可见到与左侧睾丸相隔的二层薄膜。右手用镊子避开血管将薄膜捏紧,适当向上拉,左手用睾丸勺的尖端撕破薄膜,放下镊子,将左手的睾丸勺移交给右手,用睾丸勺将左侧睾丸向上翻起。

⑥摘除睾丸:如果睾丸较大,先取上面(右侧)的;若睾丸过小则先取下面(左侧)的,以免摘除上面的睾丸时,损伤血管出血,以致不易找到下面的睾丸。摘除睾丸的手法是左手持睾丸勺上棕丝的游离端,右手持勺端,自怀中向外转,绕过睾丸游离边的下面,套住睾丸根部;然后左右手交叉,上下均匀拉动棕丝,锯断睾丸。若出血,可用睾丸勺背面沾冷水迅速压住睾丸根部,血止后,继续用

同法摘除右侧睾丸,并轻轻取出凝血块。

对于小公鸡则适用小竹筒制的套睾器,即用内直径0.1厘米的小竹枝,长为5厘米,将一条约12厘米长的棕丝等分弯折穿过5厘米长的小竹筒,在下端弯折处留一套睾的小圆圈,借睾丸勺的帮助,将两侧睾丸套在小圆圈内,然后缓缓将棕丝上提,待棕丝圆圈收缩至睾丸根部时,迅速将棕丝上拉,把睾丸根部切断,然后用勺把睾丸取出。

⑦切口处理:摘除睾丸后,取出扩创器,切口不须缝合,在术口贴上羽毛,松开交扭的翅膀,解除保定,让其安静休息。

(5)手术要点及注意事项

①选准切口部位,是准确暴露和保证顺利摘除睾丸的重要一环。在摘除睾丸之前,充分刺破腹膜,分离睾丸被膜、睾丸系膜与气囊壁的联系,使棕丝紧贴睾丸根部,才能顺利取出睾丸。

②术中避免损伤血管,若遇出血时,立即用冷水按压止血,待血止后,轻手将凝血块取出,防止内脏粘连;同时避免刺破气囊,引起气肿。

③摘除睾丸要细心,避免将睾丸弄碎,做到完整摘除,如有残留或睾丸掉入腹腔找不出来,都达不到阉割的目的。

④对大公鸡的阉割,先喂几勺冷水,使血管收缩后进行阉割,可减少出血死亡。

⑤凡是脚高冠小、绿耳朵鸡、白鸡、体格大的品种鸡,其个体特异性不同,比较难阉,故手术更应小心仔细。

6. 观察结果

术后须观察手术效果,注意公鸡阉后的精神、动态、食欲、鸡冠色泽、粪便等情况,尤其应注意有无后出血,以便及时止血补救。

二、嗉囊切开术

该术适于一切在药物、酸中毒和嗉囊阻塞的抢救或鸡因误食毛球、细尼龙绳、橡皮筋、塑料等引起嗉囊积食后,及时应用本法能收到良好的疗效。

手术方法是在嗉囊下部拔掉羽毛用5％碘酊消毒,75％酒精脱碘,然后避开血管,用手术刀片将嗉囊切开2～3厘米,迅速清除嗉囊内的毒物,用肥皂水反复冲洗干净。全层缝合嗉囊,再做内翻缝合,结节缝合皮肤,外涂5％碘酒。

若是药物中毒同时注射阿托品解磷定效果更佳。

参 考 文 献

1. 邝荣禄. 禽病学. 北京:中国农业出版社,1997
2. 辛朝安. 禽病学. 北京:中国农业出版社,2003
3. 甘孟侯. 中国禽病学. 北京:中国农业出版社,1999
4. 牛钟相. 鸡场兽医师手册. 北京:金盾出版社,2008
5. 师汇,高建广. 现代鸡场兽医手册. 北京:中国农业出版社,2006
6. 崔治中. 鸡病. 北京:中国农业出版社,2009
7. 程安春. 鸡病诊治大全. 北京:中国农业出版社,2000
8. 郭玉璞. 鸡病防治. 北京:金盾出版社,2006
9. 张曹民,丁卫星,刘洪云. 鸡病防治诀窍. 上海:上海科学技术文献出版社,2002
10. 刘聚祥,胡维华. 鸡病防治手册. 北京:中国农业出版社,2000
11. 张中直,郑世军. 鸡病诊断技术手册. 北京:中国农业出版社,1997
12. 凌育燊. 鸡病快速诊断与防治. 广州:广东科学技术出版社,2004
13. 李士祥,赵洪明. 鸡病诊断与防治. 石家庄:河北科学技术出版社,2000
14. 于致茂,梁荣. 最新实用鸡病诊断与防治. 北京:中国农业出版社,2000
15. 乔健,赵立红,等. 常见鸡病防治. 北京:知识出版社,2000
16. 温宗震,彭克森. 实用鸡病防治. 北京:北京出版社,2000
17. 王刚,等. 鸡病门诊必备. 北京:中国农业科技出版社,2001
18. 赵德明. 鸡病诊断与防治手册. 北京:中国农业大学出版社,2000
19. 谢三星. 药到鸡病除. 济南:山东科学技术出版社,2000
20. 刘春喜. 鸡病快速诊断与防治技术精要. 北京:中国农业科技出版社,2000
21. 臧为民. 鸡病防治. 郑州:中原农民出版社,2008
22. 刘安典,庆麦玉. 鸡病防治. 西安:陕西科学技术出版社,2000
23. 冯元璋,等. 鸡病防治技术. 广州:广东科学技术出版社,2008
24. 王志君,孙继国,等. 鸡场兽医. 北京:中国农业出版社,2000
25. 席克奇,曲祖一. 鸡病鉴别诊断与防治. 北京:科学技术文献出版社,2005

26. 高波,杨文平.鸡病防控与治疗技术.北京:中国农业出版社,2004
27. 吴启发.鸡病防治宝典.合肥:安徽科学技术出版社,2006
28. 张守然.鸡病诊断防治必读.呼和浩特:内蒙古人民出版社,2009
29. 席克奇.新鸡病诊断与防治.北京:中国农业出版社,2007
30. 范红结,戴建君.新编鸡场疾病控制技术.北京:化学工业出版社,2010

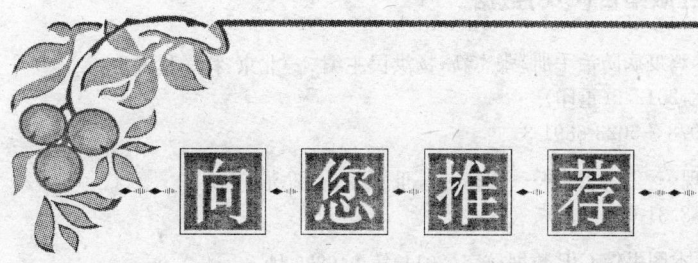

畜禽养殖类

乳牛学（第四版）	50.00
架子牛育肥技术	19.00
肉用羊圈养与羊病防治技术	18.00
茸鹿养殖及其产品加工技术	19.00
家庭科学养鹅	16.00
绒用鹅养殖与活体拔绒技术	18.00
蛋鸡散养实用技术	18.00
鸭的圈养与果园林地轮放技术	17.00
肉牛高效养殖实用技术	28.00
昆虫的药用、饲用和养殖	18.00

注：邮费按书款总价另加 20%

图书在版编目(CIP)数据

现代养鸡疫病防治手册/张志新,杨洪民主编.—北京:科学技术文献出版社,2012.2(重印)
ISBN 978-7-5023-6891-3

Ⅰ.①现… Ⅱ.①张… ②杨… Ⅲ.①鸡病-防治-手册
Ⅳ.①S858.31-62

中国版本图书馆 CIP 数据核字(2011)第 046839 号

现代养鸡疫病防治手册

策划编辑:李　洁　责任编辑:李　洁　责任校对:赵文珍　责任出版:王杰馨

出　版　者	科学技术文献出版社
地　　　址	北京市复兴路15号　邮编　100038
编　务　部	(010)58882938,58882087(传真)
发　行　部	(010)58882868,58882866(传真)
邮　购　部	(010)58882873
官 方 网 址	www.stdp.com.cn
淘宝旗舰店	stbook.taobao.com
发　行　者	科学技术文献出版社发行　全国各地新华书店经销
印　刷　者	富华印刷包装有限公司
版　　　次	2012年2月第1版　2012年2月第2次印刷
开　　　本	850×1168　1/32开
字　　　数	260千
印　　　张	10.75
书　　　号	ISBN 978-7-5023-6891-3
定　　　价	22.00元

版权所有　　违法必究

购买本社图书,凡字迹不清、缺页、倒页、脱页者,本社发行部负责调换